全国测绘地理信息职业教育教学指导委员会"十四五"推荐教材

工程测量（测绘类）
（第3版）

主　编　杨学锋

副主编　高小六　江新清

　　　　王宗辉

U0307485

武汉理工大学出版社

·武汉·

图书在版编目(CIP)数据

工程测量:测绘类/杨学锋主编. —3 版. —武汉:武汉理工大学出版社,2022.12
ISBN 978-7-5629-6671-5

Ⅰ.① 工…　Ⅱ.① 杨…　Ⅲ.① 工程测量-高等职业教育-教材　Ⅳ.① TB22

中国版本图书馆 CIP 数据核字(2022)第 181197 号

项目负责人:汪浪涛
责 任 编 辑:汪浪涛
责 任 校 对:丁　冲
版 面 设 计:正风图文
出 版 发 行:武汉理工大学出版社
社　　　　址:武汉市洪山区珞狮路 122 号
邮　　　　编:430070
网　　　　址:http://www.wutp.com.cn
经　　　　销:各地新华书店
印　　　　刷:荆州市精彩印刷有限公司
开　　　　本:787×1092　1/16
印　　　　张:19.25
字　　　　数:480 千字
版　　　　次:2022 年 12 月第 3 版
印　　　　次:2022 年 12 月第 1 次印刷
印　　　　数:3000 册
定　　　　价:48.00 元

全国测绘地理信息职业教育教学指导委员会
"十四五"推荐教材

编审委员会

出 版 说 明

　　教材建设是教育教学工作的重要组成部分,高质量的教材是培养高质量人才的基本保证,高职高专教材作为体现高职教育特色的知识载体和教学的基本条件,是教学的基本依据,是学校课程最具体的形式,直接关系到高职教育能否为一线岗位培养符合要求的高技术应用型人才。

　　伴随着国家建设的大力推进,高职高专测绘类专业近几年呈现出旺盛的发展势头,开办学校越来越多,毕业生就业率也在高职高专各专业中名列前茅。然而,由于测绘类专业是近些年才发展壮大的,也由于开办这个专业需要很多的人力和设备资金投入,因此很多学校的办学实力和办学条件尚需提高,专业的教材建设问题尤为突出,主要表现在:缺少符合高职特色的"对口"教材;教材内容存在不足;教材内容陈旧,不适应知识经济和现代高新技术发展需要;教学新形式、新技术、新方法研究运用不够;专业教材配套的实践教材严重不足;各门课程所使用的教材自成体系,缺乏联系与衔接;教材内容与职业资格证书制度缺乏衔接等。

　　武汉理工大学出版社在全国测绘地理信息职业教育教学指导委员会的指导和支持下,对全国二十多所开办测绘类专业的高职院校和多个测绘类企事业单位进行了调研,组织了近二十所开办测绘类专业的高职院校的骨干对高职测绘类专业的教材体系进行了深入系统的研究,编写出了一套既符合现代测绘专业发展方向,又适应高职教育能力目标培养的专业教材,以满足高职应用型高级技术人才的培养需求。

　　这套测绘类教材既是我社"十四五"重点规划教材,也是全国测绘地理信息职业教育教学指导委员会"十四五"推荐教材,希望本套教材的出版能对该类专业的发展做出一点贡献。

武汉理工大学出版社

2020 年 1 月

前　言

（第 3 版）

　　本教材的编写是以习近平中国特色社会主义思想为指导,深入贯彻党的十九大、二十大精神,突出精准改革工作导向,对新时代职业教育教材改革起到积极推动作用。本教材在编写过程中,认真落实立德树人根本任务,不忘初心,牢记使命,践行为党育才、为国育人的政治使命,根据教育部高职高专工程测量技术专业对工程测量课程的要求,尊重学生的认知规律,紧密结合专业自身特点和学生实际,同时广泛吸取行业企业专家经验,本着以能力培养为主线,理论知识以"必需、够用"为度,注重公式、定理、定论的实践应用,综合考虑各行业对工程测量技术人才培养要求的特殊性,在总结多年教学经验的基础上编写而成。本次修改主要是对第二、四、五章内容和结构进行了重新修订编写,使本书更加符合当前实践和教学的要求。

　　本教材具有以下特点:

　　1. 教材内容突出高职高专职业技术教育的特色,力求体现高职高专教学的特点和实用性,达到培养精测量、懂施工、会管理的一线技术应用型人才的目标。

　　2. 考虑到高职高专的生源质量,本教材在每章都注明学习目标和技能目标,各部分内容紧扣培养目标,做到理论与实践相结合,有利于学生实践能力的培养。

　　3. 本教材紧密结合近年来测量技术的发展,基于当前工程的实际,在编写中加入了高速铁路施工测量、地铁施工测量内容。

　　本教材共分 10 章,由杨学锋担任主编,高小六、江新清、王宗辉担任副主编,具体编写情况如下:高小六编写第 1、2、4 章和附录;杨学锋编写第 3、5、9 章;王宗辉编写第 6、10 章;江新清编写第 7、8 章。全书由杨学锋统稿。

　　本教材由辽宁省交通高等专科学校马真安教授主审。

　　由于编者水平有限,书中难免存在缺点和疏漏之处,恳请读者批评指正。

编　者

2022 年 11 月

目　录

1 绪 论

【学习目标】

1. 了解工程测量的定义、研究的对象和工程测量的分类；
2. 了解工程测量仪器的发展现状和工程测量学科的发展动态。

1.1 工程测量研究的对象和内容

在工程建设的设计、施工和管理各阶段中进行测量工作的理论、方法和技术，称为工程测量。工程测量是测绘科学与技术在国民经济和国防建设中的直接应用，是综合性的应用测绘科学与技术，它直接为工程建设服务，其服务和应用范围包括城建、地质、铁路、交通、房地产管理、水利电力、能源、航天和国防等各种工程建设部门。

1.1.1 按照工程建设的进行程序分类

按工程建设的进行程序，工程测量可分为规划设计阶段的测量、施工兴建阶段的测量和竣工后的运营管理阶段的测量。

（1）规划设计阶段的测量主要是提供地形资料。取得地形资料的方法是，在所建立的控制测量的基础上进行地面测图或航空摄影测量。

（2）施工兴建阶段测量的主要任务是，按照设计要求在实地准确地标定建筑物各部分的平面位置和高程，作为施工与安装的依据。一般也要求先建立施工控制网，然后根据工程的要求进行各种测量工作。

（3）竣工后的营运管理阶段的测量，包括竣工测量以及为监视工程安全状况的变形观测与维修养护等测量工作。

1.1.2 按照工程测量所服务的工程种类分类

按工程测量所服务的工程种类，也可分为建筑工程测量、线路测量、桥梁与隧道测量、矿山测量、城市测量和水利工程测量等。此外，还将用于大型设备的高精度定位和变形观测称为高精度工程测量；将摄影测量技术应用于工程建设称为工程摄影测量；而将以电子全站仪或地面摄影仪为传感器在电子计算机支持下的测量系统称为三维工业测量。

1.2 工程测量学科的发展现状及展望

1.2.1 工程测量仪器的发展现状

工程测量仪器可分为通用仪器和专用仪器。

1.2.1.1　通用仪器的发展

（1）通用仪器中常规的光学经纬仪、光学水准仪和电磁波测距仪逐渐被电子全站仪、电子水准仪所替代。

（2）电脑型全站仪配合丰富的软件，向全能型和智能化方向发展。带电动马达驱动和程序控制的全站仪结合激光、通讯及 CCD 技术，可实现测量的全自动化，被称作测量机器人。测量机器人可自动寻找并精确照准目标，在 1 s 内完成一目标点的观测，像机器人一样对成百上千个目标作持续和重复观测，可广泛用于变形监测和施工测量。

（3）GPS 接收机已逐渐成为一种通用的定位仪器在工程测量中得到广泛应用。将 GPS 接收机与电子全站仪或测量机器人连接在一起，称为超全站仪或超测量机器人。它将 GPS 的实时动态定位技术与全站仪灵活的三维极坐标测量技术完美结合，可实现无控制网的各种工程测量。

1.2.1.2　专用仪器的发展

专用仪器是工程测量仪器中发展最活跃的，主要应用在精密工程测量领域。其中，包括机械式、光电式及光机电（子）结合式的仪器或测量系统。主要特点是：高精度、自动化、遥测和持续观测。

（1）用于建立水平的或竖直的基准线或基准面，测量目标点相对于基准线（或基准面）的偏距（垂距），称为基准线测量或准直测量。这方面的仪器有正倒镜与垂线观测仪，金属丝引张线，各种激光准直仪、铅直仪（向下、向上）、自准直仪，以及尼龙丝或金属丝准直测量系统等。

（2）在距离测量方面，包括中长距离（数十米至数千米）、短距离（数米至数十米）和微距离（毫米至数米）及其变化量的精密测量。以 ME5000 为代表的精密激光测距仪和 TERRAMETER LDM2 双频激光测距仪，中长距离测量精度可达亚毫米级；许多短距离、微距离测量都实现了测量数据采集的自动化，其中最典型的代表是铟瓦线尺测距仪 DISTINVAR，应变仪 DISTERMETER ISETH、石英伸缩仪、各种光学应变计、位移与振动激光快速遥测仪等。采用多普勒效应的双频激光干涉仪，能在数十米范围内达到 0.01 μm 的计量精度，成为重要的长度检校和精密测量设备；采用 CCD 线列传感器测量微距离可达到百分之几微米的精度，它们使距离测量精度从毫米、微米级进入到纳米级世界。

（3）高程测量方面，最显著的发展应数液体静力水准测量系统。这种系统通过各种类型的传感器测量容器的液面高度，可同时获取数十乃至数百个监测点的高程，具有高精度、遥测、自动化、可移动和持续测量等特点。两容器间的距离可达数十千米，可用于跨河与跨海峡的水准测量。通过一种压力传感器，允许两容器之间的高差从过去的数厘米达到数米。

（4）与高程测量有关的是倾斜测量（又称挠度曲线测量），即确定被测对象（如桥、塔）在竖直平面内相对于水平或铅直基准线的挠度曲线。各种机械式测斜（倾）仪、电子测倾仪都向着数字显示、自动记录和灵活移动等方向发展，其精度达微米级。

（5）具有多种功能的混合测量系统是工程测量专用仪器发展的显著特点，采用多传感器的高速铁路轨道测量系统，用测量机器人自动跟踪沿铁路轨道前进的测量车，测量车上装有棱镜、斜倾传感器、长度传感器和微机，可用于测量轨道的三维坐标、轨道的宽度和倾角。液体静力水准测量与金属丝准直集成的混合测量系统在数百米长的基准线上可精确测量测点的高程和偏距。

综上所述，工程测量专用仪器具有高精度（亚毫米、微米乃至纳米）、快速、遥测、无接触、可移动、连续、自动记录、微机控制等特点,可作精密定位和准直测量,可测量倾斜度、厚度、表面粗糙度和平直度,还可测振动频率以及物体的动态行为。

1.2.2 工程测量学科的发展展望

(1)测量机器人将作为多传感器集成系统在人工智能方面得到进一步发展,其应用范围将进一步扩大,影像、图形和数据处理方面的能力进一步增强。

(2)在变形观测数据处理和大型工程建设中,将发展基于知识的信息系统,并进一步与大地测量、地球物理、工程与水文地质以及土木建筑等学科相结合,解决工程建设中以及运行期间的安全监测、灾害防治和环境保护等各种问题。

(3)工程测量将从土木工程测量、三维工业测量扩展到人体科学测量,如人体各器官或部位的显微测量和显微图像处理。

(4)多传感器的混合测量系统将得到迅速发展和广泛应用,如 GPS 接收机与电子全站仪或测量机器人集成,可在大区域乃至国家范围内进行无控制网的各种测量工作。

(5)GPS、GIS 技术将紧密结合工程项目,在勘测、设计、施工管理一体化方面发挥重大作用。

(6)大型和复杂结构建筑、设备的三维测量、几何重构以及质量控制将是工程测量学发展的一个特点。

(7)数据处理中数学物理模型的建立、分析和辨识将成为工程测量学专业教育的重要内容。

工程技术的发展不断对测量工作提出新的要求,同时,现代科学技术和测绘新技术的发展,给直接为经济建设服务的工程测量带来了严峻的挑战和极好的机遇。特别是全球定位系统(GPS)、地理信息系统(GIS)、摄影测量与遥感(RS)以及数字化测绘和地面测量先进技术的发展,使工程测量的手段、方法和理论产生了深刻的变化。工程测量的领域在进一步扩展,而且正朝着测量数据采集和处理的自动化、实时化和数字化方向发展。

思考题与习题

1.1 工程测量的定义是什么?其工作分为哪几个阶段?
1.2 试述工程测量仪器的发展现状。

2 施 工 放 样

【学习目标】

1. 掌握施工放样的基本知识和基本理论；
2. 熟悉距离、角度、高程放样的任务、计算和放样方法；
3. 掌握点的平面位置放样的各种方法；
4. 熟悉全站仪、GPS-RTK 放样点位的操作过程。

【技能目标】

1. 会用全站仪完成已知距离的放样；
2. 能够利用全站仪、经纬仪完成已知角度的放样；
3. 能够利用水准仪完成已知高程和设计坡度线的放样；
4. 能够使用常规仪器完成平面点位的放样；
5. 能够使用全站仪、GPS 独立完成点位的放样。

2.1 概 述

施工控制网建立以后，即可按照施工的需要进行放样工作。由于放样是工程施工过程中的一部分，放样的一切工作完全受到工程施工的制约，放样的精度要求、控制测量的组织、测量仪器的选用与操作、时间地点的安排，乃至测量标志的设置等，无一不依施工的要求而定，因此又叫施工放样。

施工放样是根据设计和施工的要求，将所设计建筑物的平面位置、高程位置，以一定的精度测设到实地上，作为工程施工的依据。其作业目的和顺序恰好与地形测量相反。地形测量是将地面上的地物、地貌测绘到图纸上，而施工放样则和它相反，是将设计图纸上的建筑物、构筑物按其设计位置测设到相应的地面上。

由于施工放样为施工提供依据，是直接为施工服务的，施工测量工作中任何一点微小的差错，都将直接影响着工程的质量和施工的进度，因此，要求施工测量人员要具有高度的责任心，认真熟悉设计文件，掌握施工计划，结合现场条件，精心放样，并随时检查、校核，以确保工程质量和施工的顺利进行。

2.1.1 施工放样前的准备工作

施工放样前，应搜集施工现场控制测量成果及其技术总结和有关地形图、工程建筑物的设计图与设计文件等必要的资料。在对图纸中的有关数据和几何尺寸，认真进行检核并确认无误后，方可作为放样的依据。放样工作的任何一点差错，都将直接影响工程的质量和施工进度，因此，必须按正式设计审批的图纸和设计文件进行放样，不得凭口头通知或用未经批准的草图放样。所有放样的点线,均应有检核条件,经过检查验收,才能交付使用。

施工放样前,应根据设计图纸和有关数据及使用的控制点成果,计算放样数据,绘制放样草图。所有数据、草图均应认真检核。在放样过程中,应使用放样手簿及放样工作手册,建立完整的数据记录制度。手簿和手册应按工程部位分开使用,并随时整理,妥善保管,防止丢失。放样手簿及放样工作手册主要内容包括:工程部位,放样日期,观测和记录者姓名;放样所使用的控制点名称、坐标和高程,设计图纸的编号,放样数据及放样草图;放样过程中疑难问题的解决办法;实测资料及外业检查图形等。

2.1.2 施工放样的程序

施工放样贯穿于整个施工期间,特别是大型工程,建筑物多,结构复杂,要求施工放样按照一定程序有条不紊地进行。

在设计工程建筑物时,首先确定建筑物的总体布置,确定各建筑物的主轴线位置及其相互关系。然后在主轴线的基础上设计各辅助轴线。根据各辅助轴线再设计建筑物的细部位置、形状和尺寸等。由此可见,工程建筑物的设计是由整体到局部的设计过程。

工程建筑物的放样,也遵循从整体到局部的原则。通常首先根据施工控制网放样出各建筑物的主轴线,再根据建筑物的几何关系,由主轴线放样出辅助轴线,最后放样出建筑物的细部位置。采用这种放样程序,既能保证所放样的建筑物各元素间的几何关系,保证整个工程和各建筑物的整体性,同时还可避免对施工控制网提出过高的要求等。例如:飞机机场道放样中,首先根据场区施工控制网放样出机场道主轴线,再由主轴线放样出停机坪、加油站及拖机道的轴线,最后由各轴线放样出各建筑物(构筑物)的细部位置。又如工业厂房放样时,首先根据施工控制网放样出厂房主轴线,然后由主轴线定出厂房辅助轴线和设备安装轴线,最后定出厂房细部位置和设备的安装位置。

2.1.3 施工放样的方法

任何一项放样工作均可认为是由放样依据、放样方法和放样数据三部分组成。放样依据就是放样的起始点(施工测量控制点),放样方法指放样的具体操作步骤,放样数据则是放样时必须具备的数据。

放样的操作过程因使用仪器的不同而有一定的差异。对于建筑物平面位置的放样,常采用的方法有:直角坐标法、极坐标法、方向线交会法、前方交会法、轴线交会法、正倒镜投点法、距离交会法、自由设站法和 GPS-RTK 法等。

按精度的不同,又可分为直接法和归化法两类。

高程放样通常采用水准测量方法、钢尺丈量和三角高程测量等方法。

2.2 施工放样基本方法

施工放样时,往往是根据工程设计图纸上待建的建筑物和构筑物的轴线位置、尺寸及其高程,算出待放点位与控制点(或原有建筑物的特征点)之间的距离、角度、高程等测设数据,然后以控制点位为依据,将待放点位在实地标定出来,以便施工。由此可见,不论采用哪种放样方法,施工放样实质上都是通过测设水平距离、水平角和高程(高差)来实现的。因此,我们把水平距离放样、水平角放样和高程(高差)放样称为施工放样的基本操作。

2.2.1　已知距离的放样

距离放样是在量距起点和量距方向确定的条件下,自量距起点沿量距方向丈量已知距离定出直线另一端点的过程。根据地形条件和精度要求的不同,距离放样可采用不同的丈量工具和方法,通常精度要求不高时可用钢尺或皮尺量距放样,精度要求高时可用全站仪或测距仪放样。

2.2.1.1　钢尺放样

当距离值不超过一尺段时,由量距起点沿已知方向拉平尺子,按已知距离值在实地标定点位。如果距离较长时,则按钢尺量距的方法,自量距起点沿已知方向定线,依次丈量各尺段长度并累加,至总长度等于已知距离时标定点位。为避免出错,通常需丈量两次,并取中间位置为放样结果。这种方法只能在精度要求不高的情况下使用,当精度要求较高时,应使用测距仪或全站仪放样。

2.2.1.2　全站仪(测距仪)放样

(1) 全站仪距离放样前的作业准备

① 仪器加常数设置

如图 2.1 所示,D_0 为 A、B 两点间的实际距离,而距离观测值则为 D',它是仪器等效发射接收面与反光棱镜等效反射面间的距离。图中,K_i 为仪器等效发射接收面偏离仪器对中线的距离,称作仪器加常数。K_r 为反光棱镜等效反射面偏离反光棱镜对中线的距离,称作棱镜加常数。由图 2.1 可知

$$D_0 = D' + K_i + K_r \tag{2.1}$$

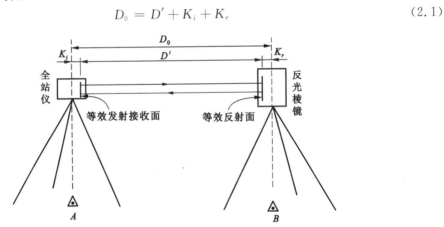

图 2.1　仪器加常数与棱镜加常数

对于仪器加常数 K_i,仪器厂家常通过电路参数的调整,在出厂时尽量使 K_i 为零,但一般难以精确为零。况且即使出厂时为零,在使用过程中也会因为电路参数产生漂移而使仪器加常数发生变化,这就要求按《光电测距仪检定规范》的规定定期测定仪器加常数。经检定的仪器加常数 K_i 可在观测前置入仪器。仪器加常数不需要每次都检测和设置,一般在进行一个新的工程项目或有特殊情况下再检测和设置。仪器加常数简易测定方法如下:如图 2.2 所示,在一条近似水平、长约

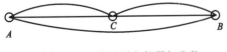

图 2.2　三段法测定仪器加常数

100 m 的直线 AB 上,选择一点 C,在预设仪器常数为零的情况下重复观测直线 AB、AC 和 BC 的长度,观测数次后取其平均值,作为最终数值。则仪器加常数

$$K_i = AB - (AC + CB) \qquad (2.2)$$

仪器加常数的设置方法可参考全站仪使用说明书。

② 棱镜加常数设置

一般说来,棱镜加常数 K_r 可由厂家按设计精确制定,且一般不会因经年使用而变动。棱镜加常数一般可在观测前置入仪器。

棱镜加常数的设置可参考全站仪的使用说明书。

③ 大气改正设置

光在大气中的传播速度并非常数,随大气的温度和气压而改变,这就必然导致距离观测值含有系统性误差。为了解决这一问题,需要在全站仪中对距离观测值加入大气改正。

全站仪中一旦设置了大气改正系数,即可自动对测距结果进行大气改正。在短程测距或一般工程放样时,由于距离较短,湿度的影响很小,大气改正可忽略不计。

根据测量的温度和气压,利用说明书中提供的大气改正系数的计算公式,即可求得大气改正系数(10^{-6})。也可以直接输入温度和大气压,由全站仪自行计算大气改正系数。

(2)距离放样

如图 2.3 所示,A 为已知点,欲在 AC 方向上定一点 B,使 A、B 间的水平距离等于 D。具体放样方法如下:

① 在已知点 A 安置全站仪,照准 AC 方向,沿 AC 方向在 B 点的大致位置置棱镜,测定水平距

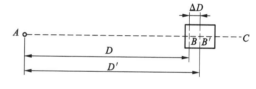

图 2.3 已知距离放样

离,根据测得的水平距离与已知水平距离 D 的差值沿 AC 方向移动棱镜,至测得的水平距离与已知水平距离 D 很接近或相等时钉设标桩(若精度要求不高,此时钉设的标桩位置即可作为 B 点)。

② 由仪器指挥在桩顶画出 AC 方向线,并在桩顶中心位置画垂直于 AC 方向的短线,交点为 B'。在 B' 置棱镜,测定 A、B' 间的水平距离 D'。

③ 计算差值 $\Delta D = D - D'$,根据 ΔD 用钢卷尺在桩顶修正点位。

2.2.2 已知角度的放样

角度放样(这里指水平角)也称拨角,是在已知点上安置经纬仪(全站仪),以通过该点的某一固定方向为起始方向,按已知角值把该角的另一个方向测设到地面上。

2.2.2.1 直接法放样水平角

如图 2.4(a)所示,A、B 为已知点,需要放样出 AC 方向,设计水平角(顺时针)$\angle BAC = \beta$。

(1)一般方法(盘左放样)

当水平角放样精度要求较低时,可置经纬仪于点 A,以盘左位置照准后视点 B,设水平度盘读数为零(或任意值 α),再顺时针旋转照准部,使水平度盘读数为 β(或 $\alpha + \beta$),则此时视准轴方向即为所求。

将该方向测设到实地上,并于适当位置标定出点位 C_0(先打下木桩,在放样人员的左右指挥下,使定点标志与望远镜竖丝严格重合,然后在桩顶标定出 C_0 点的准确位置)。

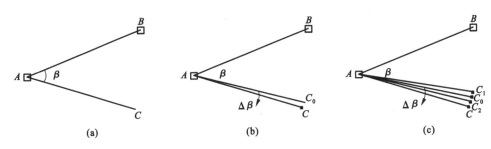

图 2.4　直接法放样水平角

　　理论上,AC_0 方向应该与 AC 方向严格重合,但由于仪器误差等因素的影响,两方向实际上会有一定偏差,出现水平角放样误差 $\Delta\beta$,如图 2.4(b)所示。

　　(2)正倒镜分中法(双盘放样)

　　在以往习惯中,经纬仪盘左位置常叫作正镜,盘右称为倒镜。水平角放样时,为了消除仪器误差的影响以及校核和提高精度,可用上述同样的操作步骤,分别采用盘左(正镜)、盘右(倒镜)在桩顶标定出两个点位 C_1、C_2,最后取其中点 C_0 作为正式放样结果,如图 2.4(c)所示。

　　虽然正倒镜分中法比一般方法精度高,但放样出的方向和设计方向相比,仍会有微小偏差 $\Delta\beta$。

2.2.2.2　归化法放样水平角

　　归化法实质上是将上述直接放样的方向作为过渡方向,再实测放样水平角,并与设计水平角进行比较,把过渡方向归化到较为精确的方向上来。

　　如图 2.5 所示,当采用直接法放样出 AC_0 方向后选用适当的仪器,采用测回法观测 $\angle BAC_0$ 若干测回(测回数可根据放样精度要求具体确定)后取平均值。设角度观测的平均值为 β'。

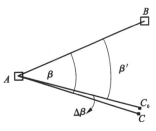

图 2.5　归化法放样水平角

　　设实测水平角与设计水平角之间的差值为 $\Delta\beta$,则有

$$\Delta\beta = \angle BAC_0 - \angle BAC = \beta' - \beta \tag{2.3}$$

　　如果 C 点至 A 点的设计水平距离为 D_{AC},由于 $\Delta\beta$ 较小(一般以秒为单位),故可用以下公式计算垂距 C_0C:

$$C_0C \approx \frac{\Delta\beta}{\rho''}D_{AC} \tag{2.4}$$

式中　ρ''——206265。

　　从 C_0 点起沿 AC_0 边的垂直方向量出垂距 C_0C,定出 C 点,则 AC 即为设计方向线。必须注意的是,从 C_0 点起向外还是向内量取垂距,要根据 $\Delta\beta$ 的正负号来决定。若 $\beta'<\beta$,$\Delta\beta$ 为负值,则从 C_0 点起向外归化,反之则向内归化。

2.2.3　已知高程的放样

　　高程放样的任务是,将设计高程测设在指定桩位上。在工程建筑施工中,例如在平整场地、开挖基坑、定路线坡度和定桥台桥墩的设计标高等场合,经常需要高程放样。高程放样主要采用水准测量的方法,有时也采用钢尺直接量取竖直距离或三角高程测量的方法。

　　高程放样时,首先需要在测区内布设一定密度的水准点(临时水准点)作为放样的起算点,然后根据设计高程在实地标定出放样点的高程位置。高程位置的标定措施可根据工程要求及现场条件确定,土石方工程一般用木桩标定放样高程的位置,可在木桩侧面画水平线或标定在桩顶上;混凝土及砌筑工程一般用红漆作记号标定在它们的面壁或模板上。

2.2.3.1 一般的高程放样

一般情况下,放样高程位置均低于水准仪视线高且不超出水准尺的工作长度。如图 2.6 所示,A 为已知点,其高程为 H_A,欲在 B 点定出高程为 H_B 的位置。具体放样过程为:先在 B 点打一长木桩,将水准仪安置在 A、B 之间,在 A 点立水准尺,后视 A 尺并读数 a,计算 B 处水准尺应有的前视读数 b:

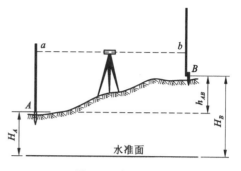

图 2.6 高程放样

$$b = (H_A + a) - H_B \qquad (2.5)$$

靠 B 点木桩侧面竖立水准尺,上下移动水准尺,当水准仪在尺上的读数恰好为 b 时,在木桩侧面紧靠尺底画一横线,此横线即为设计高程 H_B 的位置。也可在 B 点桩顶竖立水准尺并读取读数 b',再用钢卷尺自桩顶向下量 $b-b'$ 即得高程为 H_B 的位置。

为了提高放样精度,放样前应仔细检校水准仪和水准尺;放样时尽可能使前后视距相等;放样后可按水准测量的方法观测已知点与放样点之间的实际高差,并以此对放样点进行检核和必要的归化改正。

2.2.3.2 深基坑的高程放样

当基坑开挖较深时,基底设计高程与基坑边已知水准点的高程相差较大并超出水准尺的工作长度时,可采用水准仪配合悬挂钢尺的方法向下传递高程。如图 2.7 所示,A 为已知水准点,其高程为 H_A,欲在 B 点定出高程为 H_B 的位置(H_B 应根据放样时基坑实际开挖深度选择,通常取 H_B 比基底设计高程高出一个定值,如 1 m),在基坑边用支架悬挂钢尺,钢尺零端朝下并悬挂 10 kg 重物,放样时最好用两台水准仪同时观测,具体方法如下:

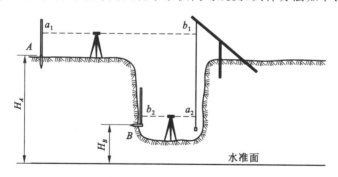

图 2.7 深基坑的高程放样

在 A 点立水准尺,基坑顶的水准仪后视 A 尺并读数 a_1,前视钢尺读数 b_1,基坑底的水准仪后视钢尺读数 a_2,然后计算 B 处水准尺应有的前视读数:

$$b_2 = H_A + a_1 - (b_1 - a_2) - H_B \qquad (2.6)$$

上下移动 B 处的水准尺,直到水准仪在尺上的读数恰好为 b_2 时标定点位。为了控制基坑开挖深度,一般需要在基坑四周定出若干个高程均为 H_B 的点位。如果 H_B 比基底设计高程高出一个定值 ΔH,施工人员就可用长度为 ΔH 的木条方便地检查基底标高是否达到了设计值,在基础砌筑时还可用于控制基础顶面标高。

2.2.3.3　高墩台的高程放样

当桥梁墩台高出地面较多时，放样高程位置往往高于水准仪的视线高，这时可采用钢尺直接量取垂距或"倒尺"的方法。

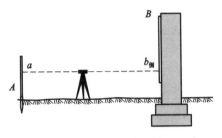

图 2.8　高墩台的高程放样

如图 2.8 所示，A 为已知点，其高程为 H_A，欲在 B 点墩身或墩身模板上定出高程为 H_B 的位置。欲定放样点的高程 H_B 高于仪器视线高程，先在基础顶面或墩身（模板）适当位置选择一点，用水准测量的方法测定其高程值，然后以该点作为起算点，用悬挂钢尺直接量取垂距来标定放样点的高程位置。

当 B 处放样点高程 H_B 的位置高于水准仪视线高，但不超出水准尺工作长度时，可用倒尺法放样。在已知高程点 A 与墩身之间安置水准仪，在 A 点立水准尺，后视 A 尺并读数 a，在 B 处靠墩身倒立水准尺，放样点高程 H_B 对应的水准尺读数 $b_倒$ 为：

$$b_倒 = H_B - (H_A + a) \tag{2.7}$$

靠 B 点墩身竖立水准尺，上下移动水准尺，当水准仪在尺上的读数恰好为 $b_倒$ 时，沿水准尺尺底（零端）画一横线即为高程为 H_B 的位置。

2.2.3.4　全站仪无仪器高法高程放样

当待测设高程点位于高低起伏较大的区域（如大型体育馆的网架、桥梁构件、厂房或机场屋架等）时，若采用前面所述的放样方法，难度很大，并且精度难以保证，这时可利用全站仪测距的优点，采取全站仪无仪器高法进行待测设点高程的实地标定。

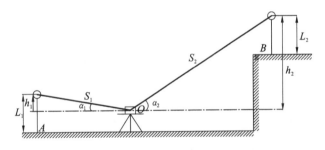

图 2.9　全站仪无仪器高法高程放样

图 2.9 所示，A 点棱镜高为 L_1，B 点棱镜高为 L_2，全站仪观测 A 点的竖直角为 α_1，斜距为 S_1，观测 B 点的竖直角为 α_2，斜距为 S_2，全站仪中心点设为 O。

A 点为已知水准点，其高程为 H_A，现欲在 B 点测设已知高程 H_B。

根据高程测设原理，具体测设步骤如下：

计算全站仪中心高程：

$$H_0 = H_A + L_1 - h_1 \tag{2.8}$$

计算全站仪中心至 A 点和 B 点的高差：

$$h_1 = S_1 \cdot \sin\alpha_1 \tag{2.9}$$

$$h_2 = S_2 \cdot \sin\alpha_2 \tag{2.10}$$

根据水准原理，可计算 B 点高程为：

$$H'_B = H_0 + h_2 - L_2 = H_A + L_1 - h_1 + h_2 - L_2 = H_A + (L_1 - L_2) - (h_1 - h_2)$$
$$= H_A + (L_1 - L_2) - (S_1 \cdot \sin\alpha_1 - S_2 \cdot \sin\alpha_2) \tag{2.11}$$

若 H_B 与 H'_B 较差在测设精度范围内，则棱镜杆底部即为设计高程测设位置，若较差超出测设精度范围，则可在 B 点桩上标明差值，以指示下挖或上填数值。

注意问题：

为了提高测设精度，条件允许时，可使 A 点和 B 点的棱镜高相等；

当测站与目标间距离超过 150 m 时，上述高差 h_1、h_2 需考虑大气折光和地球曲率的影响，即

$$h = D \cdot \tan\alpha + (1 - k) \cdot D^2 / 2R \tag{2.12}$$

式中　D——水平距离；

　　　α——竖直角；

　　　k——大气折光系数，一般取 $k = 0.14$；

　　　R——地球曲率半径，一般取 $R = 6370$ km。

2.2.3.5　已知设计坡度线的放样

公路路线纵面线型是由一系列直线坡段组合而成的，在相邻坡段交接点（变坡点）设置竖曲线。施工过程中，在同一坡段上的中桩，除可分别按其设计高程放样外，也可根据该坡段的纵坡度进行放样。根据某一坡段的纵坡度同时测定该坡段上各点位置的工作，称为已知坡度线放样。

（1）测设数据计算

如图 2.10 所示，A、B 为同一坡段上的两点，A 点的设计高程为 H_A，A、B 两点间的水平距离为 D_{AB}，坡度为 i_{AB}。则 B 点的设计高程应为：

$$H_B = H_A + D_{AB} \cdot i_{AB} \tag{2.13}$$

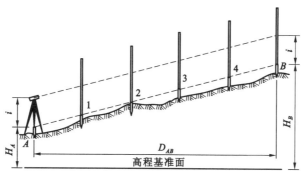

图 2.10　已知设计坡度线放样

（2）放样方法

如图 2.10 所示，已知坡度线 AB 的放样步骤如下：

① 按上述"一般的高程放样"所述方法分别在 A、B 两点测设出高程为 H_A、H_B 的位置。

② 将水准仪架在 A 点，使水准仪的一个脚螺旋位于 AB 方向上，另两个脚螺旋的连线与 AB 方向垂直，量出望远镜中心至 A 点（高程为 H_A）的铅垂距离即仪器高 i。

③ 在 B 点（高程为 H_B）竖立水准尺，用望远镜瞄准 B 点的水准尺，并转动在 AB 方向上的脚螺旋，使十字丝的横丝对准水准尺上读数为 i 处，这时仪器的视线即平行于设计坡度线。

④ 在 A、B 之间的 $1,2,3,\cdots$ 点立尺,上下移动水准尺使十字丝的横丝对准水准尺上读数为 i 处,此时尺底的位置即在设计坡度线上。

当设计坡度较大时,除上述第一步工作必须用水准仪外,其余工作可改用经纬仪进行测设。

在已知坡度线放样中,也可用木条代替水准尺。量取仪器高 i 后,选择一根长度适当的木条,由木条底部向上量仪器高 i 并在相应位置画红线;把画有红线的木条立在 B 点(高程为 H_B),调节仪器使十字丝横丝瞄准红线;把画有红线的木条依次立在放样位置 $1,2,3,\cdots$,上下移动木条,直到望远镜十字丝横丝与木条上的红线重合为止,这时木条底部即在设计坡度线上。用木条代替水准尺放样不仅轻便,而且可减少放样出错的机会。

2.3　点的平面位置的测设

任何工程中建筑物的位置、形状和大小,都是通过其特征点在实地上表示出来的。例如圆形建筑物的中心点、矩形建筑物的四个角点、线形建筑物的端点和转折点等。因此,放样建筑物归根结底是放样点位。常用的设计平面点位放样方法有极坐标法、自由设站法、GPS-RTK法、直角坐标法、方向线交会法、前方交会法、距离交会法、轴线交会法等。

设地面上至少有两个施工测量控制点,如 $A,B,\cdots$,其坐标已知,实地上也有标志,待定点 P 的设计坐标也为已知。点位放样的任务是在实地上把点 P 标定出来。

2.3.1　极坐标法

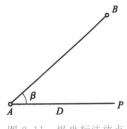

图 2.11　极坐标法放点

如图 2.11 中已知的控制点 $A(x_A, y_A)$ 和 $B(x_B, y_B)$,设放样点 P 的设计坐标为 (x_P, y_P),具体放样步骤如下:

2.3.1.1　计算放样数据

根据 A、B 点的坐标计算 A、B 两点间的坐标差($\Delta x = x_B - x_A$,$\Delta y = y_B - y_A$),再按下列公式计算确定 AB 的坐标方位角 α_{AB}:

$$
\left.
\begin{aligned}
&\text{当 } \Delta x = 0 \text{ 且 } \Delta y > 0 \text{ 时},\alpha_{AB} = 90° \\
&\text{当 } \Delta x = 0 \text{ 且 } \Delta y < 0 \text{ 时},\alpha_{AB} = 270° \\
&\text{当 } \Delta x > 0 \text{ 且 } \Delta y > 0 \text{ 时},\alpha_{AB} = \arctan \frac{\Delta y}{\Delta x} \\
&\text{当 } \Delta x > 0 \text{ 且 } \Delta y < 0 \text{ 时},\alpha_{AB} = \arctan \frac{\Delta y}{\Delta x} + 360° \\
&\text{当 } \Delta x < 0 \text{ 时},\alpha_{AB} = \arctan \frac{\Delta y}{\Delta x} + 180°
\end{aligned}
\right\}
\tag{2.14}
$$

同法,可计算直线 AP 的坐标方位角 α_{AP}。

由 AB 方向顺时针旋转至 AP 方向的水平夹角为:

$$
\beta = \alpha_{AP} - \alpha_{AB} \tag{2.15}
$$

若 $\beta < 0°$ 时,则加 $360°$。

A、P 两点间的水平距离为:

$$D=\sqrt{(x_P-x_A)^2+(y_P-y_A)^2} \qquad (2.16)$$

2.3.1.2 放样方法

将经纬仪安置于 A 点,后视 B 点,顺时针方向拨角 β 定出 AP 方向,然后沿 AP 方向量距离 D 即得 P 点。

长期以来,极坐标法放样主要采用经纬仪配合钢尺作业,由于钢尺量距受地形条件影响较大,尤其在距离较长时,量距工作量大,效率低,而且很难保证量距精度,因而用钢尺进行极坐标法放样只能适应于放样点较近且便于量距的地方。由于全站仪具有坐标放样的功能,用全站仪按极坐标法放样更为方便。

2.3.2 自由设站法

电子全站仪的广泛应用,给放样工作带来了很多方便。在已有两个以上已知点的情况下,置全站仪于任一合适的地方,观测到已知点的边长、方向,即可按最小二乘法求得测站点坐标,同时也完成了测站定向。再根据测站点、已知点和放样点的坐标,采用极坐标法放样各放样点,该法称自由设站法。自由设站实际上是一种边角后方交会。

自由设站法加极坐标法是实现施工放样测量一体化的主要方法。

2.3.3 直角坐标法

当建筑场地的施工控制网为方格网或建筑基线形式时,采用直角坐标法较为方便。这时待放样的点 P 与控制点之间的坐标差就是放样元素。如图 2.12 所示。

用直角坐标法定点的操作步骤为:

(1)在 A 点架设经纬仪,后视点 B 定线并放样水平距离 Δy,得垂足点 E;

(2)在点 E 架设经纬仪,采用水平角放样方法,拨角 $90°$ 得方向 EP,并在此方向上放样水平距离 Δx,即得待定点 P。

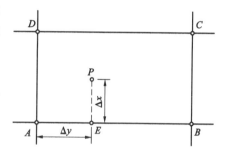

图 2.12 直角坐标法

2.3.4 方向线交会法

方向线交会法是利用两条互相垂直的方向线相交来定出放样点位的方法。方向线的设立可以用经纬仪,也可以是细线绳。当施工控制为矩形网(矩形网的边与坐标轴平行或垂直)时,可以用方向线交会法进行点位放样。

图 2.13 所示矩形控制网,N_1、N_2、N_3 和 N_4 是矩形控制网角点,为了放样点 P,先用矩形控制网角点坐标和放样点设计坐标计算放样元素 Δx 和 Δy。自点 N_2 沿矩形边 N_2N_1 和 N_2N_3 分别量取 Δx_{N_2P} 和 Δy_{N_2} 得点 1 和点 3;自点 N_4 沿矩形边 N_4N_3 和 N_4N_1 分别量取 Δx_{N_4P} 和 Δy_{N_4P} 得点 2 和点 4。于是就可以在点 1 和点 3 安置经纬

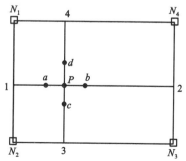

图 2.13 方向线交会法

仪,分别照准点 2 和点 4,得方向线 1—2 和 3—4,两方向线的交点即为放样点 P。

若 P 点要进行基础开挖,其交会点位不能实地直接标出,则可以在基坑开挖范围之外,分别在 1—2,3—4 方向线上设置定位小木桩 a,b 和 c,d,这样便可随时用 a,b 和 c,d 拉线,交会出 P 点位置。为了消除仪器误差,在测设方向线 1—2,3—4 时,应用正倒镜分中法定线,提高定线精度。

2.3.5　前方交会法

当放样点远离控制点或不便于量距时(如桥墩中心点放样),采用前方交会法较为适宜。如图 2.14 所示,控制点 A、B 及放样点 P 的坐标值均为已知,具体放样步骤如下:

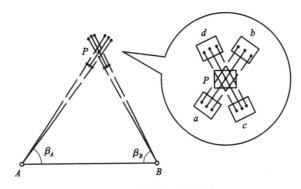

图 2.14　前方交会法定点

(1)计算放样数据 β_A、β_B

根据 A、B、P 点的坐标,按公式(2.14)分别计算 AB、AP、BP 的方位角,并按下式计算交会角:

$$\left.\begin{array}{l} \beta_A = \alpha_{AB} - \alpha_{AP} \\ \beta_B = \alpha_{BP} - \alpha_{BA} \end{array}\right\} \tag{2.17}$$

(2)放样方法

放样时最好采用两台经纬仪分别在 A、B 点设站,A 点安置的经纬仪后视 B 点,逆时针方向拨角 β_A;B 点安置的经纬仪后视 A 点,顺时针方向拨角 β_B,两台经纬仪视线的交点即为放样点 P。

用前方交会法定点,一般采用打骑马桩的方法。如图 2.14 所示,交会时最好用两台经纬仪,分别安置在 A、B 点,先粗略交会出 P 的大致位置;然后 A 点的经纬仪逆时针方向拨角 β_A,在 P 点的两侧分别打 a、b 两个木桩,根据盘左、盘右两次拨角定出的方向在 a、b 两个木桩上各定两点,取平均位置作为 AP 方向;同法 B 点的经纬仪顺时针方向拨角 β_B,在 P 点的两侧分别打 c、d 两个木桩,根据盘左、盘右两次拨角定出的方向在 c、d 两个木桩上各定两点,取平均位置作为 BP 方向;两方向线的交点即为 P 的正确位置。

P 点的定位精度主要取决于 β_A、β_B 的拨角精度,除此之外,还与交会角($\angle APB$)的大小有关。当交会角在 90°左右时,交会精度最高。交会角一般不宜小于 60°或大于 150°。

2.3.6　距离交会法

距离交会法是利用放样点到两已知点的距离交会定点。放样时分别以两已知点为圆心、以相应的距离为半径用尺子在实地画弧,两弧线的交点即为放样点位置。此法要求放样点距已知点的距离不超过一整尺长。

在公路勘测阶段,需对路线交点进行固定,并在交点附近的建筑物或树木等物体上作标记、量出标记至交点的距离并记录。施工时,可借助建筑物或树木上所作的标记用距离交会法寻找交点的位置。如图 2.15 所示,N_1、N_2 是勘测阶段在房屋上作的标记,JD 是路线交点,利用已知距离 D_1、D_2 交会可快速找到 JD 桩位。

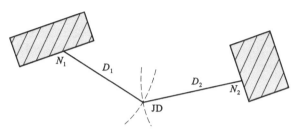

图 2.15　距离交会法定点

2.3.7　轴线交会法

轴线交会法实质上是一种侧方交会。当放样点位于坐标轴线上或与坐标轴线相平行的轴线上时,可用轴线交会法来放样点位。轴线交会法多用于水利枢纽工程轴线上的点位放样。

如图 2.16 所示,M 和 N 是已知控制点,欲用轴线交会法在已知轴线 AB 上放样出待放点位 P。其操作步骤如下:

先在 AB 轴线上放出 P 点的初步位置,记作 P_0,要求 P_0 点应尽量靠近 P 点的设计位置。然后在 P_0 点安置经纬仪,测得轴线与 P_0M、P_0N 之间的夹角 β_1、β_2 以求得 P_0 点的坐标值。

由 M 点求得:

$$\left.\begin{array}{l} x'_{P_0} = x_P \\ y'_{P_0} = y_M \pm |\Delta x_{MP_0}| \cot\beta_1 \end{array}\right\} \quad (2.18)$$

由 N 点求得:

$$\left.\begin{array}{l} x''_{P_0} = x_P \\ y''_{P_0} = y_N \pm |\Delta x_{NP_0}| \cot\beta_2 \end{array}\right\} \quad (2.19)$$

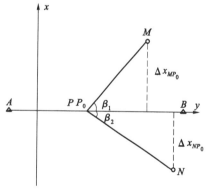

图 2.16　轴线交会法

式中的正负号,根据 y_P 与 y_M(或 y_N)的大小来选取,若 $y_{P_0} < y_M$(或 $y_{P_0} < y_N$),则 $|\Delta x_{MP_0}|$(或 $|\Delta x_{NP_0}|$)之前取负号,反之取正号。

取两组坐标的平均值,作为 P_0 点的最后坐标:

$$\left.\begin{array}{l} x_{P_0} = x_P \\ y_{P_0} = \dfrac{1}{2}(y'_{P_0} + y''_{P_0}) \end{array}\right\} \quad (2.20)$$

则点实测坐标与点设计坐标的差值为:

$$\left.\begin{array}{l} \Delta x = 0 \\ \Delta y = y_{P_0} - y_P \end{array}\right\} \quad (2.21)$$

这样,在轴线方向上从 P_0 点量取 $|\Delta y|$ 的长度,即可得到设计点位 P,但要根据式(2.21)

判断量距方向。

采用轴线交会法放样,选择控制点时要求两控制点位于轴线两侧且近似对称,初放点位 P_0 应尽量位于轴线上,以削弱测量误差的影响。

2.4 用全站仪放样点位

用全站仪放样中桩基本流程如图 2.17 所示。

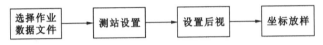

图 2.17 全站仪放样中桩基本流程

(1)选择(输入)一个用来保存数据的文件,如第一组为 FG1,第二组为 FG2,…

(2)设置(输入)测站点坐标。在设站点架好仪器,在测站的菜单下直接输入或调用已有坐标文件的测站点坐标,同时输入仪器高(用小钢尺量取)。

(3)设置(输入)后视边的方位角。有三种方法可供选择:

① 直接输入已有坐标文件中的后视点点号。

② 直接输入后视点的坐标。

③ 直接输入后视边的方位角。

上述操作后还需输入反光镜高,定向时必须瞄准后视点定向,这样后视边的方位角即被计算并保存在文件中。

(4)输入待放点坐标后,自动计算出待放方位角和待放水平距离。转动照准部,屏幕显示当前方位角与待放方位角之差,当差值为零时,视准轴方向即为待放方向;指挥棱镜在此方向上前、后移动,当前距离值和待放距离值之差(需移动的距离)随时在屏幕上显示,直至该距离差为零,即可确定待放点位置。

2.5 用 GPS-RTK 放样点位

GPS-RTK 是一种全天候、全方位的新型测量仪器,是目前实时、准确地确定待放点位置的最佳方式。它需要一台基准站和一台流动站接收机以及用于数据传输的电台。RTK 定位技术是将基准站的相位观测值及坐标信息通过数据链方式及时传送给流动站,流动站将收到的数据链连同自身采集的相位观测数据进行实时差分处理,从而获得流动站的实时三维坐标。流动站再将实时坐标与设计坐标相比较,从而指导放样。

用 GPS-RTK 放样点位坐标基本流程如图 2.18 所示。

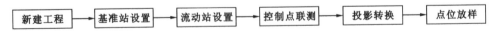

图 2.18 GPS-RTK 放样点位坐标基本流程

(1)在手簿中选择新建工程,输入工程名称之后,进入创建点界面。输入控制点点名以及点的三维坐标(N,E,H)和 WGS-84 的大地坐标。如果有一个控制点,就输入一个,若有两个,就输入两个,依此类推。也可把要放样的三维坐标(N,E,H)全部输入。

(2)将基准站设在指定的点位上,可以是已知控制点,也可以是未知点;在纬度、经度和椭球高三栏中分别输入实际值,也可以读当前 GPS 坐标得到 GPS 单点定位坐标;设置天线的型号和输入高程后进行基准站设置。

（3）进行流动站设置时,如果流动站用设置基准站的手簿,手簿上显示了基准站的坐标;如果流动站用另外一个手簿,基准站的坐标可点击"从基准站获取",也可手工输入。

（4）控制点联测最少是两个控制点,最好是三个以上的控制点平均分布于测区。

（5）投影界面用来选择和解算投影转换,水平和垂直投影都选择地方投影转换。

（6）放样点位坐标时,可分别在列表、图形中选点或显示点的详细信息。点击"下一个",可放样下一个点位。在当前流动站位置距离放样的目标点只有 3 m 的时候,手簿开始鸣叫,提醒用户已经接近目标。

思考题与习题

2.1　什么叫施工放样? 其作业目的和顺序与地形测图相比有何不同?

2.2　施工放样前有哪些准备工作?

2.3　测设的基本工作有哪些? 简述其测设方法。

2.4　简述用水准仪测设坡度的方法。

2.5　测设平面点位的方法有哪些? 适用范围有何不同?

2.6　简述全站仪坐标放样的作业步骤。

2.7　简述 GPS-RTK 坐标放样的作业步骤。

3　建筑工程测量

【学习目标】

1. 掌握建筑施工控制网的布设；
2. 熟悉民用建筑施工测量工作流程；
3. 掌握工业建筑施工测量主要采用的技术和方法；
4. 了解高层建筑施工测量的轴线投测和高程传递方法。

【技能目标】

1. 能够掌握建筑物施工放样方法，能够使用相关仪器完成测量任务；
2. 会看施工图纸，会使用现代化测量仪器设备。

3.1　概　　述

建筑施工的测量工作，也可分为工程施工准备阶段的测量工作、施工过程中的测量工作及竣工测量。施工准备阶段的测量工作包括施工控制网的建立、场地布置、工程定位和基础放线等。施工过程中的测量工作是在工程施工中，随着工程的进展，在每道工序之前所进行的细部测设，如基桩或基础模板的测设、工程砌筑中墙体皮数杆设置、楼层轴线测设、楼层间高程传递、结构安装测设、设备基础及预埋螺栓测设、建筑物施工过程中的沉降观测等。当工程的每道工序完成后，应及时进行验收测量，以检查施工质量，然后才可进行下一道工序作业，工程完工后，要进行竣工测量。

施工测量贯穿于整个施工过程，它对保证工程质量和施工进度都起着重要的作用。

3.1.1　施工测量的目的

各种工程在施工阶段所做的测量工作，称为施工测量。其目的就是把设计好的建筑物、构筑物的平面位置和高程，按设计的要求，以一定的精度测设到地面上，作为施工的依据。

3.1.2　施工测量的任务

3.1.2.1　施工场地平整测量
利用勘测阶段所测绘的地形图来求场地的设计高程并估算土石方量。

3.1.2.2　建立施工控制网
在施工场地建立平面控制网和高程控制网，作为建（构）筑物定位及细部测设的依据。

3.1.2.3　建（构）筑物定位和细部放样测量
建筑物定位，就是把建（构）筑物外轮廓各轴线的交点，其平面位置和高程在实地标定出来，然后根据这些点进行细部放样。

3.1.2.4　竣工测量

通过实地测量检查施工质量并进行验收,同时根据检测验收的记录整理竣工资料和编绘竣工图。

3.1.2.5　变形观测

对于高层建筑、大型厂房或其他重要建(构)筑物,在施工过程中及竣工后一段时间内,应进行变形观测。

施工测量的基本任务是施工放样(亦称测设)。根据施工图,按照设计和施工的要求,将设计好的建筑物的位置、形状、大小及高程,在实地标定出来。放样工作是施工的眼睛、基础,离开放样工作,施工就无从谈起。放样精度的高低,直接影响施工的质量。

3.1.3　建筑物施工放样的主要技术要求与指标

我国《工程测量规范》对建筑物施工放样的主要技术要求详见表 3.1 所示。

表 3.1　建筑物施工放样、轴线标测和标高传递的允许偏差

项　目	内　容		允许偏差(mm)
基础桩位放样	单排桩或群桩中的边桩		±10
	群桩		±20
各施工层上放线	外廓主轴线长度(m)	$L \leqslant 30$	±5
		$30 < L \leqslant 60$	±10
		$60 < L \leqslant 90$	±15
		$L > 90$	±20
	细部轴线		±2
	承重墙、梁、桩边线		±3
	非承重墙边线		±3
	门窗洞口线		±3
轴线竖向投测	每层		±3
	总高(m)	$H \leqslant 30$	±5
		$30 < H \leqslant 60$	±10
		$60 < H \leqslant 90$	±15
		$90 < H \leqslant 120$	±20
		$120 < H \leqslant 150$	±25
		$H > 150$	±30
标高竖向传递	每层		±3
	总高(m)	5	±5
		10	±10
		15	±15
		20	±20
		25	±25
		30	±30

3.2　建筑施工控制测量

为工程建筑物的施工放样布设的测量控制网称为施工控制网。施工控制网可以分为平面控制网和高程控制网,如按控制范围可分为场区控制及建筑物的控制。施工控制网点,应根据施工总平面图和施工总布置图设计,主要布设形式为建筑方格网。

3.2.1　施工平面控制

3.2.1.1　建筑区的平面控制

建筑场区的平面控制网,可根据场区地形条件和建筑物、构筑物的布置情况,布设成建筑方格网、导线网、GPS网或三角形网等。场区的平面控制网,应根据等级控制点进行定位、定向和起算。场区平面控制网的等级和精度,应符合表3.2中的有关规定。

表 3.2　建筑场区平面控制网的主要技术要求

项　　目	精 度 要 求
场区面积大于 1 km² 或重要工业区	建立不低于一级精度等级的平面控制网
场区面积大于 1 km² 或一般性建筑区	建立二级精度的平面控制网
当原有控制网作为场区控制网时	必须进行复测检查

3.2.1.2　建筑物的平面控制

建筑物的控制网,应根据场区控制网进行定位、定向和起算。其布设形式可按建筑物、构筑物特点,布设成十字轴线或矩形控制网。建筑物的控制网,应根据建筑物结构、机械设备传动性能及生产工艺连续程度,分别布设成一级或二级控制网。其主要技术要求,应符合表3.3的规定。

表 3.3　建筑物施工平面控制网的主要技术要求

等　　级	边长相对中误差	测角中误差(″)
一级	≤1/30000	7
二级	≤1/15000	15

3.2.2　施工高程控制测量

3.2.2.1　建筑区的高程控制

场区的高程控制网,应布设成结点水准网、闭合水准环线或附合水准路线,其精度一般不低于四等水准测量精度要求。对于大中型建筑物施工项目高程测量控制的精度一般不低于三等水准测量精度要求。

场区水准点个数不得少于3个。水准点间距应不大于1 km。距离建筑物、构筑物应大于25 m;距离回填土边线应大于15 m。

3.2.2.2　建筑物的高程控制

建筑物高程控制测量主要采用水准测量,水准测量的精度应不低于四等水准测量的精度要求。建筑物高程控制的水准点,可设置在建筑物的平面控制网的标桩上或外围的固定地物上,也可单独埋设。水准点的个数不应少于 2 个。当场地高程控制点距离施工建筑物小于 200 m 时,可直接利用。其密度应尽量满足安置一次仪器就能测设出所需的高程点。建筑方格网点、导线网点均可兼作高程控制点。当施工中水准点标桩不能保存时,应将其高程引测至稳固的建筑物或构筑物上,引测的精度,应不低于四等水准测量。

3.3　民用建筑施工测量

民用建筑是指供人们居住和进行公共活动的建筑的总称。民用建筑包括住宅、商店、学校、医院、办公楼等非生产性用房及设施。按使用功能可分为居住建筑和公共建筑两大类。

民用建筑与工业建筑的放样方法和过程基本相同,但是精度要求有所不同,一般,工业比民用精度高,高层比低层精度高,钢结构比砖混结构精度高,装配式比砌筑式精度高。

3.3.1　民用建筑施工场地平面控制

民用建筑施工场地平面控制主要有三种形式:建筑基线、建筑方格网、全站仪导线。

3.3.1.1　建筑基线的测设

建筑基线是建筑场地的施工控制基准线,即在建筑场地布置一条或几条轴线。它适用于建筑设计总平面图布置比较简单的小型建筑场地。建筑基线的布设形式,应根据建筑物的分布、施工场地地形等因素来确定。常用的布设形式有"一"字形、"L"形、"十"字形和"T"形。适用于面积不大,建筑物较少且形状简单的建筑场地。

(1)布设要求

① 根据建筑物平面布置选择基线形式。

② 基线尽量位于场地中心,并与主要建筑物轴线平行。

③ 基点不少于三个。

④ 基线点互相通视,并易于保存。

(2)基线测设(放样)方法

① 充分利用已有控制点测设基线。

② 充分利用建筑红线测设基线。

③ 充分利用原有建筑物测设基线。

(3)基线测设步骤

① 计算放样参数、坐标,反算角度、边长。

② 利用极坐标法测设建筑物的三主点。

③ 重复测量,检核角度、距离是否正确。

④ 计算检核数据并做进一步改正测设。

⑤ 再检测角度、距离,直到角度误差符合规范要求,距离相对误差≤1/1 万。

3.3.1.2　建筑方格网的测设

建筑方格网的布设应根据总平面图上各种已建和待建的建筑物、道路及各种管线的布置情况,结合现场的地形条件来确定。方格网的形式有正方形、矩形两种。当场地面积较大时,常分两级布设,首级可采用"十"字形、"口"字形,或"田"字形,然后再加密方格网。建筑方格网适用于按矩形布置的建筑群或大型建筑场地。

建筑方格网的轴线与建筑物轴线平行或垂直，因此，可用直角坐标法进行建筑物的定位，测设较为方便，且精度较高。但由于建筑方格网必须按总平面图的设计来布置，测设工作量成倍增加，其点位缺乏灵活性，易被破坏，所以在全站仪逐步普及的条件下，正逐步被导线或三角网所取代。一般在确定方格网的主轴线后，再布设方格网。

建筑方格网的测设方法是先测设建筑物的主轴线点（按基线测设方法），检测合格后再测设其他网点。主轴线测设精度：角度误差≤10″，距离相对误差≤1/15000。

3.3.1.3　全站仪导线的测设

全站仪导线的测设是利用全站仪作为主要测量工具，建筑平面控制点布设为导线形式，通过测角、测距来确定控制网坐标的方法。根据建筑物的环境特点，布设成为各种形式如等边直伸式、闭合形式、附合形式、支导线形式。其适用范围比较广泛，多数工程项目中都可以用到，如道路、管线工程、工业与民用建筑工程。特别是当钢尺无法量距时或距离较长时，全站仪导线法显得尤为方便快捷。

3.3.2　民用建筑施工场地高程控制

高程控制测量主要采用水准测量方式。布设相应等级的水准点，一般布测三、四等或等外水准路线（闭合、附合以提高水准精度）。

布点要求：土质坚固，不受施工影响，能长久保存，便于高程放样。每一个小区一般水准点个数不少于三个。

3.3.3　民用建筑施工放样

3.3.3.1　放样前的准备工作

（1）熟悉设计资料及图纸，了解新建筑物与控制点及原有建筑物之间的关系，了解新建筑物总尺寸及各轴线之间的关系（细部尺寸）、各部设计标高等。

（2）现场踏勘测，了解现场通视情况及控制点分布情况，可根据情况，初步确定放样方法。

（3）制定放样方案（放样方法、放样草图、放样数据）。

3.3.3.2　建筑物的定位、放线

（1）建筑物的定位

确定建筑物在实地上的位置，即确定建筑物与控制点及相邻地物的关系，也就是建筑物外部轴线交点的放样。外部轴线是基础及细部放样的依据。

定位（测设定位点）的常用方法有：极坐标法、直角坐标法、极坐标法与直角坐标法结合定位（角度交会和距离交会极少使用）。

如果平面控制是建筑基线或建筑方格网，则用直角坐标法定位（图 3.1），如果是导线控制，则用极坐标法定位（图 3.2）。通常对于四点直角房屋，可以用极坐标法放样两点，再用直角坐标法放样另两点。

（2）轴线控制桩或龙门板的设置

由于开挖基坑的破坏，建筑物定位结束，并检测合格后，必须在 3 m 外设置轴线控制桩或龙门板作为恢复轴线的依据。一般小型建筑物多用龙门板法（图 3.3），而大型复杂的建筑物一般采用轴线控制桩法（图 3.4）。

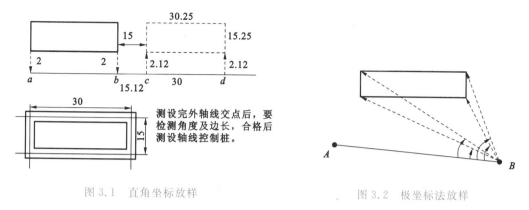

图 3.1　直角坐标放样　　　　　　　　　　图 3.2　极坐标法放样

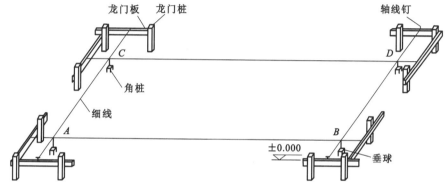

图 3.3　龙门板法测设过程

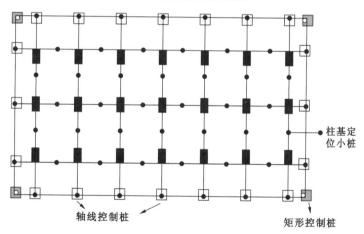

图 3.4　轴线控制桩的测设过程

（3）建筑物的放线

建筑物的外轴线交点测设完后，就可以利用外轴线交点桩放样内部轴线。放样内部轴线的常用方法是经纬仪加钢尺（经纬仪用于定直线，钢尺量距，也可以拉细线定直线方向）。

3.3.3.3　建筑物的±0 标高的测设

建筑物放线完成后，需要将±0 标高（底层设计的室内地面标高）测设于龙门板或附近的建筑物墙壁上，作为基础及主体工程高程放样的依据。±0 标高的测设方法如图 3.5 所示。

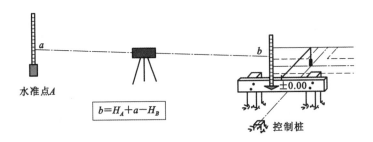

图 3.5　±0 标高的测设方法

3.3.3.4　基础工程施工放样

基础开挖前,要根据龙门板或轴线控制桩的轴线位置和基础宽度,并顾及放坡尺寸,在地面上用白灰撒出基础的开挖边界线,施工时按此线进行开挖。

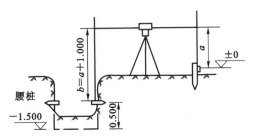

图 3.6　基槽及基坑腰桩设置示意图

（1）基槽及基坑抄平

为了控制基槽开挖深度,在即将挖到槽底设计标高时,用水准仪在槽壁上测设一些水平的小木桩,使木桩上表面离槽底设计标高为一固定值（如 0.5 m）,用以控制挖槽深度,这些小木桩称为腰桩（图 3.6）。为了施工时使用方便,一般在槽壁各拐角处和槽壁每隔 3～4 m 处均测设一个腰桩,必要时,可沿腰桩的上表面拉上白线绳,作为清理槽底和打基础垫层时掌握标高的依据。腰桩高程测设的允许误差为±10 mm。

在建筑施工中,将高程测设称为抄平。

基槽开挖完成后,应根据控制桩或龙门桩,复核基槽宽度和槽底标高,合格后,方可进行垫层施工。

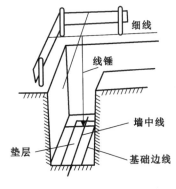

图 3.7　投测墙中心线

（2）垫层和基础放样

基槽或基坑开挖完成后,应利用腰桩在基槽或基坑底部设置垫层标高桩,使桩顶顶面高程等于垫层设计高程,作为垫层施工的依据。

基础垫层打好后,根据龙门板上的轴线钉或轴线控制桩,用经纬仪或用拉绳挂锤球的方法,把轴线投测到垫层上,并用墨线弹出墙中心线和基础边线,以便砌筑基础,如图 3.7 所示。由于整个墙身砌筑均以此线为准,这是确定建筑物位置的关键环节,所以要严格校核后方可进行砌筑施工。

（3）基础墙标高控制

房屋基础（±0.000 以下的砖墙）的高度是利用基础皮数杆来控制的。基础皮数杆是一根木杆（如图 3.8 所示）,在杆上事先按照设计尺寸,将砖、灰缝厚度画出线条,并标明±0.000 和防潮层等的标高位置。立皮数杆时,可先在立杆处打一木桩,用水准仪在木桩侧面定出一条高于垫层标高某一数值（如 10 cm）的水平线,然后将皮数杆上标高相同的一条线与木桩上的水平线对齐,并用大铁钉把皮数杆与木桩钉在一起,作为基础墙的标高依据。

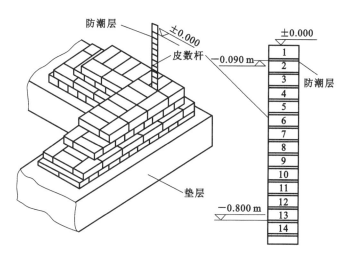

图3.8 皮数杆

基础施工结束后,应检查基础面的标高是否符合设计要求(也可检查防潮层)。可用水准仪测出基础面上若干点的高程和设计高程比较,允许误差为±10 mm。

3.3.3.5 墙体工程施工放样

墙体工程施工放样的主要任务是:墙体底层轴线恢复放样;各层墙体轴线投测;墙体细部放样;墙体高程放样(设计标高放样)。

(1)墙体底层轴线恢复放样

利用轴线控制桩或龙门板的轴线钉恢复主体墙的轴线。

(2)各层墙体轴线投测

投测方法:经纬仪、全站仪、激光铅直仪投测或吊锤球法。吊锤球法只用于较低楼层。

(3)各层细部放样

外部轴线投测完后进行细部放样(方法同底层)。

(4)高程放样

① 将±0标高标定到主体墙体上。

② 各层标高的传递用钢尺或水准仪加钢尺。

③ 各部位高程放样,建筑标高传递到工作面后即可用水准仪放样细部高程。

3.4 工业建筑施工测量

在工业建筑场地,为了放样各厂房轴线,以及各生产车间的联系设备(比如皮带运输机、管道、道路等),首先应布设在整个场地起总体控制作用的厂区施工控制网。厂区平面控制网可布设成三角网、导线网、GPS网、建筑方格网等。但由于厂房各部分及设备基础工程相对于厂房主要轴线的细部放样精度的要求往往很高,厂区控制网点的密度和精度一般不能满足厂房细部及设备基础放样的需要,因此还应在厂区控制网的基础上,布设能满足厂房及基础设备精度要求,适应厂房规模大小和外围轮廓的厂房矩形控制网,作为厂房施工测量的基本控制。

3.4.1 厂房矩形控制网的测设

厂房施工中多采用由柱列轴线控制桩组成的厂房矩形控制网,其测设方法有两种,即角桩测设法和主轴线测设法。

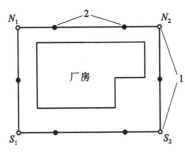

图 3.9　角桩测设法

1—角桩；2—距离指标桩

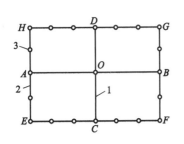

图 3.10　主轴线测设法

1—主轴线；2—矩形控制网；
3—距离指标桩

3.4.1.1　角桩测设法

如图 3.9 所示，首先以厂区控制网放样出厂房矩形网的两角桩(或称一条基线边，如 S_1S_2)，再据此拨直角，设置矩形网的两条短边，并埋设距离指标桩。距离指标桩的间距一般是等于厂房柱子间距的整倍数(但以不超过使用尺子的长度为限)。此法简单方便，但由于其余三边系由基线推出，误差集中在最后一边 N_1N_2 上，使其精度较差，故用此形式布设的矩形网只适用于一般的中小型厂房。

3.4.1.2　主轴线测设法

厂房矩形控制网的主轴线，一般应选在与主要柱列轴线或主要设备基础轴线相互一致或平行的位置上。

如图 3.10 所示，先根据厂区控制网定出矩形控制网的主轴线 AOB，再在 O 点架设仪器，采用直角坐标法放样出短轴线 CD，其测设与调整方法和建筑方格网主轴线相同。在纵横轴线的端点 A、B、C、D 分别安置经纬仪，都以 O 点为后视点，分别测设直角交会定出 E、F、G、H 四个角点。

为了便于以后进行厂房细部的施工放线，在测定矩形网各边长时，应按施测方案确定的位置与间距测设距离指标桩。厂房矩形控制网角桩和距离指标桩一般都埋设在顶部带有金属标板的混凝土桩上。当埋设的标桩稳定后，即可采用归化改正法，按规定精度对矩形网进行观测、平差计算，求出各角桩点和各距离指标桩的平差坐标值，并和各桩点设计坐标相比较，在金属标板上进行归化改正，最后再精确标定出各距离标桩的中心位置。

3.4.2　柱子基础施工测量

3.4.2.1　柱列轴线放样

根据柱列中心线与矩形控制网的尺寸关系，从最近的距离指标桩量起，把柱列中心线——测设在矩形控制网的边线上，并打下木桩，以小钉表明点位，作为轴线控制桩，用于放样柱基，如图 3.11 所示。柱基测设时，应注意定位轴线不一定都是基础中心线。

3.4.2.2　基坑开挖边界线放样

用两架经纬仪安置在两条相互垂直的柱列轴线的轴线控制桩上，沿轴线方向交会出每一个柱基中心的位置。在柱列中心线方向上，离柱基开挖边界线 0.5～1 m 以外处各打四个定位小木桩，上面钉上小钉，作为中心线标志，供基坑开挖和立模之用，如图 3.11 所示。

按柱基平面图和大样图所注尺寸，顾及基坑放坡宽度，放出基坑开挖边界，用白灰线标明基坑开挖范围。

3.4.2.3　基坑的高程测设

当基坑挖到一定深度时，要在基坑四壁距坑底设计高程 0.3～0.5 m 处设置几个水平桩(腰桩)作为基坑修坡和清底的高程依据。此外还应在基坑内测设垫层的标高，即在坑底设置

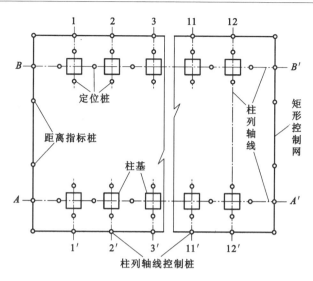

图 3.11　柱列轴线放样

小木桩,使桩顶高程恰好等于垫层的设计高程,如图 3.12(a)所示。

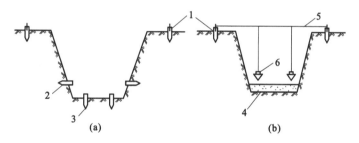

图 3.12　基础模板定位示意图

1—柱基定位小木桩;2—腰桩;3—垫层标高桩;4—垫层;5—钢丝;6—垂球

3.4.2.4　基础模板定位

打好垫层后,根据坑边定位小木桩,用拉线的方法,吊垂球把柱基定位线投到垫层上,如图 3.12(b)所示。用墨斗弹出墨线,用红漆画出标记,作为柱基立模板和布置钢筋的依据。立模板时,将模板底线对准垫层上的定位线,并用垂球检查模板是否竖直,最后将柱基顶面设计标高测设在模板内壁。

拆模以后柱子杯形基础的形状如图 3.13 所示。根据柱列轴线控制桩,用经纬仪正倒镜分中法,把柱列中心线测设到杯口顶面上,弹出墨线。再用水准仪在杯口内壁四周各测设一个−0.6 m 的标高线(或距杯底设计标高为整分米的标高线),用红漆画出"▼"标志,注明其标高数字,用以修整杯口内底部表面,使其达到设计标高。

3.4.3　厂房构件的安装测量

3.4.3.1　厂房柱子的安装测量

柱子安装之后,应满足以下设计要求:柱脚中心线应

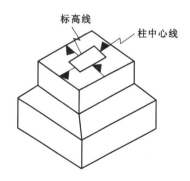

图 3.13　杯口定位线和柱子中心线

对准柱列中心线，偏差不应超过±5 mm；牛腿面标高必须等于它的设计标高，误差不应超高±5 mm；竹子全高竖向允许偏差不应超过1‰，最大不应超过±20 mm。为了满足以上精度要求，具体做法如下：

（1）柱子安装前的准备工作

在预制好的柱子三个侧面上弹出柱子的中心线，并根据牛腿面设计标高，利用钢尺从牛腿面起向柱底丈量距离，在柱子上画出-0.6 m标志线和±0.000标高线，如图3.14所示。

安装时，当柱子上的-0.6 m标高线与杯口内壁的-0.6 m标高线重合时，就能恰好保证牛腿面的标高等于设计标高。

为了达到上述目的，实际工作中往往在柱子上量出-0.6 m标高线至柱子底部的实际长度d_1，同时再量出杯口内壁-0.6 m标高线至杯底的实际长度d_2，将两者进行比较，即可确定杯底的找平厚度或垫板厚度h，如图3.15所示。

$$h = d_2 - d_1 \tag{3.1}$$

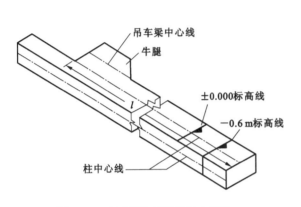

图3.14　在预制的厂房柱子上弹线

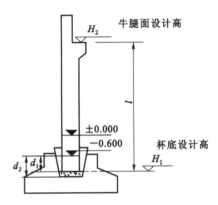

图3.15　柱子检查和杯底找平

用水泥砂浆根据找平厚度进行杯底修平后，用水准仪进行测量，杯底平整误差应在±3 mm以内。

（2）柱子安装测量

柱子安装时，应保证其平面位置、高程及柱身的垂直度符合设计要求。预制的钢筋混凝土柱子插入杯形基础的杯口后应使柱子三面的中心线与杯口中心线对齐吻合（容许误差为±5 mm），用木楔作临时固定，然后将两台经纬仪安置在距离约1.5倍柱高的纵、横两条轴线附近，同时进行柱身的垂直校正。

用经纬仪作柱子竖直校正是利用置平后的经纬仪视准轴上、下转动成一竖直平面的特点进行的。具体做法如下：先用竖丝瞄准柱子根部的中心线，制动照准部，缓缓抬高望远镜，观测柱子中心线是否偏离竖丝的方向；如有偏差，应指挥安装人员调节缆绳或用千斤顶进行调整，直至从两台经纬仪中都观测到柱子中心线从下到上都与十字丝竖丝重合为止，如图3.16所示。然后，在杯口与柱子的缝隙中浇入混凝土，以固定柱子的位置。

为了提高安装速度，常先将若干柱子分别吊入杯口内，临时固定，将经纬仪安置在柱列轴线的一侧，夹角最好不超过15°，然后成排进行校正，如图3.17所示。

校正柱子用的经纬仪应在使用前进行各轴系的检验校正。安置经纬仪时，应使管水准器气泡严格整平，因为经纬仪的轴系误差以及纵轴的不铅垂，都会使视准轴上下转动时不成为一

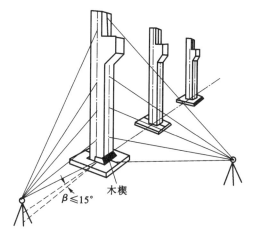

图 3.16　校正柱子竖直

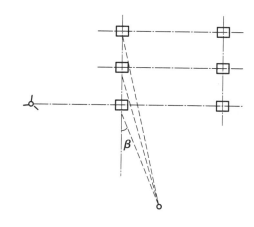

图 3.17　成排校正柱子竖直

个竖直平面,从而在校正竖直时影响其垂直度。

　　柱子竖直校正后,还要检查一下牛腿面的标高是否正确,方法是用水准仪检测柱身下部 ± 0.000 标高线的标高,其误差即为牛腿面标高的误差,作为修平牛腿面或加垫块的依据。

　　3.4.3.2　吊车梁安装测量

　　预制混凝土吊车梁安装时应满足以下设计要求:梁顶标高应与设计标高一致;梁的上、下中心线应和吊车轨道的设计中心线在同一竖直面内。

　　(1)吊车梁中心线投影

　　吊车梁吊装前,应先在其顶面和两个端面弹出吊车梁中心线。利用厂房中心线和柱列中心线,根据设计轨道距离在地面上测设出吊车梁中心线,并在中心线两端打木桩标志。

　　安置经纬仪于一端点,瞄准另一端点,抬高望远镜,将吊车梁中心线投到每个柱子的牛腿面边上,如图 3.18(a)所示。

　　如果与柱子吊装前所画的中心线不一致,则以新投的中心线作为吊车梁安装定位的依据。投测时,如果与有些柱子的牛腿不通视,可以用从牛腿面向下吊垂球的方法解决中心线的投点问题。

　　(2)吊车梁安装时的竖直校正

　　第一根吊车梁就位时,用经纬仪或垂球线校直,以后各根就位,可根据前一根的中心线用直接对齐法进行校正。

　　(3)吊车轨道安装测量

　　当吊车梁安装以后,再用经纬仪从地面把吊车梁中心线(亦即吊车轨道中心线)投到吊车梁顶上,如果与原来画的梁顶几何中心线不一致,则按新投的点用墨线重新弹出吊车梁中心线为安装轨道的依据。

　　由于安置在地面柱列中心线上的经纬仪不可能与吊车梁顶面通视,因此,一般采用中心线平移法。如图 3.18(b)所示,在地面上平行于 $A'A'$ 轴线、间距为 1 m 处测设 $A''A''$ 轴线。然后安置经纬仪于 $A''A''$ 轴线一端,瞄准另一端进行定向。抬高望远镜,使从吊车梁顶面伸出的长度为 1 m 的直尺端正好与望远镜竖丝重合,则直尺的另一端即为吊车轨道中心线上的点。

　　然后用钢尺检查同跨两中心线之间的跨距 l,与其设计跨距之差不得大于 10 mm。经过

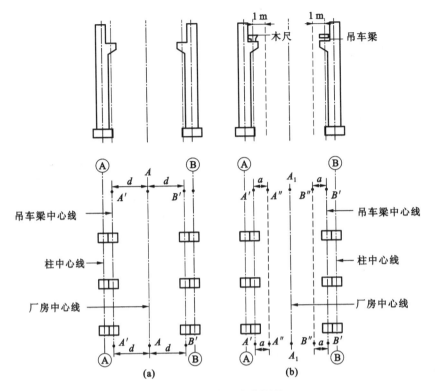

图 3.18　吊车梁安装测量

调整后,用经纬仪将中心线方向投到特设的角钢或屋架下弦上,作为安装时用经纬仪校直轨道中心线的依据。

　　在轨道安装前,应该用水准仪检查梁顶的标高,每隔 3 m 在放置轨道垫块处测一点,以测得结果与设计数据之差作为加垫块或抹灰的依据。为此,可用水准仪和钢尺沿柱子竖直量距的方法,从附近水准点把高程传递到吊车梁顶上,并设置固定的水准点标志,作为轨顶标高检查和生产期间检修校正的依据。

　　在轨道安装过程中,根据梁上的水准点,用水准仪按测设已知高程的方法,把轨顶安装在设计标高线上。然后将经纬仪安置在梁顶中心线上,瞄准投在屋架下弦的轨道中心标志进行定向,配合安装进度,进行轨道中心线的校直测量工作。

　　轨道安装完毕后,应进行一次轨道中心线、跨距和轨顶标高的全面检查,以保证能安全架设和使用吊车。

3.5　高层建筑施工测量

　　高层建筑是指超过一定高度和层数的多层建筑。在英国,把超过 24.3 m 的建筑物视为高层建筑;在日本,则是将 31 m 或 8 层及以上的建筑物视为高层建筑;在美国,凡是高于 24.6 m或 7 层以上的建筑物称为高层建筑;而在中国,自 2005 年起规定超过 10 层的住宅建筑和超过 24 m 高的其他民用建筑为高层建筑。

　　鉴于高层建筑层数较多、高度较高、施工场地狭窄,且多采用框架结构、滑模施工工艺和先进施工机械,故在施工过程中,对于垂直度、水平度偏差及轴线尺寸偏差都必须严格控制。

3.5.1　高层建筑物轴线的投测

高层建筑物施工测量中的主要问题是控制竖向偏差,也就是各层轴线如何精确地向上引测的问题。《钢筋混凝土高层建筑结构设计与施工规定》中指出:竖向误差在本层内不得超过 5 mm,全高不超过楼高的 1/1000,累积偏差不得超过 20 mm。

为了保证轴线投测的精度,高层建筑物轴线的竖向投测主要有外控法和内控法两种,下面分别介绍这两种方法。

3.5.1.1　外控法

外控法是在建筑物外部,利用经纬仪,根据建筑物轴线控制桩来进行轴线的竖向投测,亦称作经纬仪引桩投测法。具体操作方法如下:

（1）在建筑物底部投测中心轴线位置

高层建筑的基础工程完工后,将经纬仪如图 3.19 所示安置在轴线控制桩 A_1、A_1'、B_1 和 B_1' 上,把建筑物主轴线精确地投测到建筑物的底部,并设立标志,如图 3.19 中的 a_1、a_1'、b_1 和 b_1',以供下一步施工与向上投测之用。

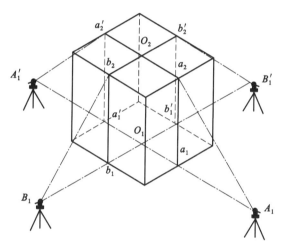

图 3.19　经纬仪投测中心轴线

（2）向上投测中心线

随着建筑物不断升高,要逐层将轴线向上传递,将经纬仪安置在中心轴线控制桩 A_1、A_1'、B_1 和 B_1' 上,严格整平仪器,用望远镜瞄准建筑物底部已标出的轴线 a_1、a_1'、b_1 和 b_1' 点,用盘左和盘右分别向上投测到每层楼板上,并取其中点作为该层中心轴线的投影点,如图 3.19 中的 a_2、a_2'、b_2 和 b_2'。

（3）增设轴线引桩

当楼房逐渐增高,而轴线控制桩距建筑物又较近时,望远镜的仰角较大,操作不便,投测精度也会降低。为此,要将原中心轴线控制桩引测到更远的安全地方,或者附近大楼的屋面。

具体做法是:

将经纬仪安置在已经投测上去的较高层（如第十层）楼面轴线 $a_{10}a_{10}'$ 上,如图 3.20 所示,瞄准地面上原有的轴线控制桩 A_1 和 A_1' 点,用盘左、盘右分中投点法,将轴线延长到远处 A_2 和 A_2' 点,并用标志固定其位置,A_2、A_2' 即为新投测的 A_1A_1' 轴控制桩。

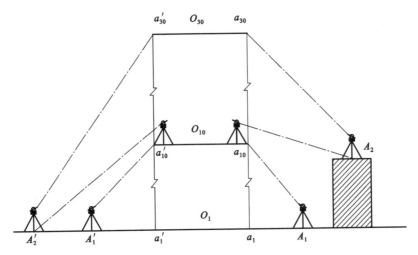

图 3.20　增设轴线引桩法

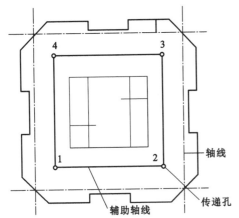

图 3.21　内控法轴线控制点的设置

更高各层的中心轴线,可将经纬仪安置在新的引桩上,按上述方法继续进行投测。

3.5.1.2　内控法

内控法是在建筑物内±0平面设置轴线控制点,并预埋标志,以后在各层楼板相应位置上预留 200 mm×200 mm 的传递孔,在轴线控制点上直接采用吊线坠法或激光铅垂仪法,通过预留孔将其点位垂直投测到任一楼层。

(1) 内控法轴线控制点的设置

在基础施工完毕后,在±0首层平面,适当位置上设置与轴线平行的辅助轴线。辅助轴线距轴线 500～800 mm 为宜,并在辅助轴线交点或端点处埋设标志,如图 3.21 所示。

(2) 吊线坠法

吊线坠法是利用钢丝悬挂重锤球的方法,进行轴线竖向投测。这种方法一般用于高度在 50～100 m 的高层建筑施工中,锤球重 10～20 kg,钢丝的直径为 0.5～0.8 mm。投测方法如下:

如图 3.22 所示,在预留孔上面安置十字架,挂上锤球,对准首层预埋标志。当锤球线静止时,固定十字架,并在预留孔四周作出标记,作为以后恢复轴线及放样的依据。此时,十字架中心即为轴线控制点在该楼面上的投测点。

用吊线坠法实测时,要采取一些必要措施,如用铅直的塑料管套着坠线或将锤球沉浸于油中,以减少摆动。

(3) 激光铅垂仪法

激光铅垂仪是一种专用的铅直定位仪器。适用于高层建筑物、烟囱及高塔架的铅直定位测量。

激光铅垂仪的基本构造如图 3.23 所示,主要由氦氖激光管、精密竖轴、发射望远镜、水准器、基座、激光电源及接收屏等部分组成。

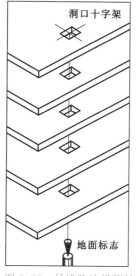

图 3.22　吊线坠法投测轴线

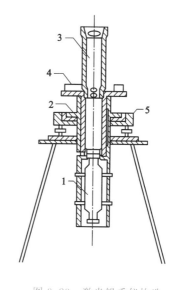

图 3.23　激光铅垂仪构造

1—氦氖激光器；2—竖轴；3—发射望远镜；4—水准管；5—基座

激光器通过两组固定螺钉固定在套筒内。激光铅垂仪的竖轴是空心筒轴，两端有螺扣，上、下两端分别与发射望远镜和氦氖激光器套筒相连接，二者位置可对调，构成向上或向下发射激光束的铅垂仪。仪器上设置有两个互成 $90°$ 的管水准器，仪器配有专用激光电源。

图 3.24 为激光铅垂仪进行轴线投测的示意图，其投测方法如下：

① 在首层轴线控制点上安置激光铅垂仪，利用激光器底端（全反射棱镜端）所发射的激光束进行对中，通过调节基座整平螺旋，使管水准器气泡严格居中。

② 在上层施工楼面预留孔处，放置接受靶。

③ 接通激光电源，启辉激光器发射铅直激光束，通过发射望远镜调焦，使激光束会聚成红色耀目光斑，投射到接受靶上。

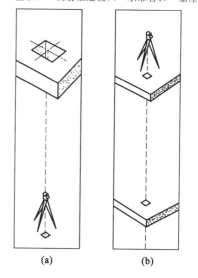

图 3.24　激光铅垂仪法

④ 移动接受靶，使靶心与红色光斑重合，固定接受靶，并在预留孔四周作出标记，此时，靶心位置即为轴线控制点在该楼面上的投测点。

3.5.2　高层建筑物的高程传递

在高层建筑施工中，建筑物的标高要由下层传递到上层，以使上层建筑的工程施工标高符合设计要求。常用的标高传递方法有悬吊钢尺法和全站仪天顶测距法。

高层建筑施工的高程控制网为建筑场地内的一组水准点（不少于 3 个）。待建筑物基础和地坪层建造完成后，在墙上或柱上从水准点测设出底层"＋50 mm 标高线"，作为向上各层测设设计高程之用。

3.5.2.1 悬吊钢尺法标高传递

如图 3.25 所示,从底层"+50 mm 标高线"起向上量取累积设计层高,即可测设出相应楼层的"+50 mm 标高线"。根据各层的"+50 mm 标高线",即可进行各楼层的施工工作。

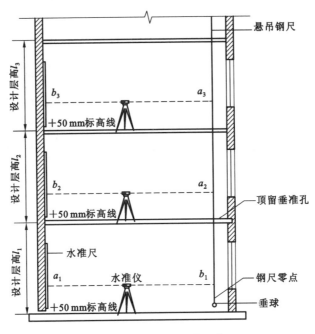

图 3.25 悬吊钢尺法传递高程

以第三层为例,放样第三层"+50 mm 标高线"时的应读前视为:

$$b_3 = a_3 - (l_1 + l_2) + (a_1 - b_1) \tag{3.2}$$

在第三层墙面上上下移动水准标尺,当标尺读数恰好为 b_3 时,沿水准标尺底部在墙面上画线,即可得到第三层的"+50 mm 标高线"。

3.5.2.2 全站仪天顶测距法

对于超高层建筑,吊钢尺有困难时,可以在预留垂准孔或电梯井安置全站仪,通过对天顶方向测距的方法引测高程,如图 3.26 所示。

在投测点安置全站仪,置平望远镜(屏幕显示竖直角为 0°或竖直度盘读数为 90°),读取竖立在首层"+50 mm 标高线"上水准尺的读数为 a_1。a_1 即为全站仪横轴至首层"+50 mm 标高线"的仪器高。

将望远镜指向天顶(屏幕显示竖直角 90°或竖直度盘读数为 0°),将一块制作好的 40 cm×40 cm、中间开了一个 ϕ30 mm 圆孔的铁板,放置在需传递高程的第 i 层层面垂准孔上,使圆孔的中心对准测距光线(由测站观测员在全站仪望远镜中观察指挥),将棱镜扣在铁板上,操作全站仪测距,得距离 d_i。

在第 i 层安置水准仪,将一把水准尺立在铁板上,读出其上的读数为 a_i;假设另一把水准尺竖立在第 i 层"+50 mm 标高线"上,其上的读数为 b_i,则有下列方程成立:

$$a_1 + d_i - k + (a_i - b_i) = H_i \tag{3.3}$$

式中 H_i——第 i 层楼面的设计高程(以建筑物的±0.000 起算);

k——棱镜常数,可以通过实验的方法测定出。

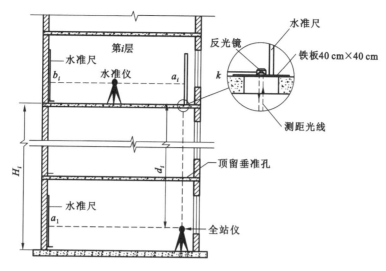

图 3.26 全站仪对天顶测距法传递高程

由式(3.3)可以解出 b_i 为：

$$b_i = a_1 + d_i - k + (a_i - H_i) \tag{3.4}$$

上下移动水准标尺，使其读数为 b_i，沿水准标尺底部在墙面上画线，即可得到第 i 层的"+50 mm标高线"。

思考题与习题

3.1 施工放样前应该做哪些工作？

3.2 民用建筑施工测量前有哪些准备工作？

3.3 厂房柱子的安装测量工作有哪些？

3.4 建筑物轴线投测有哪些方法？其适用范围有什么不同？

3.5 高层建筑物的高程传递是如何完成的？

3.6 高层建筑物垂直度是如何控制的？有哪些方法？

4 道路工程测量

【学习目标】

1. 掌握道路初测阶段选线测量、控制测量和大比例尺带状地形图测绘方法;
2. 掌握道路定测阶段的定线测量、中桩测量及线路纵、横断面测量的方法与步骤;
3. 掌握道路平曲线测设的基本方法、计算和操作过程;
4. 了解道路施工阶段施工测量的任务、依据及内容;
5. 了解道路施工阶段施工的测量准备和常用资料;
6. 熟悉道路施工前控制点复测与加密过程;
7. 熟悉道路施工程序和施工方法,保证施工按设计要求进行;
8. 掌握高速铁路施工的控制测量、线路测量和轨道施工测量的基本方法、要求和步骤。

【技能目标】

1. 会测绘带状地形图、进行选定线测量、中线测量和编写线路测绘技术设计书;
2. 能够借助全站仪或经纬仪进行圆曲线、缓和曲线测设;
3. 会用水准仪或全站仪进行纵横断面测量和纵横断面图绘制;
4. 能够独立使用全站仪或GPS进行控制点的复测与加密工作;
5. 能够进行道路恢复中线测量;
6. 能够进行路基施工、路面施工和涵洞施工测量;
7. 会布设和施测高精度高速铁路施工控制网,完成线路测量和轨道施工测量。

4.1 概　述

道路测量贯穿于线路工程的规划设计、施工建设和运营管理三个阶段,呈现全线性的特点。在每一个阶段又必须为设计、施工、运营提供技术资料(各种测绘图件、工程测设与安装、变形监测等),以保证设计的可行性和精确性、指导和监督施工的正确性、保障运营管理的安全性。

公路工程测量包括路线勘测设计测量和公路施工测量两大部分。

4.1.1 路线勘测设计测量

4.1.1.1 勘测设计测量的内容

(1)中线测量:根据选线确定的定线条件,在实地标定出公路中心线位置。

(2)纵断面测量:测绘公路中线的地面高低起伏状态。

(3)横断面测量:测绘公路中线两侧的地面高低起伏状态。

(4)地形图测量:测绘公路中线附近带状的地形图和局部地区地形图,如重要交叉口、大中型桥址和隧道等处的地形图。

4.1.1.2　勘测设计测量的分类

我国道路勘测分两阶段勘测和一阶段勘测两种。两阶段勘测,就是对路线进行踏勘测量(初测)和详细测量(定测);一阶段勘测,则是对路线作一次定测。

(1)初测的基本任务是在指定范围内布设导线,测量路线各方案的带状地形图和纵断面图,并收集沿线水文、地质等有关资料,为图上定线、编制比较方案等初步设计提供依据。

(2)定测阶段的基本任务是为解决路线的平、纵、横三个面上的位置问题。也就是在指定的区域内或在批准的方案路线上进行中线测量、纵横断面水准测量以及进一步收集有关资料,为路线平面图绘制、纵坡设计、工程量计算等有关施工技术文件的编制提供重要数据。

4.1.1.3　勘测设计测量的任务

公路路线勘测设计测量的主要任务是为公路的技术设计提供详细、准确的测量资料,使其设计合理、经济、适用。新建或改建公路之前,为了选择一条合理的线路,必须进行路线勘测设计测量。

勘测选线是根据公路的使用任务、性质和等级,合理利用沿途地质、地形条件,选定最佳的路线位置。选线的程序是先在图上选线,然后,再根据图上所选路线,到现场实地勘测选定。

4.1.2　公路施工测量

公路施工测量的主要任务是将公路的设计位置按照设计与施工要求,测设到实地上,为施工提供依据。它又分为公路施工前测量工作和施工过程中测量工作。

公路施工测量的具体内容是在公路施工前和施工中,恢复中线,测设边坡、桥涵、隧道等的位置和高程,作为施工的依据,以保证工程按图施工。当工程逐项结束后,还应进行竣工验收测量,以检查施工成果是否符合设计要求,并为工程竣工后的使用、养护提供必要的资料。

线路设计与测量的关系如图4.1所示。

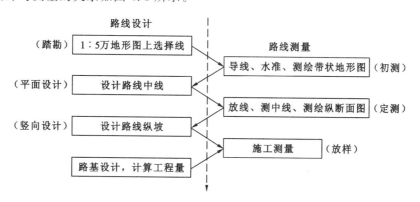

图 4.1　线路设计与测量关系图

4.2　道路初测

道路初测的主要工作是沿小比例尺地形图上选定的路线,进行道路控制测量,并实测沿线大比例尺带状地形图。它的主要测量工作包括选线、控制测量和大比例尺带状地形图测绘三项工作。

4.2.1　选线

选线是一项技术性、综合性很强的工作,一般由线路设计、测量、水文、地质和土地、资源部门的技术人员组队完成。其任务是根据初步方案在实地选定线路的大致位置,确定线路的经由及转向点,并竖立标志。尤其是特殊位置(如垭口、跨大河和大沟谷、桥梁和隧道两端等),应设立永久或半永久性标志,或即时测定这些位置。

4.2.2　控制测量

遵照《测绘法》的有关规定,大中型建设工程项目的坐标系统应与国家坐标系统一致,或与国家坐标系统相联系。现在二级以上公路勘测设计,都是先建立道路控制,然后勘测设计和施工测量都是依据布设的控制点坐标和高程进行路线测设和施工放样,这种方法称为控制点测设道路法。

4.2.2.1　平面控制测量

1) 平面控制点位置的选定

平面控制点位置的选定应符合下列要求:

(1) 相邻点之间必须通视,点位能长期保存,相邻边长相差不宜过大;

(2) 便于加密、扩展和寻找;

(3) 观测视线超越(或旁离)障碍物应在 1.3 m 以上;

(4) 平面控制点位置应沿路线布设,平均边长 500 m,距路中心的位置宜大于 50 m 且小于 300 m,同时应便于测角、测距及地形测量和定测放线;

(5) 平面控制点的设计,应考虑沿线桥梁、隧道等构造物布设控制网的要求。为了提高勘测精度和便于日后勘测工作的开展,在构建平面控制网时应在以下地段布设控制点对:

① 线路勘测起讫处;

② 线路重大方案起讫处;

③ 线路重大工程,如隧道、特大桥、枢纽等地段;

④ 航摄测段重叠处。

2) 导线测量

传统的道路平面控制主要是导线测量,大部分测绘单位均采用全站仪来进行观测。由于导线延伸很长,为了避免误差累积并进行检核,要求每隔一定的距离(一般不大于 30 km)应与国家控制点或线路首级平面控制点联测。

在与国家控制点进行联测检核时,要注意控制点与检核线路的起始点是否位于同一个投影带内,否则应进行换带计算;坐标检核时,必须将利用地面丈量的距离计算的坐标增量先投影到线路高程面上,再改化到高斯投影面上。

3) GPS 测量

由于道路控制网大多以狭长形式布设,并且很多工程穿越山林,周围已知控制点很少,使得导线测量方法在网形布设、误差控制等多方面带来很大问题。同时,传统方法作业时间也比较长,直接影响了工程建设的正常进展。现在线路平面控制测量一般采用 GPS 测量技术。自 GPS 技术引入该领域以来,测量效率及测量精度得到极大的提高。

在线路控制网中应用 GPS 技术的形式是沿设计线路建立狭带状控制网。目前主要有两种情况:一种是全线控制点都采用 GPS 施测;一种是应用 GPS 定位技术加密国家控制点或建立首级控制网,然后再进行导线加密。在实际生产中较多地用了后者。

GPS 线路控制网布设应满足以下几条:

(1) 作为导线起闭点的 GPS 点应成对出现,一个作为设站点,一个作为定向点;

(2) 每对点必须通视,间隔以不大于 1000 m 为宜(不宜短于 200 m);

(3) 每对点与相邻一对点的间隔不得大于 30 km。具体间隔视作业条件和整个控制测量工作计划而定,一般 5~10 km 布设一对点。这些点均沿设计线路布设,其图形类似线形锁。

4.2.2.2 高程控制测量

水准路线应沿公路路线布设,水准点宜设于公路中心线两侧 50~300 m 范围之内。水准点间距宜为 1~1.5 km;山岭重丘区可根据需要适当加密;大桥、隧道口及其他大型构造物两端,应增设水准点。平坦地区的水准点一般和平面控制点共用同一个点位,山岭重丘区可分开布设。

高程控制测量常用的方法是水准测量,并采用 DS₃ 型以上的水准仪进行往返观测或单程双转点观测。三、四等水准测量是线路高程控制测量中最常用的等级。当遇到河流、山谷、宽沟或洼地时,可采用跨河水准测量的方法施测。水准测量应与国家水准点或等级相当的其他水准点联测。应不远于 30 km 联测一次,构成附合水准路线。

在水准测量确有困难的山岭地带以及沼泽、水网地区,四、五等水准测量可采用光电测距三角高程测量来代替,并采用高一级的水准测量联测一定数量的控制点,作为三角高程测量的起闭依据。计算时应考虑地球曲率和大气折光差的影响。

4.2.2.3 地形图测绘

地形图测绘即沿所选定的线路方向测绘带状地形图和桥涵等工程专用地形图。

测图比例尺平坦地区一般为 1:2000~1:5000,困难地区为 1:2000;短程或重点地段的线路可为 1:500 和 1:1000。带状地形的宽度视线路工程要求而定,通常比例尺为 1:2000 的为 100~150 m,1:5000 的为 200~300 m。绘制带状地形图的图纸长边应大致平行于线路中线,接图时应严格用坐标格网线接图。

4.3   道 路 定 测

道路定测阶段测量的主要工作包括定线测量、中桩测量及线路纵、横断面测量。其中,定线测量和中桩测量合称为中线测量。这里仅介绍定线测量和直线段中桩测量,曲线段中桩测量和其他内容在后几节中介绍。

4.3.1   定线测量

无论是公路、铁路,还是城市道路,平面线形当受到地形、地物、水文、地质及其他因素的限制时,通常需要改变路线的方向,在直线转向处要用曲线连接起来,这种曲线称为平曲线。平曲线包括圆曲线、缓和曲线这两种基本线形,如图 4.2 所示。圆曲线是具有一定曲率半径的圆弧;缓和曲线是在直线和圆曲线之间加设的曲线,其曲率半径由无穷大逐渐变化为圆曲线的半径,我国公路采用辐射螺旋线,亦称回旋线。根据我国交通部"公路工程技术标准"规定,当平曲线半径小于不设超高的最小半径时,应设缓和曲线。

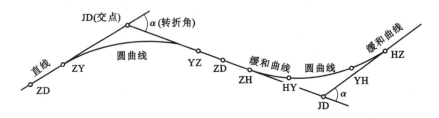

图 4.2　道路折线与中线表示

从图 4.2 可以看出,标明线路走向的重要控制点是路线的转折点,称为线路的交点(JD)。当直线段较长或期间有阻碍时,为标明直线的方向需要在直线上设立一定数量的标志点,称为转点(ZD)。定线测量就是要将线路以折线的方式表示在实地,即需要测设线路起、终点和各交点的位置,并根据实地情况加设转点。

表 4.1　公路测量符号

名　　　称	中文简称	汉语拼音或国际通用符号	英文符号
交点	交点	JD	IP
转点	转点	ZD	TP
导线点	导点	DD	RP
水准点		BM	BM
圆曲线起点	直圆点	ZY	BC
圆曲线中点	曲中点	QZ	MC
圆曲线终点	圆直点	YZ	EC
复曲线公切点	公切点	GC	PCC
第一缓和曲线起点	直缓点	ZH	TS
第一缓和曲线终点	缓圆点	HY	SC
第二缓和曲线终点	圆缓点	YH	CS
第二缓和曲线起点	缓直点	HZ	ST

4.3.1.1　交点的测设

对于一般低等级公路,通常采用一次定测的方法直接放线,在现场标定交点位置。对于高等级公路或地形复杂的地段,需用已知控制点放出交点位置。

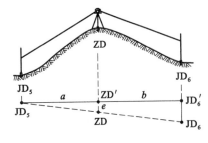

图 4.3　转点测设示意图

4.3.1.2　转点的测设

在相邻交点间距离较远或不通视的情况下,需在其连线上测设一些供放线、交点、测角、量距时照准用的点,这样的点称为转点。其测设方法如图 4.3 所示,JD_5、JD_6 为相邻不通视的交点,ZD' 为初定转点,现欲在不移动交点的条件下精确定出转点 ZD,具体方法是这样的:将经纬仪安置于 ZD',后视 JD_5,用正倒镜分中法得 JD_6',用视距法测定前后交点与 ZD' 的视距分别为 a、b。如果 JD_6'

与 JD_6 的偏差为 f,则 ZD' 应横移的距离 e 可用下式计算:

$$e=\frac{a}{a+b}f \tag{4.1}$$

按计算值 e 移动 ZD' 定出 ZD,然后将仪器移至 ZD,检查 ZD 是否位于两交点之连线上,如果偏差在容许范围内,则 ZD 可作为 JD_5 与 JD_6 间的转点。

4.3.1.3 转角的测定

转角是路线由一个方向偏转到另一方向时,偏转后的方向与原方向的水平夹角。转角有左、右之分。如图 4.4 所示,偏转后的方向位于原方向左侧的转角称为左转角,用 α_z 表示,位于原方向右侧的转角称为右转角,用 α_y 表示,转角一般不采用直接测定,而是根据实测的路线右角 $\beta_{右}$ 按下式计算而得:

$$\left.\begin{array}{ll} 若\ \beta_{右}<180° 时 & \alpha_y=180°-\beta_{右} \\ 若\ \beta_{右}>180° 时 & \alpha_z=\beta_{右}-180° \end{array}\right\} \tag{4.2}$$

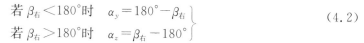
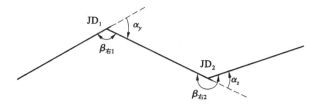

图 4.4 转角测定示意图

右角 $\beta_{右}$ 的观测通常采用 J_6 经纬仪以测回法观测一测回,两半测回角值差的不符值视公路等级而定,一般不超过 $\pm 40''$,在允许范围内取其平均值作为观测成果。

4.3.1.4 测定右角分角线方向

为了测设平曲线中点桩,需在测右角的同时测定右角分角线方向。如图 4.5 所示,在观测右角后不变动仪器,首先计算分角线方向在水平度盘上的读数值。尔后,转动照准部使水平度盘读数为分角线方向读数值,这时望远镜正镜或倒镜方向即为分角线的方向,在此方向上钉桩即为曲线中点方向桩。

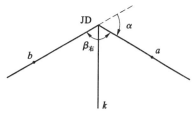

图 4.5 分角线方向示意图

在图 4.5 中,若后视方向水平度盘读数为 a,前视方向水平度盘读数为 b,则分角线方向的水平度盘读数 k 为:

$$k=\frac{a+b}{2} \quad 或 \quad k=\alpha+\frac{\beta_{右}}{2} \tag{4.3}$$

4.3.2 中线测量

4.3.2.1 道路中线在地面上的表示方法

1) 中桩及其里程

地面上表示中线位置的桩点称为中线桩,简称中桩。中桩的密度根据地形情况而定。对于直线段,平原微丘区间隔不大于 50 m,山岭重丘区间隔不大于 25 m;对于曲线段,间隔 5~25 m 设一个中桩。

中桩除了标定道路平面位置外,还标记道路的里程。所谓里程是指从道路起点沿道路方向计算至该中桩点的距离,其中曲线上的中桩里程是以曲线长计算的。具体表示方法是将整千米数和后面的尾数分开,中间用"+"号连接。如离起点距离为14368.472 m的中桩里程表示为14+368.472,在里程前还常常冠以字母K表示,即写成:K14+368.472。

2) 中桩的分类

道路上所有桩点分为:道路控制桩、一般中线桩、加桩和断链桩。

(1) 道路控制桩

道路控制桩是指对道路位置起决定作用的桩点。主要包括直线上的起终点、交点JD、转点ZD、曲线上的曲线控制点和各个副交点。

(2) 一般中线桩

一般中线桩是指中线上除控制桩外沿直线和曲线每隔一段距离钉设的中线桩,它都钉设在整50 m或20 m的倍数处。一般中线桩还包括下面几种桩:百米桩,即里程为整百米的中线桩;千米桩,即里程为整千米的中线桩。

(3) 加桩

加桩主要是沿道路中线上有特殊意义的地方钉设的中线桩,包括地形加桩和地物加桩。

地形加桩是指沿中线方向地形起伏变化较大的地方钉设的加桩,它对于以后设计施工尤其是纵坡的设计起很大的作用;地物加桩则是指沿中线方向遇到对道路有较大影响的地物时布设的加桩,如遇到河流、村庄等,则在两侧均布设加桩,遇到灌溉渠道、高压线、公路交叉口等也都要布置加桩。所有的加桩都要注明里程,里程标注至米即可,特殊情况下可取位至0.1 m。

凡在下列位置应设加桩:

① 路线纵横向地形变化处;

② 路线交叉处;

③ 拆迁建筑物处;

④ 桥梁、涵洞、隧道等构造物处;

⑤ 土质变化及不良地质地段起、终点处;

⑥ 省、地(市)、县级行政区划分界处;

⑦ 改建公路变坡点、构造物和路面面层类型变化处。

(4) 断链桩

中线测量一般是分段进行,由于地形地质等各种情况常常会进行局部改线或者由于计算或丈量发生错误时,会造成已测量好的各段里程不能连续,这种情况称为断链。

如图4.6所示,由于交点JD_3,改线后移至JD_3',原中线改线至图中虚线位置,使得从起点至转点ZD_{3-1}的距离比原来减少。而从ZD_{3-1}往前已进行了中线测量,如将所有里程改动或重新进行中线测量,则外业工作量太大。为此,可在现场断链处(即转点ZD_{3-1})的实地位置设置断链桩,用一般的中线桩钉设,并注明两个里程。将新里程写在前面,也称来向里程。将原来的里程写在后面,也称去向里程,并在断链桩上注明新线比原来道路长或短了多少。由于改线后道路缩短,来向里程小于去向里程,这种情况称为短链。如果由于改线后新道路变长,则使得来向里程大于去向里程,那么就称为长链。断链的处理方法见图4.7。

断链桩一般应设置在百米桩或整10 m桩处,不要设置在有桥梁、村庄、隧道和曲线的范围内,并做好详细的断链记录,供初步设计和计算道路总长度时参考。

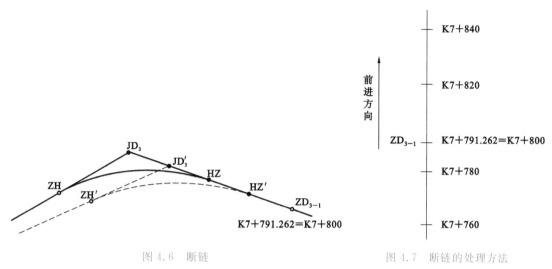

图 4.6　断链　　　　　　　　　　　　图 4.7　断链的处理方法

4.3.2.2　道路中线放样

中线放样的主要任务是通过直线和曲线的测设,将道路中线的平面位置测设标定在实地上,并测定路线的实际里程。其作用体现在以下两个方面:

① 设计测量(即勘测):主要为公路设计提供依据;

② 施工测量(即恢复定线):主要是根据设计资料,把中线位置重新敷设到地面上,供施工用。

路线中线敷设可采用极坐标法、GPS-RTK 法、链距法、偏角法、支距法等方法进行。高速、一级、二级公路宜采用极坐标法、GPS-RTK 法,直线段可采用链距法,但链距长度不应超过 200 m。

(1) 全站仪极坐标法

全站仪极坐标法就是根据中线点与控制点之间的极坐标关系,利用全站仪(或类似仪器设备)直接放样道路中线点。

如图 4.8 所示,P 为公路中线点,线路坐标为(x_P, y_P);A,B 为控制点,相应线路坐标分别为(x_A, y_A)、(x_B, y_B),P 点与 A 点的极坐标关系用 A 点到 P 点的距离 S_{AP}、坐标方位角 α_{AP} 表示,即:

$$\left.\begin{array}{l} S_{AP} = \sqrt{(x_P - x_A)^2 + (y_P - y_A)^2} \\ \tan \alpha_{AP} = \dfrac{y_P - y_A}{x_P - x_A} \end{array}\right\} \qquad (4.4)$$

这种方法一般可使用全站仪采用坐标放样功能直接放样,是在道路施工测量过程中最常用的方法。

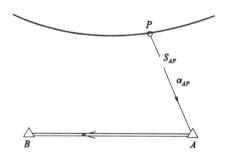

图 4.8　极坐标法放样中线点

(2) GPS-RTK 坐标法

目前的 RTK 技术产品一般都具有线路坐标计算程序、坐标放样等功能。当把线型数据输入到 GPS-RTK 手持机中后,即可利用待放中桩里程实时计算各中桩线路坐标。如果不具备相应功能,把事先计算好的全线中桩线路坐标传输到手持机中也是一个不错的办法。为了方便加桩,最好按 1 m 间隔计算中桩坐标;另外,应把线路坐标转换成 GPS-RTK 手持机能够识别的格式。

　　由于 GPS 测量时采用 WGS-84 坐标系统，而我们计算出的中桩坐标采用线路坐标系统，所以，在实测前还应作坐标转换参数的计算，以便把 GPS 测量结果自动转换到线路坐标系统。有了转换参数便可在野外进行道路测设工作。

　　计算坐标转换参数时，首先应确定采用哪些点进行转换参数的计算，这些点最好同时具有线路坐标和 WGS-84 坐标，若没有 WGS-84 坐标，则可在野外利用 RTK 技术实时测得。然后再利用 RTK 手持机中自带的转换参数计算功能，求解转换参数。

　　计算转换参数时，若已对高程进行了高程拟合，则在放样道路中线的同时还可实时得到各中桩的高程；即使在标定线路时仅考虑了平面位置，也可利用实测数据采用动态拟合模型后处理各中桩高程。这种方法，在中线测量的基础上，可同时完成纵断面的测量，极大地提高了中线测量的功效。

　　采用极坐标法、GPS-RTK 方法敷设中线时，应符合以下要求：

　　① 中桩钉好后宜测量并记录中桩的平面坐标，测量值与设计坐标的差值应小于中桩测量的桩位限差。

　　② 可不设置交点桩而一次放出整桩与加桩，亦可只放直、曲线上的控制桩，其余桩可用链距法测定。

　　③ 采用极坐标法时，测站转移前，应观测检查前、后相邻控制点间的角度和边长，角度观测一测回，测得的角度与计算角度互差应满足相应等级的测角精度要求。距离测量一测回，其值与计算距离之差应满足相应等级的距离测量要求。测站转移后，应对前一测站所放桩位重放 1~2 个桩点，桩位精度应满足要求。采用支导线敷设少量中桩时，支导线的边数不得超过 3 条，其等级应与路线控制测量等级相同，观测要求应符合规定，并应与控制点闭合，其坐标闭合差应小于 7 cm。

　　④ 采用 GPS-RTK 方法时，求取转换参数采用的控制点应涵盖整个放线段，采用的控制点应大于 4 个，流动站至基准站的距离应小于 5 km，流动站至最近的高等级控制点应小于 2 km。并应利用另外一个控制点进行检查，检查点的观测坐标与理论值之差应小于桩位检测之差的 0.7 倍。放桩点不宜外推。

4.4　圆曲线的测设

4.4.1　圆曲线主点测设

　　在路线平曲线测设中，圆曲线是路线平曲线的基本组成部分，且单圆曲线是最常见的曲线形式。圆曲线的测设工作一般分两步进行，先定出曲线上起控制作用的点，称为曲线的主点测设；然后在主点基础上进行加密，定出曲线上的其他各点，完整地标定出圆曲线的位置，这项工作称为曲线的详细测设。

4.4.1.1　圆曲线测设元素的计算

　　如图 4.9 所示，设交点（JD）的转角为 α，圆曲线半径为 R，则曲线的测设元素可按下列公式计算：

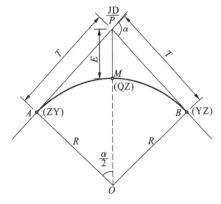

图 4.9　圆曲线主点及测设元素

切线长：
$$T = R\tan\frac{\alpha}{2}$$

曲线长：
$$L = \frac{\pi}{180°}\alpha R \qquad\qquad (4.5)$$

外距：
$$E = R\left(\sec\frac{\alpha}{2} - 1\right)$$

另外,为了计算里程和校核,还应计算切曲差(超距),即两切线长与曲线长的差值。

切曲差(超距)$D = 2T - L$。

4.4.1.2　圆曲线的主点测设

单圆曲线有三个主点,即曲线起点(ZY)、曲线中点(QZ)和曲线终点(YZ)。它们是确定圆曲线位置的主要点位。在其点位上的桩称为主点桩,是圆曲线测设的重要标志。

(1)主点里程桩号的计算

在中线测设时,路线交点(JD)的里程桩号是实际丈量的,而曲线主点的里程桩号是根据交点的里程桩号推算而得的。其计算步骤如下:

交点	JD	里程
	一)	T
圆曲线起点	ZY	里程
	+)	L
圆曲线终点	YZ	里程
	一)	$L/2$
圆曲线中点	QZ	里程
	+)	$D/2$
校核	JD	里程

(2)主点的测设

如图 4.9 所示,自路线交点 JD 分别沿后视方向和前视方向量取切线长 T,即得曲线起点 ZY 和曲线终点 YZ 的桩位。再自交点 JD 沿分角线方向量取外距 E,便是曲线中点 QZ 的桩位。

4.4.2　圆曲线的详细测设

在公路中线测量中,为更详细更准确地确定路中线位置,除测定圆曲线主点外,还要按有关技术要求和规定桩距在曲线主点间加密设桩,进行圆曲线的详细测设。加密设桩的方法通常有两种:一种是整桩距法,即从曲线起点(或终点)开始,以相等的整桩距(整弧段)向曲线中点设桩,最后余下一段不足整桩距的零桩距。这种方法的桩号除加设百米和千米桩外,其余桩号均不为整数。另一种是整桩号法,即将靠近曲线起点(或终点)的第一个桩号凑为整数桩号,然后再按整桩距向曲线中点连续设桩。这种方法除个别加桩外,其余的桩号均为整桩号。

圆曲线详细测设方法很多,但最常用的有以下两种:

4.4.2.1　切线支距法

(1)切线支距法原理

如图 4.10(a)所示,切线支距法是以曲线的起点或终点为坐标原点,坐标原点至交点的切线方向为 x 轴,坐标原点至圆心的半径为 y 轴。曲线上任意一点 P 即可用坐标值 x 和 y 来确定。

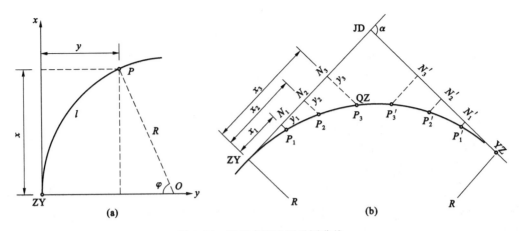

图 4.10　切线支距法测设圆曲线

(a) 原理图；(b) 放样图

（2）切线支距法坐标的计算

设 P 为所要设置的曲线上任意一点，P 到曲线起点（或终点）的弧长为 l，相对应的圆心角为 φ，如图 4.10(a) 所示，则 P 点的坐标为：

$$\left.\begin{array}{l}x=R\sin\varphi \\ y=R(1-\cos\varphi)\end{array}\right\} \tag{4.6}$$

式中

$$\varphi=\frac{l}{R}\cdot\frac{180°}{\pi}$$

（3）切线支距法的测设方法

一般都是以曲线中点 QZ 为界，将曲线分为两部分进行测设。如图 4.10(b) 所示，其测设步骤如下：

① 根据曲线桩点的计算资料 $P_i(x_i,y_i)$，从 ZY（或 YZ）点开始用钢尺或皮尺沿切线方向量取 P_i 点的横坐标 x_1、x_2、x_3，得垂足 N_1、N_2、N_3；

② 在垂足点 N_i 用方向架（或经纬仪）定出切线的垂线方向，沿此方向量出纵坐标 y_1、y_2、y_3，即可定出曲线上 P_1、P_2、P_3 点的位置；

③ 校核方法：丈量所定各桩点间的弦长来进行校核，如果不符或超限，应查明原因，予以纠正。

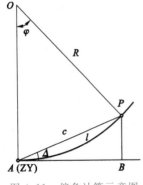

图 4.11　偏角计算示意图

切线支距法适用于平坦开阔地区，方法简便，工效快，一般不用经纬仪。尤其是该设置方法其测点相互独立，无积累误差。但当纵坐标过大时，测设 y 距的误差会增大，故应选择其他方法进行详细测设。

4.4.2.2　偏角法

（1）偏角法原理

如图 4.11 所示，偏角法是以曲线起点（或终点）至曲线上任一点 P 的弦线与切线之间的偏角（弦切角）Δ 和弦长 c 来确定 P 点的位置的。

（2）偏角法测设数据的计算

根据几何原理,偏角应等于相应弧长所对圆心角之半,即:

偏角 $\qquad \Delta = \dfrac{\varphi}{2} = \dfrac{l}{2R} \cdot \dfrac{180^\circ}{\pi}$

弦长 $\qquad c = 2R\sin\dfrac{\varphi}{2} = 2R\sin\Delta$ $\qquad\qquad$ (4.7)

弧弦差 $\qquad \delta = l - c \dfrac{l^3}{24R^2}$

（3）偏角法的测设方法

因测设距离的方法不同,分为长弦偏角法和短弦偏角法两种。前者测量测站至各桩点的距离(长弦 c_i),适用于全站仪;后者测量相邻各桩点之间的距离(短弦 c_i),适用于用经纬仪加钢尺。具体测设步骤如图 4.12 所示:

① 安置经纬仪(或全站仪)于曲线起点(ZY)上,盘左瞄准交点(JD),将水平度盘读数设置为 $00^\circ00'00''$;

② 转动照准部使水平度盘读数为 Δ_1,即得 AP_1 方向,从 A 点沿此方向量取首段弦长 c_1 便得 P_1 点;

③ 再转动照准部使水平度盘读数为 Δ_2,即得 AP_2 方向,从 ZY 点开始,沿望远镜视线方向量测长弦 c_2,定出 P_2 点;或从 P_1 点测设短弦 c_0 与 AP_2 方向相交得 P_2 点。依次类推,测设 P_3, P_4,…直至 YZ 点。

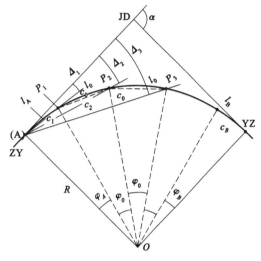

图 4.12　偏角法测设圆曲线

偏角法是一种测设精度较高、实用性较强、灵活性较大的常用方法。但这种方法若依次从前一点量取弦长,则存在着测点误差累积的缺点,所以测设中宜在曲线中点分别向两端测设或由两端向中点测设。

4.5　缓和曲线的测设

4.5.1　缓和曲线概述

缓和曲线是在直线与圆曲线之间或半径相差较大的两个转向相同的圆曲线之间,插入一段半径由 ∞ 逐渐变化到 R 或半径由 R_1 变化到 R_2 的一种线形,它起缓和与过渡的作用。有缓和曲线段的平曲线,是最常见的曲线形式之一。

缓和曲线可采用回旋线、三次抛物线、双纽线等线型。目前我国公路和铁路系统中,均采用回旋线作为缓和曲线。

4.5.1.1　缓和曲线的形式与基本方程

如图 4.13 所示,回旋线是曲率半径随曲线长度的增大而成反比均匀减小的曲线,即回旋线上任一点的曲率半径 r 与曲线的长度 l 成反比。以公式表示为:

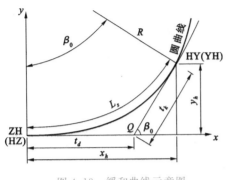

图 4.13　缓和曲线示意图

$$rl = A^2 \qquad (4.8)$$

式中　r ——回旋线上某点的曲率半径;

　　　l ——回旋线上某点到回旋线起点($r = \infty$)的曲线长;

　　　A ——回旋曲线的参数。

在缓和曲线的终点 HY(YH),曲率半径等于圆曲线的半径 R,曲线长度即是缓和曲线的全长 L_s,按式(4.8)可得:

$$RL_s = A^2 \qquad (4.9)$$

式中　L_s ——缓和曲线长度;

　　　R ——缓和曲线终点的曲率半径。

A 的大小表示缓和曲线半径的变化率,与车速有关。目前我国公路采用:

$$A^2 = 0.035v^3$$

式中　v ——计算行车速度(km/h)。

缓和曲线全长:

$$L_s = 0.035 \frac{v^3}{R} \qquad (4.10)$$

我国交通部颁布的《公路工程技术标准》(JTJ B01—2003)中规定:缓和曲线采用回旋线。缓和曲线的长度应根据其计算行车速度求算,并尽量采用大于表 4.5 所列数值。

表 4.5　各级公路缓和曲线最小长度

公路等级	高速公路				一		二		三		四	
计算行车速度(km/h)	120	100	80	60	100	60	80	40	60	30	40	20
缓和曲线最小长度(m)	100	85	70	50	85	50	70	35	50	25	35	20

注:四级公路为超高、加宽缓和段长度。

4.5.1.2　缓和曲线的切线角与直角坐标

(1)切线角

如图 4.13 所示,缓和曲线上任意一点 P 的切线与缓和曲线起点($r = \infty$)切线的夹角 β 称为该点的切线角,该角值与 P 点至缓和曲线起点 ZH(HZ)的曲线长所对的中心角相等。

设 P 点的曲率半径为 r,P 点到缓和曲线起点 ZH(HZ)的曲线长为 l。在 P 点取一微分弧段 dl,其所对的中心角 $d\beta$ 为:

$$d\beta = \frac{dl}{r}$$

积分后,缓和曲线上任意一点的切线角为:

$$\beta = \frac{l^2}{2RL_s} \cdot \frac{180°}{\pi} \qquad (4.11)$$

当 $l = L_s$ 时,β 以 β_0 表示,则缓和曲线全长所对的切线角为:

$$\beta_0 = \frac{L_s}{2R} \cdot \frac{180°}{\pi} \qquad (4.12)$$

（2）直角坐标

如图 4.13 所示，以缓和曲线起点 ZH(HZ)为坐标原点，过该点的切线为 x 轴，法线为 y 轴，缓和曲线上任意一点 P 的坐标为 x、y。P 点的微分弧段 dl 在坐标轴上的投影为：

$$dx = dl \cdot \cos\beta$$
$$dy = dl \cdot \sin\beta$$

将 $\cos\beta$ 和 $\sin\beta$ 按级数展开，并将公式（4.11）代入后积分，略去高次项得：

$$\left. \begin{array}{l} x = l - \dfrac{l^5}{40R^2 L_s^2} \\[3mm] y = \dfrac{l^3}{6RL_s} \end{array} \right\} \tag{4.13}$$

当 $l = L_s$ 时，缓和曲线终点 HY(YH)的直角坐标为：

$$\left. \begin{array}{l} x_h = L_s - \dfrac{L_s^3}{40R^2} \\[3mm] y_h = \dfrac{L_s^2}{6R} \end{array} \right\} \tag{4.14}$$

4.5.2   圆曲线带有缓和曲线段的主点测设

在直线与圆曲线之间插入缓和曲线时，必须将原来的圆曲线向内移动，这样才能保证缓和曲线起点切于直线上，而缓和曲线终点又与圆曲线上某一点相切。也就是当圆曲线设置缓和曲线后，圆曲线的位置将发生变化，它和直线的衔接关系是通过缓和曲线来实现的。公路上一般采用圆心不动的移动方法，如图 4.14 所示，JD 处的转角为 α，未设缓和曲线时的圆曲线半径为（$R+p$），插入缓和曲线后，圆曲线向内移动 p，半径变为 R，其保留部分即 HY～YH 段所对圆心角为（$\alpha - 2\beta_0$）。测设时必须满足条件 $2\beta_0 \leqslant \alpha$，否则应缩短缓和曲线长度或加大圆曲线半径，使之满足要求。

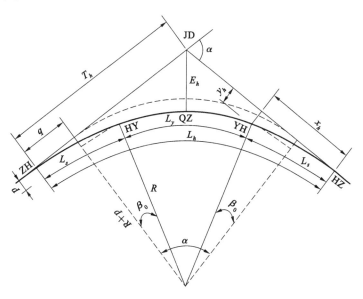

图 4.14   圆曲线带有缓和曲线段的主点及测设元素

带有缓和曲线段的平曲线有五个主点:直缓点(ZH)、缓圆点(HY)、曲中点(QZ)、圆缓点(YH)、缓直点(HZ)。下面介绍设置缓和曲线后有关常数的计算公式和主点测设方法。

4.5.2.1 内移值 p 和切线增长值 q 的计算

如图 4.14 所示,以 $(R+p)$ 为半径的圆曲线起点(或终点)至缓和曲线起点的距离为 q,即圆曲线内移距离 p 后切线的增长值。内移后的圆曲线称为主圆曲线,其半径为 R,从图中可导出:

$$p = y_h + R\cos\beta_0 - R$$
$$q = x_h - R\sin\beta_0$$

将 $\cos\beta_0$ 和 $\sin\beta_0$ 按级数展开,并将式(4.12)代入整理得:

$$p = \frac{L_s^2}{24R} \tag{4.15}$$

$$q = \frac{L_s}{2} - \frac{L_s^3}{240R^2} \tag{4.16}$$

4.5.2.2 缓和曲线起点、终点切线长 t_d 和 t_k 计算

如图 4.15 所示,缓和曲线起、终点的切线交于 Q 点,Q 点至缓和曲线起、终点的距离 t_d、t_k 可按下式计算:

$$t_d = x_h - y_h\cot\beta_0$$
$$t_k = y_h\csc\beta_0$$

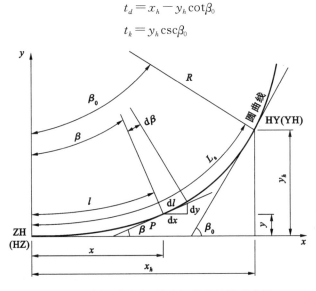

图 4.15 缓和曲线起、终点切线长计算示意图

将 $\cot\beta_0$ 和 $\csc\beta_0$ 按级数展开,并将式(4.12)代入整理得:

$$t_d = \frac{2}{3}L_s + \frac{11L_s^3}{1260R^2} \tag{4.17}$$

$$t_k = \frac{1}{3}L_s + \frac{L_s^3}{1260R^2} \tag{4.18}$$

4.5.2.3 曲线测设元素计算

如图 4.14 所示,带有缓和曲线的平曲线主点测设元素可按下列公式计算:

切线长	$T_h=(R+p)\tan\dfrac{\alpha}{2}+q$	
主圆曲线段长	$L_y=\dfrac{\pi}{180°}(\alpha-2\beta_0)R=\dfrac{\pi}{180°}\alpha R-L_s$	
曲线总长	$L_h=L_y+2L_s=L+L_s$	(4.19)
外距	$E_h=(R+p)\sec\dfrac{\alpha}{2}-R$	
切曲差	$D_h=2T-L_h$	

4.5.2.4　主点里程桩号的计算

根据交点的里程桩号和曲线测设元素可按下列顺序依次计算曲线各主点的里程桩号,并作校核。

$$
\begin{array}{lll}
\text{交点} & \text{JD} & \text{里程} \\
& -)\,T_h & \\
\hline
\text{直缓点} & \text{ZH} & \text{里程} \\
& +)\,L_s & \\
\hline
\text{缓圆点} & \text{HY} & \text{里程} \\
& +)\,L_y & \\
\hline
\text{圆缓点} & \text{YH} & \text{里程} \\
& +)\,L_s & \\
\hline
\text{缓直点} & \text{HZ} & \text{里程} \\
& -)\,L_h/2 & \\
\hline
\text{曲中点} & \text{QZ} & \text{里程} \\
& +)\,D_h/2 & \\
\hline
\text{交点} & \text{JD} & \text{里程} \quad (\text{校核})
\end{array}
$$

4.5.2.5　曲线主点的测设

如图 4.14 所示,曲线主点的测设方法与单圆曲线基本相同。ZH、HZ 两点由切线长 T_h 来确定,QZ 点由外距 E_h 来确定,HY、YH 两点均可根据其坐标值 x_h、y_h 用切线支距法确定。

4.5.3　圆曲线带有缓和曲线段的详细测设

4.5.3.1　切线支距法

与单圆曲线的测设原理相同,以 ZH(HZ)或 HY(YH)为原点建立坐标系,切线方向为 x 轴,法线方向为 y 轴,计算曲线上待定中桩的坐标 x、y。测设时,自坐标原点沿切线方向量 x 得垂足,再由垂足沿垂线方向量 y 即得该中桩的位置。下面介绍中桩坐标 x、y 的计算方法。

（1）缓和曲线段内任意点的测设

如图 4.13 所示,以 ZH(HZ)点为坐标原点,切线方向为 x 轴,法线方向为 y 轴,对于缓和曲线段内任意一点 P,其坐标可按下式计算:

$$
\left.
\begin{array}{l}
x=l-\dfrac{l^5}{40R^2L_s^2} \\[3mm]
y=\dfrac{l^3}{6RL_s}
\end{array}
\right\}
\tag{4.20}
$$

（2）圆曲线段内任意点的测设

① 以 ZH(HZ)为坐标原点建立坐标系

如图 4.16 所示，以 ZH(HZ)点为坐标原点，切线方向为 x 轴，法线方向为 y 轴。为计算圆曲线段内任意点 P 的坐标，在内移后圆曲线的端点位置建立 $x'O'y'$ 坐标系，先计算 P 点在 $x'O'y'$ 坐标系中的坐标：

$$x'_P = R\sin\left(\frac{l}{R} \cdot \frac{180°}{\pi}\right)$$

$$y'_P = R\left[1 - \cos\left(\frac{l}{R} \cdot \frac{180°}{\pi}\right)\right]$$

上式中，l 是待测中桩至坐标原点 O' 的曲线长，即 $l = P$ 点桩号 $-$ HY 桩号 $+ L_s/2$（或 $l =$ YH 桩号 $- P$ 点桩号 $+ L_s/2$）。

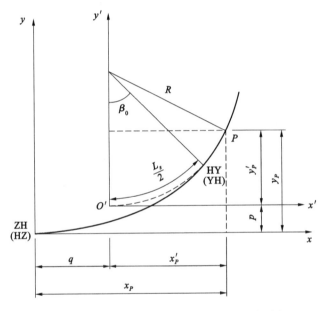

图 4.16　切线支距测设带缓圆曲线（以 ZH 为原点）

P 点在 xOy 坐标系中的坐标为：

$$x_P = x'_P + q$$

$$y_P = y'_P + p$$

即

$$\left.\begin{aligned} x_P &= R\sin\left(\frac{l}{R} \cdot \frac{180°}{\pi}\right) + q \\ y_P &= R\left[1 - \cos\left(\frac{l}{R} \cdot \frac{180°}{\pi}\right)\right] + p \end{aligned}\right\} \tag{4.21}$$

② 以 HY(YH)为坐标原点建立坐标系

如图 4.17 所示，在 HY(YH)点建立 xOy 坐标系，P 点在 xOy 坐标系中的坐标可用下式计算：

$$x_P = R\sin\left(\frac{l}{R} \cdot \frac{180°}{\pi}\right)$$
$$y_P = R\left[1-\cos\left(\frac{l}{R} \cdot \frac{180°}{\pi}\right)\right] \tag{4.22}$$

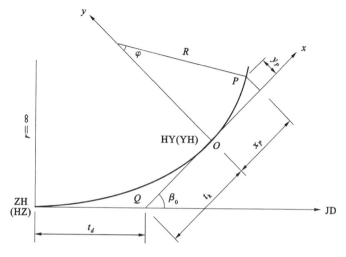

图 4.17　切线支距法测设带缓圆曲线

上式中，l 是待测中桩至坐标原点 HY(YH) 的曲线长。

施测时，先自 ZH(HZ) 点沿切线方向量取 t_d，得 ZH(HZ) 点与 HY(YH) 点切线的交点 Q，并用 t_k 进行校核，则 Q 与已测定的 HY(YH) 点连线方向即为 HY(YH) 点的切线方向。t_d 和 t_k 可按式(4.17)和式(4.18)计算。

用切线支距法测设带缓和曲线的平曲线时，为保证测设精度，通常以 QZ 为界将曲线分为两大段，以 ZH、HY 为坐标原点建立坐标系测设 ZH～QZ 段的中桩，以 HZ、YH 为坐标原点建立坐标系测设 QZ～HZ 段的中桩。

4.5.3.2　偏角法

（1）缓和曲线上任意一点的测设

用偏角法测设缓和曲线，与用偏角法测设圆曲线相同，利用缓和曲线上任意一点 P 的偏角值 Δ 和弦长 c 来确定中桩的位置。

如图 4.18 所示，缓和曲线上任一点 P，其偏角为 Δ，至缓和曲线起点的曲线长为 l，由于缓和曲线段内曲率半径较大，可近似以弧代弦。在直角三角形 AFP 中，有：

$$\sin\Delta = \frac{y}{c} \approx \frac{y}{l}$$

又因 Δ 一般很小，有 $\sin\Delta \approx \Delta$，因此

$$\Delta = \frac{y}{l} \cdot \frac{180°}{\pi}$$

又由公式(4.13)知

$$y = \frac{l^3}{6RL_s}$$

则

$$\Delta = \frac{l^2}{6RL_s} \cdot \frac{180°}{\pi} \tag{4.23}$$

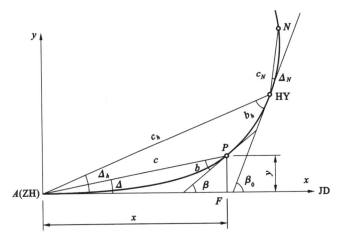

图 4.18　偏角法测设带缓圆曲线

当 $l=L_s$ 时，缓和曲线终点的偏角为：

$$\Delta_h = \frac{L_s}{6R} \cdot \frac{180°}{\pi} \tag{4.24}$$

根据式（4.11）和式（4.12），可将式（4.23）和式（4.24）改写为：

$$\Delta = \frac{1}{3}\beta \tag{4.25}$$

$$\Delta_h = \frac{1}{3}\beta_0 \tag{4.26}$$

由图 4.18 可知，缓和曲线上任意一点 P 至缓和曲线起点 ZH（HZ）的偏角 b、缓和曲线终点至缓和曲线起点 ZH（HZ）的偏角 b_h 可用下列公式计算：

$$b = \beta - \Delta = \frac{2}{3}\beta \tag{4.27}$$

$$b_h = \beta_0 - \Delta_h = \frac{2}{3}\beta_0 \tag{4.28}$$

如用式（4.23）除以式（4.24）得：

$$\frac{\Delta}{\Delta_h} = \frac{\dfrac{l^2}{6RL_s}}{\dfrac{L_s}{6R}} = \frac{l^2}{L_s^2}$$

故

$$\Delta = \left(\frac{l}{L_s}\right)^2 \Delta_h \tag{4.29}$$

另外，利用缓和曲线上任意一点的直角坐标 x 和 y，亦可按下式求出对应的偏角 Δ 和弦长 c 值：

$$\Delta = \arctan \frac{y}{x} \tag{4.30}$$

$$c = \sqrt{x^2 + y^2} \tag{4.31}$$

根据不同的已知条件，用式（4.23）～式（4.30）便可求得缓和曲线起点至缓和曲线上任意一点的偏角 Δ，而弦长 c 一般可近似以弧长代替。

具体测设方法如下：

① 在 ZH(或 HZ)点安置经纬仪。

② 瞄准交点 JD，把水平度盘读数配置为 $0°00'00''$。

③ 依次拨各桩对应的偏角 Δ_1，Δ_2，Δ_3，…得各桩方向，由 ZH(HZ)沿视线方向量弦长 c 即得中桩位置(也可由前一曲线桩量两桩间的弦长与视线相交得中桩位置)。

④ 测出 HY(YH)桩后，应与按主点测设的 HY(YH)比较，若误差超限，应重测。

(2) HY～YH 段任意一点的测设

如图 4.18 所示，欲测设 HY～YH 段内任一点 N，置仪器于 HY(或 YH)点，找出 HY(或 YH)点切线，即可按偏角法测设圆曲线的方法进行测设，具体步骤如下(仪器置于 HY 点)：

① 在 HY 点安置经纬仪。

② 后视 ZH 点，将水平度盘读数配置为 $180°+b_h$(右转角时为 $180°-b_h$)。

③ 转动照准部，使水平度盘读数为 $0°00'00''$，此时仪器视线方向即为 HY 点的切线方向。

④ 按照偏角法测设圆曲线的方法，计算中桩 N 的偏角 Δ_N、弦长 c_N，并测设其位置。

测出 QZ、YH 后，应与按主点测设的 QZ、YH 位置进行比较，若误差超限，应重测。

4.6   复曲线和回头曲线的测设

4.6.1   复曲线的测设

4.6.1.1   不设缓和曲线的复曲线

(1) 切基线法测设复曲线。切基线法是虚交切基线，只是两个圆曲线的半径不相等。如图 4.19 所示，主、副曲线的交点为 A、B，两曲线相接于公切点 GQ 点。将经纬仪分别安置于 A、B 两点，测算出转角 α_1、α_2，用测距仪或钢尺往返丈量 A、B 两点的距离 $\overline{AB}$，在选定主曲线的半径 R_1 后，可按以下步骤计算副曲线的半径 R_2 及测设元素。

① 根据主曲线的转角 α_1 和半径 R_1，计算主曲线的测设元素 T_1、L_1、E_1、D_1。

② 根据基线 AB 的长度 $\overline{AB}$ 和主曲线切线长 T_1 计算副曲线的切线长 T_2：

$$T_2 = \overline{AB} - T_1 \qquad\qquad (4.32)$$

③ 根据副曲线的转角 α_2 和切线长 T_2 计算副曲线的半径 R_2：

$$R_2 = \frac{T_2}{\tan\dfrac{\alpha_2}{2}} \qquad\qquad (4.33)$$

④ 根据副曲线的转角 α_2 和半径 R_2 计算副曲线的测设元素 T_2、L_2、E_2、D_2。

(2) 弦基线法测设复曲线。如图 4.20 所示，是利用弦基线法测设复曲线的示意图，设定 A、C 分别为曲线的起点和公切点，目的是确定曲线的终点 B。具体测设方法如下：

① 在 A 点安置仪器，观测弦切角 I_1，根据同弧段两端弦切角相等的原理，则得主曲线的转角为：$\alpha_1 = 2I_1$。

② 设 B' 点为曲线终点 B 的初测位置，在 B' 点放置仪器观测出弦切角 I_3，同时在切线上 B 点的估计位置前后打下骑马桩 a、b。

③ 在 C 点安置仪器，观测出 I_2。由图 4.20 可知，复曲线的转角 $\alpha_2 = I_2 - I_1 + I_3$。旋转照

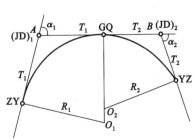

图 4.19　切基线法测设复曲线　　　　　图 4.20　弦基线法测设复曲线

准部照准 A 点,将水平度盘读数配置为:$0°00'00''$ 后倒镜,顺时针拨水平角 $\dfrac{\alpha_1+\alpha_2}{2}=\dfrac{I_1+I_2+I_3}{2}$,此时,望远镜的视线方向即为弦 CB 的方向,交骑马桩 a、b 的连线于 B 点,即确定了曲线的终点。

④ 用测距仪(全站仪)或钢尺往返丈量得到 AC 和 CB 的长度 $\overline{AC}$、$\overline{CB}$,并计算主、副曲线的半径 R_1、R_2。

$$\left. \begin{aligned} R_1 &= \frac{\overline{AC}}{2\sin\dfrac{\alpha_1}{2}} \\ R_2 &= \frac{\overline{CB}}{2\sin\dfrac{\alpha_2}{2}} \end{aligned} \right\} \tag{4.34}$$

⑤ 求得的主、副曲线半径和测算的转角分别计算主、副曲线的测设元素,然后仍按前述方法计算主点里程并进行测设。

4.6.1.2　设置有缓和曲线的复曲线

(1)中间不设缓和曲线而两边皆设缓和曲线的复曲线。如图 4.21 所示,设主、副曲线两端分别设有两段缓和曲线,其缓和曲线长分别为 L_{s1}、L_{s2}。为使两不同半径的圆曲线在原公切点(GQ)直接衔接,两缓和曲线的内移值必须相等,即:$P_{主}=P_{副}=P$,则:

$$\left. \begin{aligned} c_1 &= R_{主}\,L_{s1} = R_{主}\sqrt{24R_{主}\,P} \\ c_2 &= R_{副}\,L_{s2} = R_{副}\sqrt{24R_{副}\,P} \end{aligned} \right\} \tag{4.35}$$

假如 $R_{主} > R_{副}$,则 $c_1 > c_2$。所以在选择缓和曲线长度时,必须使 $c_2 \geqslant 0.035v^3$。对于已选定的 L_{s2},可得:

$$L_{s2} = L_{s1}\sqrt{\frac{R_{副}}{R_{主}}} \tag{4.36}$$

图 4.21 中的关系式如下:

$$T_{基} = (R_{主}+P)\tan\frac{\alpha_{主}}{2} + (R_{副}+P)\tan\frac{\alpha_{副}}{2} \tag{4.37}$$

测设时,通过测得的数据 $\alpha_{主}$、$\alpha_{副}$ 和 $T_{基}$ 以及根据要求拟订的数据 $R_{主}$、L_{s1},采用上述两式分别反算 $R_{副}\left(P=P_{主}=\dfrac{L_{s1}^2}{24R_{主}}\right)$。

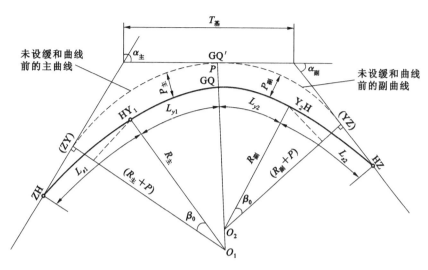

图 4.21　两边皆设缓和曲线的复曲线

（2）中间设置有缓和曲线的复曲线。中间设置有缓和曲线的复曲线是指复曲线的两圆曲
线间有缓和曲线段衔接过渡的曲线形式。常在受实地地形条件限制,选定的主、副线半径相
差悬殊超过 1.5 倍时采用,如图 4.22 所示。

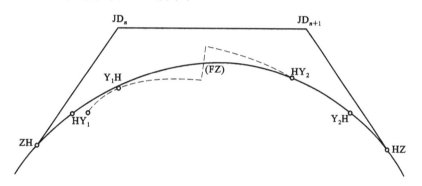

图 4.22　中间设置有缓和曲线的复曲线

4.6.2　回头曲线的测设

4.6.2.1　回头曲线测设方法

主点测设:

① 由 A 点沿切线方向量取 AE(注意正、负号),可得 ZY 点。

② 由 B 点沿切线方向量取 BF,可得 YZ 点(图 4.23)。

曲线详细测设:

（1）切基线法

采用切基线法详细测设回头曲线(图 4.24)时,其测设步骤及要求如下:

① 根据现场的具体情况,在 DF、EG 两切线上选取顶点切基线 AB 的初定位置 AB',其中
A 为定点,B' 为初定点。

② 将仪器安置于初定点 B' 上,观测出角 α_B,并在 EG 线上 B 点的估计位置前后设置 a、b
两个骑马桩。

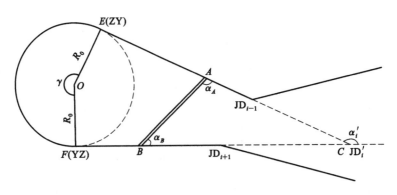

图 4.23　主点测设图

③ 将仪器安置于 A 点,观测出角 α_A,则路线的转角 $\alpha = \alpha_A + \alpha_B$。后视定向点 F,反拨角值 $\dfrac{\alpha}{2}$,可得到视线与骑马桩 a、b 连线的交点,即为 B 点的点位。

④ 量测出顶点切基线 AB 的长度 $\overline{AB}$,并取 $T = \dfrac{\overline{AB}}{2}$,从 A 点沿 AD、AB 方向分别量测出长度 T,便定出 ZY 点和 QZ 点;从 B 点沿 BE 方向量测出长度 T,便定出 YZ 点。

⑤ 计算主曲线的半径 $R = \dfrac{T}{\tan \dfrac{\alpha}{4}}$。再由半径 R 和转角 α 求出曲线的长度 L,并根据 A 点的里程,计算出曲线的主点里程。

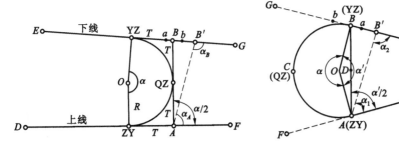

图 4.24　顶点切基线法　　　　　　　　图 4.25　弦基线法

（2）弦基线法

采用弦基线法测设回头曲线(图 4.25)时,其测设步骤和要求如下:

① 根据现场的情况,在 EF、GH 两切线上选取弦基线 AB 的初定位置 AB',其中,A(ZY 点)为定点,B' 为视点。

② 将仪器安置于初定点 B' 上,观测出角 α_2 并在 GH 线上 B 点的位置前后,设置 a、b 两骑马桩。

③ 将仪器安置于 A 点,观测出角 α_1,则 $\alpha' = \alpha_1 + \alpha_2$。以 AE 为起始方向,反拨角值 $\dfrac{\alpha'}{2}$,由此可得到视线与骑马桩 a、b 连线的交点,即为 B(YZ)点的点位。

④ 量测出弦基线 AB 的长度 $\overline{AB}$;计算曲线的半径 R。

⑤ 由图可知,主曲线所对应的圆心角为 $\alpha = 360° - \alpha'$。根据 R 和 α 便可求得主曲线长度 L,并由 A 点的里程计算主点里程。

⑥ 曲线的中点(QZ)可按弦线支距法设置。

支距长：

$$DC = R\left(1 + \cos\frac{\alpha'}{2}\right) = 2R\cos^2\frac{\alpha'}{4} \tag{4.38}$$

设置从 AB 的中点向圆心所作的垂线，量测出 DC 的长度，即可求得曲线的中点 $C(QZ)$。

4.6.2.2 回头曲线测设数据计算

(1) 当圆心角 $\gamma > 180°$ 时，计算和测设方法与虚交曲线相同(图 4.26)。

(2) 当 $\gamma > 180°$ 时，为倒虚交。如图 4.27 所示，倒虚交点 JD_i'，视地形定基线 AB，测 α_A，α_B，丈量 $\overline{AB}$。$\alpha_i' = \alpha_A' + \alpha_B$，解 $\triangle ABC$。

$$AC = AB\frac{\sin\alpha_B}{\sin\alpha_i}$$

$$BC = AB\frac{\sin\alpha_A}{\sin\alpha_i}$$

又有

$$EC = FC\frac{R_0}{\tan\dfrac{180° - \alpha_i'}{2}}$$

$$AE = EC - AC, BF = FC - BC \quad (AE, BF \text{ 可为正或负})$$

主曲线中心角：

$$\gamma = 360° - \alpha_i' \tag{4.39}$$

主曲线长度：

$$L = \frac{\pi R_0 \gamma}{180°} \tag{4.40}$$

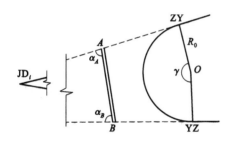

图 4.26　$\gamma < 180°$回头曲线测设　　　　图 4.27　$\gamma > 180°$回头曲线测设

4.6.2.3 有缓和曲线回头曲线测设方法

(1) 测设方法

主点测设：

① 从 A 点沿切线方向量取 AE，可得 MH 点。

② 从 B 点沿切线方向量取 BF，可得 HM 点。

③ 分别从 MH、HM 点用切线支距法量取 x_h、y_b，可得 HX、XH 点。

详细测设：

① 缓和曲线测设同前述缓和曲线测设方法。

② 主圆曲线测设同前述回头曲线测设方法。

(2) 测设数据计算。如图 4.28 所示:已知虚交点 JD_i',基线 $\overline{AB}$,α_A,α_B,$\alpha_i'=\alpha_A+\alpha_B$。

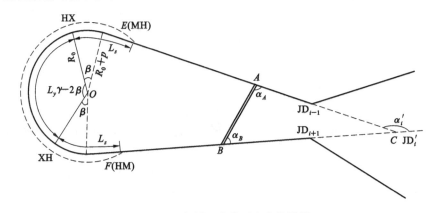

图 4.28　有缓和曲线回头曲线测设

解 $\triangle ABC$ 可求得 AC、BC,拟定 R_0,L_s 可得:

$$p=\frac{L_s^2}{24R_0} \tag{4.41}$$

$$q=\frac{L_s}{2}-\frac{L_s^3}{240R_0^2} \tag{4.42}$$

$$\beta=\frac{L_s}{2R_0}\cdot\frac{180°}{\pi} \tag{4.43}$$

$$CE=CF=(R_0+p)\tan\frac{\alpha_i'}{2}-q \tag{4.44}$$

$$L_y=(360°-\alpha_i'-2\beta)\frac{\pi}{180°}R_0 \tag{4.45}$$

$$L_h=L_y+2L_s \tag{4.46}$$

$$AE=CE-AC,BF=CF-BC \quad (AE、BF \text{ 可为正或负}) \tag{4.47}$$

4.7　高等级公路回旋曲线的测设

高等级公路是一种专用、直达、快速的现代化交通设施,设计时速一般为 $80\sim120$ km,线路对平顺度要求较高。在处理弯道线形上采用了回旋曲线为主体的线形结构,故而能满足高速行车的需要。

4.7.1　回旋曲线的种类及特点

在处理高等级公路弯道线形上,公路建设采用了以回旋曲线为主体的线形结构,构成了直线与回旋曲线、回旋曲线与回旋曲线、回旋曲线与圆曲线等连接的多种组合线形。由于回旋曲线的曲率变化是连续的,而且可大可小,形成不同的组合形状。

4.7.1.1　基本型

依照直线—回旋线—圆曲线—回旋线—直线的顺序组合,如图 4.29(a)所示。基本型中的回旋曲线参数、圆曲线最小长度都必须符合有关规定。

两回旋曲线参数可以相等,也可以根据地形条件设计成不相等的非对称型曲线。从线形

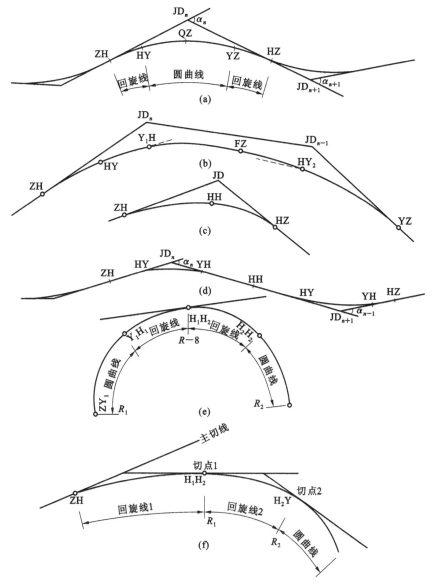

图 4.29　高等级公路常见线形

(a) 基本型;(b) 卵形;(c) 凸形;(d) S 形;(e) C 形;(f) 复合型

的协调性看,将回旋曲线、圆曲线、回旋曲线之长度比设计成 1∶1∶1 较为合理。这种曲线当实地所选半径小于《公路工程技术标准》(JTG B01—2003)中规定不设超高半径时采用。

4.7.1.2　卵形

用一个回旋线连接两个同向圆曲线的组合,如图 4.29(b)所示。选定的主曲线半径与反算的副曲线半径的比值小于 1.5 倍,一般采用这种曲线形式。即两圆曲线中间用一段缓和曲线连接。这种曲线也称为复中设缓曲线。理想的卵形曲线上回旋线参数 A 不应小于该级公路关于回旋线最小参数的规定,同时宜满足下式要求:

$$\frac{R_2}{2} \leqslant A \leqslant R_2$$

圆曲线半径之比,宜在下列范围内:

$$0.2 \leqslant \frac{R_2}{R_1} \leqslant 0.8$$

式中　A——回旋线参数;

　　　R_1——大圆半径;

　　　R_2——小圆半径。

4.7.1.3　凸形

在两个同向回旋线间不插入圆曲线而径相衔接的组合,如图 4.29(c)所示。凸形的回旋线的参数及其连接点的曲率半径,应当分别符合最小回旋线参数和圆曲线一般最小半径的规定。凸形曲线通常在各衔接处的曲率是连续的,但因中间圆曲线的长度为 0,所以只在路线严格受地形、地物限制处方可采用凸形曲线。

4.7.1.4　S 形

两个反向圆曲线用回旋线连接的组合,如图 4.29(d)所示。理想的 S 形相邻两个回旋线参数 A_1 与 A_2 宜相等,当采用不同的参数时,A_1 与 A_2 之比应当小于 2.0,有条件时以小于 1.5 为宜。

另外,在 S 形曲线上,两个反向回旋线之间不设直线;不得已插入直线时,必须尽量地短。短直线的长度或重合段的长度应符合下式关系:

$$L \leqslant \frac{A_1 + A_2}{40} \tag{4.48}$$

式中　L——反向回旋线间短直线或重合段的长度(m);

　　　A_1, A_2——回旋线参数。

S 形的两个圆曲线半径之比不宜过大,宜满足下列关系:

$$\frac{R_2}{R_1} = \frac{1}{3} \sim 1 \tag{4.49}$$

式中　R_1——大圆半径;

　　　R_2——小圆半径。

4.7.1.5　C 形

同向的两回旋线在曲率为零处径向衔接的形式,如图 4.29(e)所示。C 形曲线连接处的曲率为零,即 $R = \infty$,相当于两同向曲线中间直线长度为 0,对行车和线形都有一定影响,所以 C 形曲线只有在特殊地形条件下方可使用。

4.7.1.6　复合型

两个以上同向回旋线间在曲率相等处相互连接的形式,如图 4.29(f)所示。复合型回旋线除了在受地形和其他特殊限制的地方外,一般使用很少,多出现在互通式立体交叉的匝道线形设计中。复合型的两个回旋线参数之比须满足下式:

$$\frac{A_2}{A_1} = \frac{1}{1.5} \tag{4.50}$$

4.7.2　回旋曲线的测定方法

高等级公路回旋曲线的测定方法可参照前面的相关内容执行。回旋曲线只是在简单的曲线测定的基础上稍加变化,其原理方法是相通的。

4.8 全站仪高等级公路路线测设

在高等级公路的路线测设中，是以控制点为基础，根据路线中桩的坐标，用全站仪（或GPS）直接测定中桩的实地位置并测出中桩的地面高程。

本小节主要介绍在公路路线测量中，使用全站仪测设公路中线的施测程序和方法。

4.8.1 中线测设数据计算

采用坐标法测设公路中线时，将整个路线中线和控制点置于统一的平面直角坐标系中，如图 4.30 所示。A、B 为已知控制点，A 为测站点，测设时，计算公路中线上任意中桩 P 的坐标，根据待测中桩 P 和控制点 A、B 的坐标，计算 AB、AP 方向的水平夹角 β 和 A、P 间的水平距离 D，并根据 AB 方向的水平度盘读数和夹角 β 计算 AP 方向的水平度盘读数。然后用全站仪测定中桩 P 点的位置。

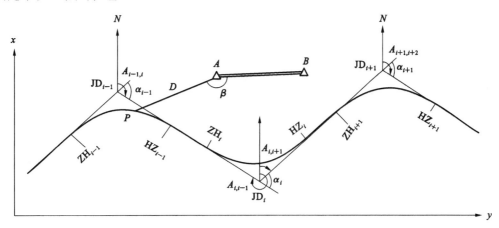

图 4.30 坐标法测设公路中线示意图

4.8.1.1 路线导线基本数据计算

（1）计算路线导线边方位角

令路线起点的坐标为 $(x_{\mathrm{JD}_0}, y_{\mathrm{JD}_0})$，各交点的坐标依次为 $(x_{\mathrm{JD}_1}, y_{\mathrm{JD}_1})$，$(x_{\mathrm{JD}_2}, y_{\mathrm{JD}_2})$，$(x_{\mathrm{JD}_3}, y_{\mathrm{JD}_3})$，…。利用交点的坐标可反算相邻交点连线的坐标方位角，如利用 JD_i、JD_{i+1} 间的坐标差（$\Delta x = x_{\mathrm{JD}_{i+1}} - x_{\mathrm{JD}_i}$，$\Delta y = y_{\mathrm{JD}_{i+1}} - y_{\mathrm{JD}_i}$），可按下列公式计算 JD_i、JD_{i+1} 连线的坐标方位角 $A_{i,i+1}$：

$$\left.\begin{aligned} &\text{当 } \Delta x = 0 \text{ 且 } \Delta y > 0 \text{ 时,} A_{i,i+1} = 90° \\ &\text{当 } \Delta x = 0 \text{ 且 } \Delta y < 0 \text{ 时,} A_{i,i+1} = 270° \\ &\text{当 } \Delta x > 0 \text{ 且 } \Delta y > 0 \text{ 时,} A_{i,i+1} = \arctan \frac{\Delta y}{\Delta x} \\ &\text{当 } \Delta x > 0 \text{ 且 } \Delta y < 0 \text{ 时,} A_{i,i+1} = \arctan \frac{\Delta y}{\Delta x} + 360° \\ &\text{当 } \Delta x < 0 \text{ 时,} A_{i,i+1} = \arctan \frac{\Delta y}{\Delta x} + 180° \end{aligned}\right\} \quad (4.51)$$

（2）根据路线导线边方位角计算交点转角

路线起点至 JD_1 的方位角为 A_{01}，JD_1 至 JD_2 的方位角为 A_{12}，JD_2 至 JD_3 的方位角为 A_{23}

…，JD_i 至 JD_{i+1} 的方位角为 $A_{i,i+1}$，则在 JD_i 的右角 $\beta_{右i}=A_{i,i-1}-A_{i,i+1}$。

若 $\beta_{右i}<180°$，其右转角 $\alpha_i=180°-\beta_{右i}$。

若 $\beta_{右i}>180°$，其左转角 $\alpha_i=-\beta_{右i}-180°$。

4.8.1.2　任意中桩的坐标计算

（1）曲线起、终点坐标的计算

如图 4.31 所示，JD_i 的坐标为 (x_{JD_i},y_{JD_i})，前后路线导线边的方位角分别为 $A_{i-1,i}$、$A_{i,i+1}$，曲线半径为 R，缓和曲线长度为 L_s，切线长为 T_{hi}。曲线起、终点的坐标可用下式计算：

$$\left.\begin{aligned}x_{ZH_i}&=x_{JD_i}-T_{h_i}\cos A_{i-1,i}\\y_{ZH_i}&=y_{JD_i}-T_{h_i}\sin A_{i,i+1}\end{aligned}\right\}\quad(4.52)$$

$$\left.\begin{aligned}x_{HZ_i}&=x_{JD_i}+T_{h_i}\cos A_{i,i+1}\\y_{HZ_i}&=y_{JD_i}+T_{h_i}\sin A_{i,i+1}\end{aligned}\right\}\quad(4.53)$$

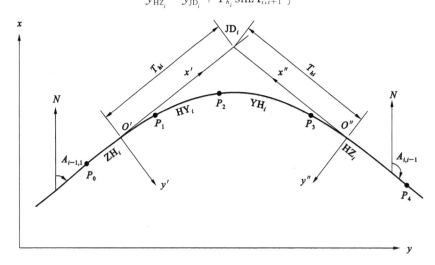

图 4.31　中线桩点坐标计算示意图

（2）曲线上任意点的坐标计算

① $ZH_i\sim YH_i$ 段的坐标计算

在曲线起点 ZH_i 建立 $x'O'y'$ 坐标系，如图 4.31 所示。当待测桩位于 $ZH_i\sim HY_i$ 段时（如图中的 P_1 点），其在 $x'O'y'$ 坐标系中的坐标为：

$$\left.\begin{aligned}x'&=l-\frac{l^5}{40R^2L_s^2}\\y'&=\frac{l^3}{6RL_s}\end{aligned}\right\}\quad(4.54)$$

式中　l——待测桩至 ZH_i 的曲线长。

当待测桩位于 $HY_i\sim YH_i$ 段时（如图中的 P_2 点），其在 $x'O'y'$ 坐标系中的坐标为：

$$\left.\begin{aligned}x'&=R\sin\left[\frac{1-\dfrac{L_s}{2}}{R}\cdot\frac{180°}{\pi}\right]+q\\y'&=R-R\cos\left[\frac{1-\dfrac{L_s}{2}}{R}\cdot\frac{180°}{\pi}\right]+p\end{aligned}\right\}\quad(4.55)$$

式中 l——待测桩至 ZH_i 的曲线长。

再将该中桩在 $x'O'y'$ 坐标系中的坐标转换为 xOy 坐标系中的坐标:

$$\left.\begin{array}{l} x=x_{ZH_i}+x'\cos A_{i-1,i}+y'\cos(A_{i-1,i}+\xi 90°) \\ y=y_{ZH_i}+x'\sin A_{i-1,i}+y'\sin(A_{i-1,i}+\xi 90°) \end{array}\right\} \tag{4.56}$$

式中 ξ——路线转向,右转角时 $\xi=1$,左转角时 $\xi=-1$,以下各式同。

② $YH_i \sim HZ_i$ 段的坐标计算

在曲线终点 HZ_i 建立 $x''O''y''$ 坐标系,如图 4.31 所示。当待测桩位于 $YH_i \sim HZ_i$ 段时(如图中的 P_3 点),其在 $x''O''y''$ 坐标系中的坐标为:

$$\left.\begin{array}{l} x''=l-\dfrac{l^5}{40RL_s^2} \\ y''=\dfrac{l^3}{6RL_s} \end{array}\right\} \tag{4.57}$$

式中 l——待测桩至 HZ_i 的曲线长。

再将该中桩在 $x''O''y''$ 坐标系中的坐标转换为 xOy 坐标系中的坐标:

$$\left.\begin{array}{l} x=x_{HZ_i}+x''\cos(A_{i,i+1}+180°)+y''\cos(A_{i,i+1}+\xi 90°) \\ y=y_{HZ_i}+x''\sin(A_{i,i+1}+180°)+y''\sin(A_{i,i+1}+\xi 90°) \end{array}\right\} \tag{4.58}$$

(3) 直线段中桩坐标的计算

如图 4.31 所示,位于 ZH_i 之前直线段上的中桩(前一曲线终点 HZ_{i-1} 之后,如图中的 P_0 点),可根据该中桩至 ZH_i 的距离 D_Q 按下式计算其坐标:

$$\left.\begin{array}{l} x=x_{ZH_i}-D_Q\cos A_{i-1,i} \\ y=y_{ZH_i}-D_Q\sin A_{i-1,i} \end{array}\right\} \tag{4.59}$$

位于 HZ_i 之后直线段上的中桩(后一曲线起点 ZH_{i+1} 之前,如图中的 P_4 点),可根据该中桩至 HZ_i 的距离 D_H 按下式计算其坐标:

$$\left.\begin{array}{l} x=x_{HZ_i}-D_H\cos A_{i,i+1} \\ y=y_{HZ_i}-D_H\sin A_{i,i+1} \end{array}\right\} \tag{4.60}$$

4.8.1.3 施测数据计算

如图 4.30 所示,测站点 A 的坐标为 (x_A,y_A),AB 为拨角时的起始方向,B 点的坐标为 (x_B,y_B),计算出待测中桩 P 点的坐标 (x_P,y_P) 后,可按下法计算中桩 P 的施测数据:

(1) 根据测站点 A、起始方向点 B、待测中桩 P 的坐标,按公式(4.51)分别计算起始方向 AB 的方位角 A_0、待测中桩方向 AP 的方位角 A_P。

(2) 计算由起始方向 AB 顺时针旋转至待测中桩方向 AP 的水平夹角:

$$\beta=A_P-A_0 \tag{4.61}$$

若 $\beta<0°$ 时,则加 $360°$。

(3) 计算拨角时待测中桩方向的水平度盘读数。若起始方向 AB 对应的水平度盘读数为 β_0,待测桩方向 AP 的水平度盘读数 β_P 为:

$$\beta_P=\beta_0+\beta \tag{4.62}$$

若 $\beta>360°$ 时,则减 $360°$。

（4）计算测站点 A 至待测中桩 P 的水平距离：

$$D=\sqrt{(x_P-x_A)^2+(y_P-y_A)^2} \tag{4.63}$$

实际测量时，可按上述计算方法编制计算器程序，利用计算器计算中桩的施测数据。

4.8.2 中线测设

如图 4.32 所示，D_7、D_8、D_9 是坐标已知的导线点，该路段的中桩测设可按下述方法进行：

（1）测量前，先将路线的基本资料（交点坐标、曲线半径、缓和曲线长等计算必需的原始数据）存入计算器。

（2）将全站仪安置于导线点，如图 4.32 中的 D_8 点。

（3）照准拨角的起始方向点 D_9，读取水平度盘读数 β_0（也可配制该方向的水平度盘读数为 $0°00'00''$）。

（4）将计算所需的基本数据输入计算器：输入测站点 D_8 和起始方向点 D_9 的坐标以及 D_9 方向的水平度盘读数 β_0。输入待测中桩 P 的桩号，计算器显示测设数据：中桩 P 的坐标 (x_P,y_P)、中桩 P 方向的水平度盘读数 β_P、中桩 P 至测站点的水平距离 D。

（5）测定中桩位置：转动仪器，使水平度盘读数为 β_P，此时视线方向即为待测桩方向，沿该方向在中桩的预计位置竖立标杆棱镜并测距，根据测得的水平距离与 D 的差值，沿望远镜的视线方向前后移动标杆棱镜，至测得的水平距离与 D 相同（或很接近），此时标杆棱镜所在位置即为待测中桩位置。

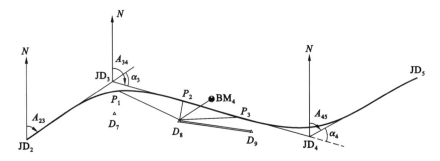

图 4.32　中线测设与纵断面测量示意图

4.9　竖曲线测设

在道路中，线路不仅有平面方向的转弯，也不可避免地存在着上坡和下坡，两相邻坡段的交点称为变坡点。为了行车安全，在两相邻坡段之间用圆曲线进行连接，称为竖曲线。

竖曲线可分为凸形或凹形竖曲线，常见的六种形式如图 4.33 所示。

设计人员在进行竖曲线设计时，往往已给定两相邻坡段的坡度 i_1、i_2，竖曲线的半径 R 及变坡点 C 的里程桩号 K_C 及设计高程 H_C。下面介绍根据这些已知条件计算竖曲线上任意一点 j 设计高程的方法。

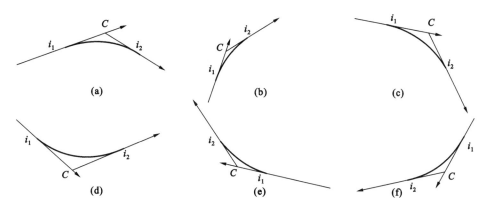

图 4.33　竖曲线常见形式

(a) $i_1>0,i_2<0$;(b) $i_1>0,i_2\geqslant0,i_1>i_2$;(c) $i_1<0,i_2<|i_1|<|i_2|$;(d) $i_1<0,i_2\geqslant0$;

(e) $i_1\geqslant0,i_2>0,i_1<i_2$;(f) $i_1<0,i_2<0,|i_1|>i_2|$

4.9.1　竖曲线要素计算

如图 4.34 所示,根据线路的两相邻坡段的坡度 i_1,i_2,可以计算出竖曲线的坡度转折角 α。由于 α 角很小,计算时可以按下式计算:

$$\alpha=|\arctan i_1-\arctan i_2|\approx|i_1-i_2|\cdot\frac{180°}{\pi}$$

$$(4.64)$$

由于竖曲线实际上是竖向圆曲线,所以其切线长 T、曲线长 L 和外矢距 E 的计算同样可以采用平面圆曲线中曲线要素的计算公式。但由于竖曲线的设计半径 R 较大,而转折角 α 又较小,因此,竖曲线曲线要素也可以用下列近似公式计算:

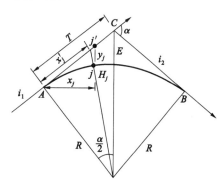

图 4.34　竖曲线标高改正计算

$$\left.\begin{array}{l}T=\dfrac{1}{2}R\alpha\\[2mm]L=2T\\[2mm]E=\dfrac{T^2}{2R}\end{array}\right\}$$

$$(4.65)$$

4.9.2　主点里程及高程计算

如图 4.34 所示,设竖曲线起点为 A,里程为 K_A,相应高程为 H_A;终点为 B,里程为 K_B,相应高程为 H_B,则有:

$$\left.\begin{array}{l}K_A=K_C-T,H_A=H_C-i_1T\\[1mm]K_B=K_C+T,H_B=H_C+i_2T\end{array}\right\}$$

$$(4.66)$$

4.9.3　竖曲线上任意一点 j 高程改正值计算

由于 α 很小,故可以认为曲线上任意一点 j 的 y_j 坐标方向都与半径方向一致,也认为它是切线上与竖曲线上的高程差,且 $x_j=x'_j$,从而得

$$(R+y_j)^2 = R^2 + x_j^2$$

故

$$2Ry_j = x_j^2 - y_j^2$$

又 y_j^2 与 x_j^2 相比较,其值甚微,可略去不计。故有

$$2Ry_j = x_j^2$$

所以

$$y_j = \frac{x_j^2}{2R} \tag{4.67}$$

4.9.4　竖曲线上任意一点 j 相应于坡度线上 j' 高程计算

设 j 点相应于坡度线上 j' 的高程为 $H_{j'}$。对于 i_1 坡度线来说,计算公式为

$$H_{j'} = H_A + i_1 \cdot x_j \tag{4.68}$$

对于 i_2 坡度线来说,计算公式为

$$H_{j'} = H_B - i_2 \cdot x_j \tag{4.69}$$

4.9.5　竖曲线上任意一点 j 设计高程计算

算得 y_j,再求出 j 点相应于坡度线上 j' 的高程 $H_{j'}$,即可求出 j 点的设计高程 H_j。

$$H_j = H_{j'} \mp y_j \tag{4.70}$$

符号取法:当竖曲线为凸曲线时,取"$-$"号;当竖曲线为凹曲线时,取"$+$"号。

【例】　某凹曲线变坡点 C 的里程桩号为 $2+155.000$,设计高程 H_C 为 91.500 m,竖曲线半径 $R=500$ m,线路坡度 $i_1=-5\%$,$i_2=+7\%$,现要求按 10 m 一个点计算竖曲线上各点的设计高程。

【解】　(1)竖曲线要素计算

$$\alpha \approx |i_1 - i_2| = |-0.05 - 0.07| = 0.12(\text{弧度})$$

$$T = \frac{1}{2}R\alpha = \frac{1}{2} \times 500 \times 0.12 = 30.000 \text{ m}$$

$$L = 2T = 2 \times 30.000 = 60.000 \text{ m}$$

$$E = \frac{T^2}{2R} = \frac{30^2}{2 \times 500} = 0.900 \text{ m}$$

(2)主点里程及高程计算

$$K_A = K_C - T = 2 + 125.000$$

$$H_A = H_C - i_1 T = 91.500 + 0.05 \times 30 = 93.000 \text{ m}$$

$$K_B = K_C + T = 2 + 185.000$$

$$H_B = H_C + i_2 T = 91.500 + 0.07 \times 30 = 93.600 \text{ m}$$

(3)详测点 y_j、$H_{j'}$、H_j 计算数据如表 4.6 所示。

表 4.6　竖曲线详测点计算表

桩　号	坡道高程 H_i'	标高改正 y_i	竖曲线高程 H_j	备　注
2+125.000	93.000	0.000	93.000	
2+130.000	92.750	0.025	92.755	A 点
2+140.000	92.250	0.225	92.475	
2+150.000	91.750	0.625	92.375	$i=-5\%$
2+155.000	91.500	0.900	92.400	C 点
2+160.000	91.850	0.625	92.475	
2+170.000	92.550	0.225	92.775	$i=7\%$
2+180.000	93.250	0.025	93.275	B 点
2+185.000	93.600	0.000	93.600	

4.10　道路纵、横断面测量

4.10.1　纵断面测量

公路纵断面测量的目的是测定中线里程桩的地面高程,为绘制路线纵断面图提供基础资料。它包括基平测量和中平测量两部分内容。

4.10.1.1　基平测量

基平测量是建立路线的高程控制,作为中平测量和日后施工测量的依据。因此,基平测量的主要任务是沿线设置水准点,并测定它们的高程。水准点应选择在勘测和施工过程中引测方便而不致遭到破坏的地方,一般距中线 50～200 m 为宜。水准点间距应根据地形情况和工程需要而定,平均间距在平原微丘区一般为 1 km 左右,山岭重丘区为 500 m 左右。水准点应埋设稳定的标石或设置在固定的物体上,点位埋设后须绘制水准点位置示意图及编制水准点一览表,以方便查找和使用。

高程起算点一般由国家水准点引测而来,当引测有困难时应采用与带状地形图相同的高程基准。

（1）一般测量方法

公路路线基平水准点的高程通常采用水准测量方法测定,水准测量的等级视公路的等级而定。

（2）跨河水准测量

在进行基平测量时,水准路线经常要跨越江河、湖泊、宽沟等障碍物,当跨越宽度在 100 m以上时,按上述一般测量方法将产生较大的误差,必须采用特定的方法施测,这就是跨河水准测量。

　　跨河水准测量的具体施测方法很多,它们各自适应于不同的跨越宽度和仪器设备。当跨越宽度大于 300 m 时,必须参照《国家水准测量规范》,采用精密水准仪或精密经纬仪按规定的程序和方法进行。下面介绍一种在跨越宽度小于 300 m 时采用 S_3 水准仪进行观测的方法。

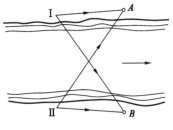

图 4.35　跨河基本水准测量

　　如图 4.35 所示,基平测量的水准路线延伸到 A 点遇河流阻挡,河流宽度在 100~300 m。现欲由 A 点跨越河流到对岸 B 点,也就是测量 A、B 两点间高差,并由 A 点高程推算 B 点高程。

　　为消除或减弱仪器剩余 i 角误差,即水准仪视准轴不平行于水准管轴的误差和地球曲率及大气折光对高差的影响,应在河流两岸适当位置安置水准仪对 A、B 两点作对称观测,为达到"对称"的目的,测站位置Ⅰ、Ⅱ的选择有下面两点要求:

　　① ⅠA 与ⅡB、ⅠB 与ⅡA 的距离要基本相等,并且ⅠA 和ⅡB 应尽可能长些,一般不得小于 10 m。

　　② 测站Ⅰ和测站Ⅱ距水边的距离及距水面的高度要尽可能相等,同时保证安置水准仪后的视线高度超出水面 2 m 以上。

　　观测方法如下:

　　参照图 4.35,在 A、B 两点立水准尺。当只有一台 S_3 水准仪时,先在测站Ⅰ安置水准仪,后视 A 尺读数 a_1,前视 B 尺读数两次并取其平均值为 b_1,则测站Ⅰ测得 A、B 两点间高差 $h_1 = a_1 - b_1$,保持望远镜对光不变,立即将水准仪运到对岸测站Ⅱ安置,后视 A 尺读数两次并取其平均值为 a_2,前视 B 尺读数 b_2,则测站Ⅱ测得 A、B 两点间高差 $h_2 = a_2 - b_2$。以上过程称作一测回观测,A、B 两点间一测回高差平均值为 $h = (h_1 + h_2)/2$。

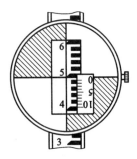

图 4.36　觇牌

　　当跨越宽度在 200 m 以上时,应按上述方法观测两个测回,两测回间高差不符值在 12 mm 以内时,取两测回高差平均值作为 A、B 两点间的实用高差。

　　跨河水准测量的观测时间最好选在风力微弱、气温变化较小的阴天进行。晴天观测时,应在日出后 1 小时开始至 9 时半结束,下午自 15 时起至日落前 1 小时止。

　　当河面较宽、水准仪读数有困难时,可将觇牌装在水准尺上,如图 4.36 所示,由观测者指挥上下移动觇牌,直至觇牌红白分界线与水准仪十字丝横丝相重合为止,然后由立尺者直接读取并记录水准尺读数。

　　4.10.1.2　中平测量

中平测量是根据基平测量提供的水准点高程,按附合水准路线逐点施测中桩的地面高程。

（1）施测方法

中平测量通常采用普通水准测量的方法施测,以相邻两基平水准点为一测段,从一个水准点出发,对测段范围内所有路线中桩逐个测量其地面高程,最后附合到下一个水准点上。中平测量时,每一测站除观测中桩外,还须设置传递高程的转点,转点位置应选择在稳固的桩顶或坚石上,视距限制在 150 m 以内,相邻转点间的中桩称为中间点。为提高传递高程的精度,每一测站应先观测前、后转点,转点读数读至毫米,然后观测中间点,中间点读数读至厘米即可,立尺应紧靠桩边的地面上。

如图 4.37 所示,施测时水准仪安置在 I 站,后视水准点 BM_1,前视转点 ZD_1,将水准尺读数记入表 4.7 中后视、前视栏,再观测 BM_1 与 ZD_1 间桩号为 $0+000$、$+020$、$+040$、$+060$、$+080$ 的中间点,将水准尺读数分别记入中视栏;仪器搬至 II 站,先后视 ZD_1,接着前视 ZD_2,再观测 $+100$、$+120$、$+140$、$+160$、$+180$ 各中间点,并将水准尺读数记入表 4.7 相应栏中。按上述步骤一直测到 BM_2 为止。

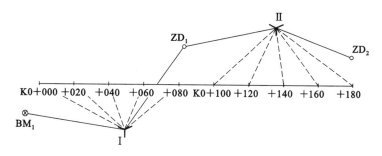

图 4.37　中平测量示意图

中平测量的精度要求,一般取测段高差 $\Delta h_{中}$ 与两端基平水准点高差 $\Delta h_{基}$ 之差的限差为 $\pm 50\sqrt{L}$ mm(L 以 km 计),在容许范围内,即可进行中桩地面高程的计算。否则,应查出原因给予纠正或重测。中桩地面高程复核之差不得超过 ± 10 cm。

中间点的地面高程以及前视点高程,一律按所属测站的视线高程进行计算。每一测站的计算公式如下:

$$\left.\begin{array}{l}\text{视线高程} = \text{后视点高程} + \text{后视读数}\\ \text{中桩高程} = \text{视线高程} - \text{中视读数}\\ \text{转点高程} = \text{视线高程} - \text{前视读数}\end{array}\right\}\qquad(4.71)$$

表 4.7　中平测量记录表

测点	水准尺读数(m)			视线高程（m）	高程	备　注
	后视	中视	前视			
BM_1	2.191			514.505	512.314	
K0+000		1.62			512.89	
+020		1.90			512.61	
+040		0.62			513.89	
+060		2.03			512.48	
+080		0.90			513.60	
ZD_1	3.162		1.006	516.661	513.499	
+100		0.50			516.16	
+120		0.52			516.14	
+140		0.82			515.84	

测点	水准尺读数(m)			视线高程 (m)	高程	备 注
	后视	中视	前视			
+160		1.20			515.46	
+180		1.01			515.65	
ZD₂	2.246		1.521	517.386	515.140	基平测得 BM₂ 的 高程为 524.824
…	…	…	…	…	…	
K1+240		2.32			523.06	
BM₂			0.606		524.782	

复核:限　差:$|\Delta h_{基} - \Delta h_{中}| = \pm 50\sqrt{1.24} = \pm 56$ mm

计算值:$\Delta h_{基} - \Delta h_{中} = 524.824 - 524.782 = 42$ mm < 56 mm

校　核:$h_{BM2} - h_{BM1} = 524.782 - 512.314 = 12.468$ m

$\sum a - \sum b = (2.191 + 3.162 + 2.246 + \cdots) - (1.006 + 1.521 + \cdots + 0.606) = 12.468$

(2) 跨沟谷测量

当路线经过沟谷时,为了减少测站数,以提高施测速度和保证测量精度,一般采用图 4.38 所示方式施测。即当测到沟谷边沿时,同时前视沟谷两边的转点 ZD_A、ZD_{16},然后将沟内、外分开施测。施测沟内中桩时,转站下沟,仪器置测站 Ⅱ 后视 ZD_A,观测沟谷内两边的中桩及转点 ZD_B;再转站于测站 Ⅲ 后视 ZD_B,观测沟底中桩;最后转站过沟,仪器置测站 Ⅳ 后视 ZD_{16},继续向前施测。这样沟内沟外高程传递各自独立互不影响,但由于沟内各桩测量,实际上是以 ZD_A 开始另走一单程水准支线,缺少检核条件,故施测时应倍加注意,并在记录簿上另辟一页记录。为了减少 Ⅰ 站前后视距不等所引起的误差,在仪器置于 Ⅳ 站时,应尽可能使 $l_3 = l_2$,$l_4 = l_1$ 或 $(l_1 - l_2) + (l_3 - l_4) = 0$。

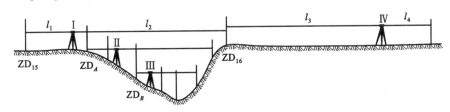

图 4.38 跨沟谷中平测量

4.10.1.3 纵断面图地面线的绘制

公路纵断面图是沿中线方向绘制地面起伏和纵坡变化的线状图,它反映各路段纵坡大小和中线上的填挖尺寸,是公路设计和施工中的重要资料。

公路纵断面图的地面线是以里程为横坐标,高程为纵坐标绘制的。常用的里程比例尺有 1:5000、1:2000、1:1000 几种。为了突出地面线的起伏变化,高程比例尺取里程比例尺的 10 倍,如里程比例尺为 1:2000,则高程比例尺应为 1:200。纵断面图一般绘制在透明厘米方格纸的背面,防止用橡皮时把方格擦掉。

在图 4.39 的上半部,从左至右的一条细折线,就是中线方向的地面线。其绘图步骤如下:

(1) 打格制表:按规定尺寸绘制表格,填写里程、地面高程、直线与曲线等资料。

(2) 绘地面线:首先确定起始高程在图上的位置,使绘出的地面线处于图上的适当位置,

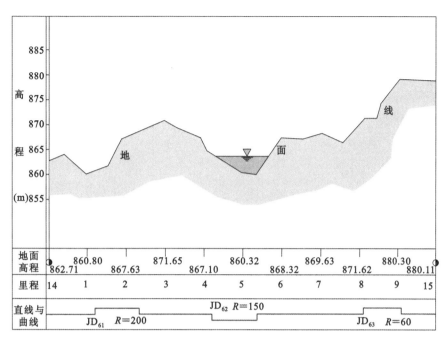

图 4.39 纵断面地面线图

同时求 10 m 整倍数的高程定在厘米方格纸的 5 cm 粗横线上,以便于绘图和阅图,然后根据中桩的高程和里程,在图上按纵横比例尺依次点出各中桩地面位置,用细实线连接相邻点位,即可绘出地面线。如果在山区因高差变化较大,纵向受到图幅限制时,要在适当地段变更图上高程起算位置,在此处地面线上下错开一段距离,使地面线绘在图廓之内。

4.10.2 横断面测量

横断面测量就是测绘各中桩垂直于路中线方向的地面起伏情况。首先要确定中桩点的横断面方向,然后在此方向上测定地面变坡点或特征点间的距离和高差,并按一定的比例绘制横断面图,供路基断面设计、土石方计算和桥涵及挡土墙设计等用。

4.10.2.1 横断面方向的测定

(1)直线段横断面方向的测定

直线段横断面方向一般采用方向架测定。如图 4.40 所示将方向架置于桩点上,以其中一方向对准路线前方(或后方)某一中桩,则另一方向即为横断面施测方向。

(2)圆曲线段横断面方向的测定

圆曲线段横断面方向为过桩点指向圆心的半径方向。如图 4.41(a)所示,圆曲线上 B 点至 A、C 点之桩距相等,欲求 B 点横断面方向。在 B 点置方向架,从一方向瞄准 A 点,则方向架的另一方向定出 D_1 点,同理用方向架对准 C 点,定出 D_2 点,使 $BD_1 = BD_2$,平分 D_1D_2 定 D 点,则 BD 即为 B点横断面方向。

图 4.41(b)中加桩 1 与前、后桩点的间距不相等,如要测

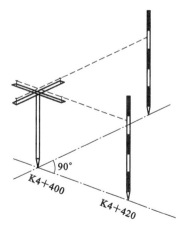

图 4.40 直线段上横断面方向
测定示意图

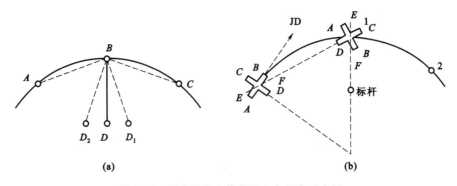

图 4.41 圆曲线段上横断面方向测定示意图

(a) 角度法;(b) 方向架法

定加桩 1 的横断面方向,可在方向架上安装一个能转动的定向杆 EF 来施测。施测时,首先将方向架安置在 ZY 或 YZ 点,用 AB 杆瞄准切线方向,则与其垂直的 CD 杆方向即是过 ZY(或 YZ)点的横断面方向;转动的定向杆 EF 瞄准加桩 1,并紧固其位置,然后搬方向架于加桩 1,以 CD 杆瞄准 ZY(或 YZ),则定向杆 EF 方向即是加桩 1 的横断面方向。若在该方向立一标杆,并以 CD 杆瞄准它,则 AB 杆方向即为加桩 1 的切线方向,这时可用上述测定加桩 1 横断面方向的方法来继续测定加桩 2 的横断面方向。

（3）缓和曲线段横断面方向的测定

缓和曲线(详见第 5 节)上任一点横断面的方向,即过该点的法线方向。因此,只要获得该点至前视(或后视)点的偏角,即可确定该点的法线方向。

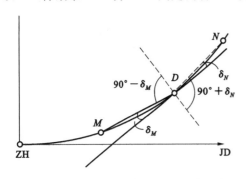

图 4.42 缓和曲线段上横断面方向测定示意图

如图 4.42 所示,欲测定缓和曲线上中桩 D 的横断面方向,该点前视 N 点的偏角为 δ_N,后视 M 点的偏角为 δ_M,偏角值均可从缓和曲线偏角表中查取,也可用下列公式计算:

$$\delta_N = \frac{L_N}{6RL_s} = (3L_D + L_N) \cdot \frac{180°}{\pi}$$

$$\delta_M = \frac{L_M}{6RL_s} = (3L_D + L_M) \cdot \frac{180°}{\pi}$$

式中 L_D——ZH 点至桩点 D 的曲线长;

L_M——后视 M 点至桩点 D 的曲线长;

L_N——前视 N 点至桩点 D 的曲线长。

施测时可用经纬仪置于 D 点,以 0°00′00″ 照准前视点 N(或后视点 M),再顺时针转动经纬仪照准部使读数为 $90° + \delta_N$(或 $90° - \delta_M$),此时经纬仪视线方向即为所求的 D 点横断面方向。

4.10.2.2 横断面的测量方法

（1）标杆皮尺法

如图 4.43 所示,A,B,C,…为横断面方向上所选定的变坡点。施测时,将标杆立于 A 点,皮尺接近中

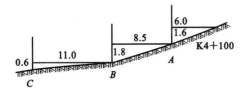

图 4.43 横断面测量示意图

桩地面拉平量出中桩至 A 点的距离,皮尺截于标杆的高度即为两点间的高差。同法可测得 A 至 B,B 至 C,…测段的距离与高差,直至测完需要的宽度为止。此法简便,但精度较低,适用于测量山区等级较低的公路。

记录表格如表 4.8 所示,表中按路线前进方向分左侧与右侧,分数中分母表示测段水平距离,分子表示测段两端点的高差。高差为正号表示升坡,为负号表示降坡。

表 4.8 横断面测量记录表格

左　侧				桩　号	右　侧			
…				…	…			
…				…	…			
$\frac{-0.6}{11.0}$	$\frac{-1.8}{8.5}$	$\frac{-1.6}{6.0}$		4+100	$\frac{+1.5}{4.6}$	$\frac{+0.9}{4.4}$	$\frac{+1.6}{7.0}$	$\frac{+0.5}{10.0}$
平 $\frac{-0.5}{7.8}$	$\frac{-1.2}{4.2}$	$\frac{-0.8}{6.0}$		3+980	$\frac{+0.7}{7.2}$	$\frac{+1.1}{4.8}$	$\frac{-0.4}{7.0}$	$\frac{+0.9}{6.5}$

（2）水准仪法

当横断面精度要求较高、横断面方向高差变化不大时,多采用此法。施测时用钢尺(或皮尺)量距,用水准仪后视中桩标尺,求得视线高程后,再前视横断面方向上坡度变化点所立的标尺。视线高程减去各前视点读数即得各测点高程。实测时,若仪器安置得当,一站可测几十个横断面。

（3）经纬仪法

在地形复杂、横坡较陡的地段,可采用此法。施测时,将经纬仪安置在中桩上,用视距法测出横断面方向各变坡点至中桩间的水平距离与高差。

4.10.2.3 横断面测量精度要求

横断面测量的宽度可根据经验估计的中桩处填挖高度,并结合边坡大小及有关工程的特殊要求来确定,一般自中线两侧各测 10~50 m。横断面测量的精度要求见表 4.9。

表 4.9 横断面检测限差（m）

路　线	距　离	高　程
高速公路、一级公路	$\pm(L/100+0.1)$	$\pm(h/200+L/200+0.1)$
二级及以下公路	$\pm(L/50+0.1)$	$\pm(h/50+L/100+0.1)$

注：① L——测点至中桩的水平距(m)；
　　② h——测点至中桩的高差(m)。

4.10.2.4 横断面图地面线的绘制

根据横断面测量成果,对距离和高程取同一比例尺(通常取 1:100 或 1:200),在厘米方格纸上绘制横断面图。目前公路测量中,一般都是在野外边测边绘,这样便于及时对横断面图进行检核。但也可按表 4.8 形式在野外记录,室内绘制。绘图时,先在图纸上标定好中桩位置,由中桩开始,分左右两侧按横断面测量数据将各测点逐一绘于图纸上,并用直线连接相邻各点即得横断面地面线。如图 4.44 所示。

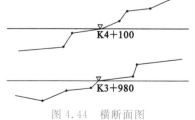

图 4.44 横断面图

4.11　道路工程施工测量

所谓道路工程施工测量，就是在道路施工过程中，利用现代测量技术和仪器设备，依据交通部颁发的有关道路施工技术规范和经过批准的道路施工设计文件、图纸，在道路施工过程中指导施工队伍进行道路铺筑的测量工作。实际上，道路工程施工测量就是普通测量技术在道路工程施工中的应用。

4.11.1　道路工程施工测量概述

4.11.1.1　施工测量的任务、依据及内容

（1）施工测量的任务

道路工程属于线形工程。所谓道路线形，是道路的面貌形象。它是由直线和曲线以及路面宽度、路堑、路堤等平面和高程要素组成的。

为了保证道路线形，在道路施工过程中，施工测量技术人员须按照公路设计文件提供的"逐桩坐标表"和路面中桩设计高程，用导线测量技术和水准测量技术以及放样技术来实现。

道路工程施工测量的任务就是用导线测量方法加密线路平面控制施工导线点，用坐标放样方法来控制公路的线形外观，用水准测量加密线路施工高程控制水准点，用水准测量（放样）方法来控制线路的纵向坡度和横向路拱坡度。

（2）施工测量的内容

根据道路工程施工程序及进度，道路工程施工测量的工作包括以下内容：

① 施工前，应根据公路初测导线点，在施工标段现场，结合线路实际情况加密公路施工导线点。根据公路初测水准点，在施工标段现场，结合线路实际情况加密公路施工水准点。

② 施工过程中，其具体测量工作应包括以下内容：

根据施工标段加密的施工导线点，在施工过程中用坐标放样等方法标定线路中桩、边桩等平面点位，以监控线路线形；根据施工标段加密的施工水准点，在施工过程中采用水准测量（放样）方法标定线路中桩、边桩高程等，以监控施工中挖填高度和线路纵向高低以及横向坡度。

③ 在施工结束后（竣工），应根据规范质量标准和道路设计的要求，用经纬仪、全站仪、水准仪、塔尺、钢尺等仪器工具检测路基路面各部分的几何尺寸。

（3）施工测量的依据

道路工程施工测量是公路工程建设中的一项重要工作。在接受道路施工任务后，从开工到竣工以及道路施工过程中都要进行一系列的施工测量。

道路工程按施工顺序分为道路路基施工、道路底基层施工、道路基层施工和道路路面施工。为了确保道路施工质量，交通部发布了《公路路基施工技术规范》（JTG F10—2006）、《公路路面基层施工技术规范》（JTJ 034—2000）（以下简称《规范》）、《公路勘测规范》（JTG C10—2007)和《公路勘测细则》（JTG/TC 10—2007）。这四种规范中有关施工测量的规定条款，就是道路工程施工测量的重要依据。道路工程施工测量必须按照这些规定条款执行。

4.11.1.2　工程施工测量准备

（1）施工测量仪器

道路工程施工测量常用仪器及其用途如下：

① GPS、全站仪:用于导线测量,坐标放样。

② 水准仪:用于水准测量,高程放样。

③ 对讲机:用于放样联络。

道路施工测量用具有如下两种:

① 量具:钢尺(30~50 m)、皮尺(30~50 m)、小钢尺、编程计算器。

② 标尺:水准尺(双面)一对或塔尺(3 m 或 5 m)、尺垫、坡度尺(控制边坡)。

道路施工测量的材料:竹签、铁钉(钢钉)、记号笔(油性)、粉笔、石灰、红布(或红塑料袋)、铁锤、油漆、细绳、凿子等。

测量仪器使用前应进行检验、校正。特别是水准仪使用前一定要进行水准管轴平行于视准轴的检验、校正。

(2) 现场勘察

在施工队伍进驻施工现场后,测量技术人员应全面熟悉设计图表文件,在此基础上还应到施工标段现场勘察核对,主要内容包括:

① 搞清施工标段路线起点里程桩和终点里程桩的实地位置以及该标段四周的地貌概况,以确定取土、弃土运输便道的位置及制定临时排水措施等。

② 对照路线设计纵断面及横断面图查看沿线地形,搞清挖方、填方地段。

③ 查看公路沿线平面控制导线点位、交点点位和高程控制水准点的实地位置完好程度,各点通视情况能否满足放样需要。

④ 查看公路设计定测时的中线桩点位情况,为恢复中桩做准备。

⑤ 考察该施工标段沿线应加密的施工导线点、施工水准点的实地位置,并拟定联测已知导线点、水准点的方案。

⑥ 考察沿线盖板涵、通道、圆管涵、桥梁等附属构造物实地现状,拟定放样方案。

(3) 施工测量的其他准备工作

① 施工进度一览图。路基施工时,为了及时掌握和了解施工进展情况,便于监控挖填工作量,可绘一张较大比例尺的"施工进度一览图"。"施工进度一览图"的绘制,实际上就是"路线纵断面图"放大。根据施工标段路线的长度确定纵向比例尺,一般以 1∶1000 为宜;横向比例尺,因为要明显表示挖填方高度,宜用大比例,一般采用 1∶50 为宜。

② 施工标段控制点图。为了方便施工测量工作的进行,可绘制施工标段"控制点图"。坐标采用设计图样的坐标系统,图的大小根据施工标段长度选用比例尺。一般情况下,施工段长500 m,宜用 1∶500 比例尺;1~2 km 宜用 1∶1000 比例尺;2 km 以上采用 1∶2000 比例尺。

③ 施工天气一览图。公路工程施工受气候影响很大,气候直接影响工程进度。为了按期竣工,必须抓紧在好天气时加快施工。

④ 施工日志。是施工全过程的重要记录,内容有施工单位名称、标段范围、日期、天气、工作内容、机械台班、车辆运输台班、人工台班、测量工作项目、工程进度以及大事记等。

4.11.1.3 施工测量常用资料

(1) 设计图表

通常情况下,道路施工测量应收集的设计文件图表主要有:

① 公路平面总体设计图即路线平面图(路线地形图上设计的公路平面形状图)。

② 路线纵断面图。

③ 路基横断面图。

④ 路面横断面结构图(也叫路面结构图)。

⑤ 路基设计表。

⑥ 直线、曲线及转角表。

⑦ 埋石点成果表(包括导线点成果表、水准点成果表)。

⑧ 逐桩坐标表。

⑨ 路基标准横断面图。

(2) 相关图表的内容

① 对公路平面总体设计图的熟悉。

② 对路线纵断面图的熟悉。

③ 对路线纵断面图上竖曲线、超高缓和曲线的形式的熟悉。

④ 对路基横断面图的熟悉。.

⑤ 对路面横断面结构图的熟悉。

⑥ 对路基设计表的熟悉。

⑦ 对埋石点成果表的熟悉。

⑧ 对直线曲线及转角表的熟悉。

⑨ 对逐桩坐标表的熟悉。

(3) 各种图表的熟悉要点

经过对各种图表的分析,一定要掌握以下要点:

① 路面宽度、路基施工宽度、底基层施工宽度、基层施工宽度等。

② 线路纵坡度、横坡度、填方边坡坡度、挖方边坡坡度等;变坡点所在地桩号、高程。

③ 竖曲线要素:半径、切线长度及外距、相邻直线的纵坡等。

④ 圆曲线要素:半径、切线长度、曲线长度、外距以及直圆、曲中、圆直的桩号及坐标值;缓和曲线起、终点桩号及坐标值,超高段设定的最大横坡度。

⑤ 施工段的已知导线点、水准点编号及实地位置可利用程度。

⑥ 该施工段的线形:直线还是曲线;该施工段全长,挖、填方段起终点里程桩号。

⑦ 路面结构层各层的厚度。

⑧ 该施工段内交点桩号、坐标、交点间距、交点边(切线)方位角,线路转角。

⑨ 该施工段线路逐桩坐标值等。

⑩ 该施工段线路中线中桩里程桩号、地面高程、设计高程及填、挖高度等。

4.11.2　控制点复测与加密

4.11.2.1　控制点的复测与加密

大家知道,公路施工测量的主要工作就是施工放样,而施工放样所采用的控制点则是线路定测时所设置的平面与高程控制点。设计单位将设计好的施工图纸交付给施工单位,同时将控制线路三维位置的平面与高程控制桩橛在实地的位置也移交给施工单位,此项工作称为交桩。由于这些交付给施工单位的控制点是线路定测时所设置的,而从定测到交桩所用的时间一般均在一年左右,因此这些控制点的位置可能会发生变化。

为了保证施工测量的精度,施工单位在施工前,必须检查所移交桩点的可靠性,此项工作称为施工前的控制点复测,包括导线控制点和路线控制桩的复测。另外,由于人为或其他原因,导线控制点和路线控制桩或丢失,或遭到破坏,要对其进行补测;有的导线点在路基范围以内,需将其移至路基范围以外。同时,为了确保线路平面与高程位置的放样精度,应根据施工标段的具体情况进行加密平面和高程控制点。

控制点复测的目的是检查设计院交付的控制点成果的正确性,因此当控制点的复测成果与设计成果的差值在规范允许范围内时,一律采用设计成果。对于复测超限的桩点,必须在认真检查仪器设备、观测方法及平差计算等环节无误的情况下,进行多次复测,确认定测桩点有误或精度不满足规范要求时,需向监理与设计单位递交正式复测报告文件,说明情况,要求设计单位进行复测。最终施工单位必须采用经设计、监理单位批准的控制点成果进行施工放样。

4.11.2.2　交接桩

施工单位在进驻施工现场后,首要的工作就是会同业主、设计单位进行线路控制点的实地交接桩。目前,高等级公路、一级公路的线路控制桩采用布设导线的方法控制线路中线。采用导线法进行线路控制时,交接的主要控制桩有导线控制点和水准控制点。为了准确和相邻标段进行贯通测量,在交接桩时应向相邻标段延伸 2 个导线点和 1 个水准点。

4.11.2.3　复测的技术要求

由于全站仪和 GPS 定位技术在工程测量中的应用越来越广泛,因此,相应的导线测量和GPS 测量也成为目前公路工程测量所采用的主要形式。公路线路复测一般应以《公路勘测规范》(JTG C10—2007)中相应的要求为准进行作业。复测时应按表 4.10 中相应导线测量的技术标准进行作业。

表 4.10　各级导线测量的主要技术要求

等级	导线长度(km)	平均边长(km)	测角中误差(″)	测距中误差(mm)	测距相对中误差	测回数 DJ₂	测回数 DJ₆	方位角闭合差	相对闭合差
一	4.0	0.5	5	15	≤1/30000	2	4	$10\sqrt{n}$	≤1/15000
二	2.4	0.25	8	15	≤1/14000	1	3	$16\sqrt{n}$	≤1/10000
三	1.2	0.1	12	15	≤1/7000	1	2	$24\sqrt{n}$	≤1/5000

水准点高程复测与水准测量方法一样,高速公路和一级公路的水准点闭合差按四等水准测量精度要求限差控制,二级以下公路水准点闭合差按五等水准测量限差控制。各等级水准测量技术要求见表 4.11。

表 4.11　水准测量的主要技术要求

等级	每千米高差全中误差(mm)	路线长度(km)	水准仪型号	水准尺	观测次数 与已知点联测	观测次数 附合或环线	往返较差、附合或环线闭合差 平地(mm)	往返较差、附合或环线闭合差 山地(mm)
二	±2	—	DS₁	铟钢	往返各 1 次	往返各 1 次	±4√L	—
三	±6	≤50	DS₁	铟钢	往返各 1 次	往 1 次	±12√L	±4√n
			DS₃	双面	往返各 1 次	往返各 1 次		
四	±10	≤16	DS₃	双面	往返各 1 次	往 1 次	±20√L	±6√n
五	±15	—	DS₃	双面	往返各 1 次	往 1 次	±30√L	—

《公路勘测规范》(JTG C10—2007)规定,在进行水准测量时确有困难的山岭地带以及沼泽、水网地区,可用光电测距三角高程测量的方法来代替四、五等水准测量。光电测距三角高程测量的视距长度不得大于 1 km,垂直角不得超过 15°,高程导线的长度不应超过相应等级水准测量路线的最大长度。光电三角高程测量技术要求见表 4.12。

表 4.12　光电三角高程测量主要技术要求

等级	仪器	竖直角测回数		指标差较差（″）	竖直角较差（″）	对向观测高差较差（mm）	附合或环线闭合差（mm）
		三丝法	中丝法				
四等	DJ₂	—	3	≤7	≤7	$\pm 40\sqrt{D}$	$\pm 20\sqrt{D}$
五等	DJ₆	1	2	≤10	≤10	$\pm 60\sqrt{D}$	$\pm 30\sqrt{D}$

注:D 为光电测距边长度(km)。

4.11.2.4　复测外业与内业

复测控制点就是按照复测的精度要求,对设计单位所交的桩点逐点复测,主要工作包括:复测导线控制点的水平距离和水平角度以及高程控制点间的高差。

复测导线可采用附合导线测量的方法进行,如图 4.45 所示,将本标段移交的导线点坐标表中相邻点进行坐标反算,求转折角 β_i 和导线边长 D_i;实测水平角度和水平距离;检查复测导线角度与设计角度之差是否不大于相应等级导线测角中误差的 $2\sqrt{2}$ 倍,距离精度应满足全长相对闭合差的要求。

另外,衡量导线是否满足精度要求的最重要指标是导线方位角闭合差以及导线全长相对闭合差是否满足精度要求。衡量水准点高程是否满足精度要求的标准是,复测相邻水准点间的高差与设计高差之差满足相应等级水准测量闭合差限差的要求。

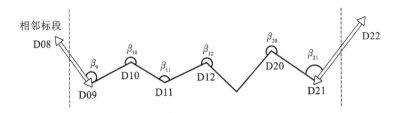

图 4.45　导线复测示意图

4.11.2.5　复测结束应提交的资料

(1)复测说明。内容包括测区范围、控制桩点交桩情况、技术标准、施测情况、有关问题的处理方法、复测精度分析、复测结论等。

(2)复测导线、水准路线示意图。

(3)导线点复测角度与设计角度比较表。

(4)导线点复测距离与设计距离比较表。

(5)水准点复测高差与设计高差比较表。

(6)复测控制点桩点表。

(7)测量仪器检定证书复印件。

4.11.2.6　导线复测案例

现以勉县至宁强高速公路第×标段×合同段控制点复测成果上报资料为例,说明导线复测结束应提交的资料：

1）复测说明

受×××公司勉宁高速公路第××合同段项目经理部委托，×××公司精测队与项目经理部一起，对勉宁高速公路第××合同段路线进行了开工复测。

在勉宁高速公路第×驻地办的共同参与下，我标段于×年×月×日至×月×日完成了×标段的一级导线和四等水准的复测工作，本次复测内容包括：导线复测及高程复测。并与相邻第×合同段联测。其中导线复测以 D162～D161 为起始边、D150～D149 为终边，水准复测由 D161 开始，至 D150 结束。现就本次复测工作做如下说明：

（1）外业采集

① 测量采用技术标准为《公路勘测规范》（JTG C10—2007），参考标准为《公路全球定位系统（GPS）测量规范》（JTJ 066—98）及《工程测量通用规范》（GB 55018—2021）。导线测量按《公路勘测规范》（JTG C10—2007）一级导线技术要求执行；高程测量按四等水准测量的技术要求执行。

导线外业采集采用全站仪；水准外业采集采用水准仪。

② 测量仪器：

a. 拓普康全站仪，规格型号：Topcon GTS-701；仪器标称精度：测角 2″、测距 2±2 ppm。

b. 天津欧波自动安平水准仪，规格型号：DS3。

③ 导线观测中，采用测回法进行角度观测，左角观测 3 测回，距离观测往返各 3 测回（正倒镜各 3 次）。高程复测中，使用 DS3 型水准仪，黑、红双面标尺进行观测，观测中严格执行四等水准测量各项技术要求。

（2）内业处理

导线内业资料处理时按附合导线进行简易平差。导线计算中，以 D162～D161 为起始边、D150～D149 为终边建立附合导线，角度闭合差为 fβ＝23.14″＜fβ允＝41.23″，导线全长闭合差为 1/34193＜1/15000。满足一级导线精度要求。

高程内业资料按附合水准路线进行简易平差。高程计算以 D161～D150 建立附合水准路线，其闭合差为 24 mm＜fh允＝±36.5 mm。满足四等水准精度要求。

（3）其他需说明的问题

复测中，因导线点部分丢失，故设临时转点进行连接导线，由于施工场地的限制及当地百姓拆迁新盖民房的影响，故使得有的导线点之间的距离相差很大，增加了本次复测结果的误差，经复测，本次测量精度满足规范要求，故一监字［2005］第 033 号文件可以继续使用。水准复测中，只有 D151 点的高程变化较大，故应进行调整，其结果为 598.651m，在平面测量时，建议不要使用 D151 导线点。

参加本次复测的人员有：×××、×××，…。

通过本次复测，我项目经理部认为：本标段内的导线及高程成果满足规范相关技术要求，可以据以施工。

同时，在今后测量工作中，本项目技术人员应严格执行测量双检制，避免测量事故的发生。

2）导线网（点）复测路线示意图

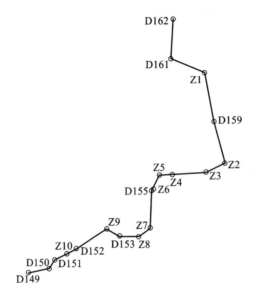

图 4.46　导线网平面示意图

3) 水平角观测成果表

水平角观测成果表

施工单位：

监理单位：　　　　　　　　　　　　　　　　　　　　标段：1

测回	第一测回	第二测回	第三测回	平均值	差值	$m=(\lceil\Delta\Delta\rceil/n)^{1/2}$	备注
测站	$\beta_1(°\ ′\ ″)$	$\beta_2(°\ ′\ ″)$	$\beta_3(°\ ′\ ″)$	$\beta(°\ ′\ ″)$	$\Delta=\beta-\beta_i(″)$	$(″)$	
7	108-44-58.5	108-44-59.5	108-45-01	108-44-59.67	1.17 0.17 −1.33	1.0	
8	218-05-52	218-05-40	218-05-45	218-05-45.67	−6.33 5.67 0.67	4.9	
9	122-22-40.5	122-22-44.5	122-22-55	122-22-46.67	6.17 2.17 −8.33	6.1	
10	230-14-50	230-14-47.5	230-14-55.5	230-14-51	1.00 3.50 −4.50	3.3	
11	220-39-58.5	220-40-05	220-39-58	220-40-0.5	2.00 −4.50 2.50	3.2	
12	209-51-14.75	209-51-14	209-51-13	209-51-13.92	−0.83 −0.08 0.92	0.7	
注:测角中误差 m 值不得超过±5″							

计算：　　　　　　　复核：　　　　　　　　　　　年　　月　　日

水平角观测成果表

施工单位：

监理单位： 标段：

测回 测站	第一测回 β_1(° ′ ″)	第二测回 β_2(° ′ ″)	第三测回 β_3(° ′ ″)	平均值 β(° ′ ″)	差值 $\Delta = \beta - \beta_i$(″)	$m = ([\Delta\Delta]/n)^{1/2}$ (″)	备注
13	114-39-51	114-39-45.5	114-39-45	114-39-47.17	−3.83 1.67 2.17	2.7	
14	186-13-43.5	186-13-49.5	186-13-47.25	186-13-46.75	3.25 −2.75 −0.50	2.5	
15	178-42-41.25	178-42-38	178-42-39.25	178-42-39.5	−1.75 1.50 0.25	1.3	
16	153-01-48.25	153-01-54.5	153-01-49.5	153-01-50.75	2.50 −3.75 1.25	2.7	
17	223-13-7.75	223-13-04	223-13-5.25	223-13-5.67	−2.08 1.67 0.42	1.6	
注:测角中误差 m 值不得超过 ±5″							

计算： 复核： 年 月 日

4）水准复测成果表

水准复测成果表

施工单位：

监理单位： 标段：

点号	距离 （m）	设计高差 （m）	实测高差 （m）	改正数 （m）	改正后高差 （m）	复测高程值 （m）	设计高程值 （m）	设计值与复 测值之差（mm）
D161						586.924	586.924	0
	2947.3	5.486	5.469	0.01427	5.48327			
D155						592.407	592.410	3
	743.9	2.05	2.054	0.003892	2.057892			
D153						594.465	594.460	−5
	542.9	3.668	3.6585	0.003243	3.661743			
D152						598.127	598.128	1
	272.9	0.551	0.523	0.001297	0.524297			
D151						598.651	598.679	28
	109.7	3.768	3.7945	0.001297	3.795797			
D150						602.447	602.447	0
Σ	4616.7	15.523	15.499	0.024	15.523			

备注:$f_h = \sum_{h理} - \sum_{h实} = 15.523 - 15.499 = 0.024$ m $f_{h容} = \pm 6(n)^{1/2} = \pm 6(37)^{1/2} = 36.5$ mm

计算： 复核： 日期：

5）导线复测成果表

导线复测成果表

点号	观测角(°)	改正后的角值(°)	坐标方位角(°)	实测边长(m)	坐标增量计算值(m)		改正后的坐标增量(m)		计算坐标(m)		设计坐标(m)		点位(cm)
					Δx	Δy	Δx	Δy	x	y	x	y	
D162			183.100 472 2						658 807.567	513 140.388	658 807.567	513 140.388	
D161	110.045 555 6	110.045 177 6	113.145 649 8	391.174	-153.759	359.688	-153.768	359.682	658 383.649	513 117.426	658 383.649	513 117.426	
z10	235.708 286 1	235.707 908 1	168.853 557 8	538.701	-528.539	104.140	-528.553	104.132	658 229.881	513 477.108			
D159	176.837 083 3	176.836 705 3	165.690 263 1	462.728	-448.371	114.370	-448.383	114.363	657 701.328	513 581.240	657 701.336	513 581.208	3.3
Z2	258.597 825	258.597 447	244.287 71	231.641	-100.498	-208.705	-100.504	-208.708	657 252.945	513 695.603			
Z3	202.614 166 7	202.613 788 7	266.901 498 7	451.322	-24.395	-450.662	-24.406	-450.669	657 152.441	513 486.894			
Z4	186.539 769 4	186.539 391 4	273.440 890 1	63.964	3.839	-63.849	3.837	-63.850	657 128.035	513 036.225			
Z5	108.749 908 3	108.749 530 3	202.190 420 3	167.844	-155.412	-63.392	-155.417	-63.395	657 131.872	512 972.375			
Z6	218.096 019 4	218.095 641 4	240.286 061 7	28.395	-14.075	-24.661	-14.075	-24.662	656 976.456	512 908.981			
D155	122.379 630 5	122.379 252 5	182.665 314 1	405.567	-405.128	-18.860	-405.138	-18.866	656 962.381	512 884.319	656 962.430	512 884.277	6.4
Z7	230.247 5	230.247 122	232.912 436 1	165.881	-100.032	-132.326	-100.036	-132.328	656 557.242	512 865.453			
Z8	220.666 805 5	220.666 427 5	273.578 863 5	214.165	13.369	-213.747	13.363	-213.751	656 457.206	512 733.125			
D153	209.853 866 7	209.853 488 7	303.432 352 2	157.824	86.953	-131.710	86.950	-131.712	656 470.569	512 519.374	656 470.602	512 519.359	3.6
Z9	114.663 102 8	114.662 724 8	238.095 077	410.032	-216.707	-348.087	-216.717	-348.093	656 557.519	512 387.662			
D152	186.229 652 8	186.229 274 8	244.324 351 7	121.242	-52.531	-109.271	-52.534	-109.273	656 340.802	512 039.569	656 340.819	512 039.556	2.1
Z10	178.710 972 2	178.710 594 2	243.034 945 9	149.793	-67.923	-133.508	-67.927	-133.510	656 288.268	511 930.296			
D151	153.030 763 9	153.030 385 9	216.065 331 7	108.737	-87.897	-64.014	-87.900	-64.016	656 220.341	511 796.786	656 220.273	511 796.736	8.4
D150	223.218 240 7	223.217 862 7	259.283 194 4						656 132.441	511 732.770	656 132.441	511 732.770	
D149									656 088.419	511 500.164	656 088.419	511 500.164	
Σ	3 136.189 149			4 069.010	-2 251.106	-1 384.594	2 251.208	1 384.656					

$f_b = +23.14'' < [f_b] = 41.23''$ 满足规范要求

$f_x = +0.102\,\text{m}$

$f_y = +0.062\,\text{m}$

$f = 0.119\,\text{m}$

$k = 1/34\,193 < [k] = 1/15\,000$

满足规范要求

6）测绘资质证书复印件

4.11.3　控制桩点的保护

在施工过程中,线路控制桩点是施工的重要依据,因此,路基加工前,应全面恢复中线桩,因为这些桩位于线路上,施工时经常被破坏,为了能及时、准确恢复线路控制桩原来的位置,以便指导施工,应在施工范围以外,选择通视良好,且地面稳固的地方,钉设一些桩点,根据这些桩点,把控制桩恢复起来,这些桩称为护桩。护桩的设置位置如图4.47所示,根据条件,可以采用2个方向交会定点,如图4.47中(a)、(b)、(c)所示;3个距离交会定点,如图4.47中(d)所示;也可采用1个方向1个距离定点,如图4.47中(e)所示。

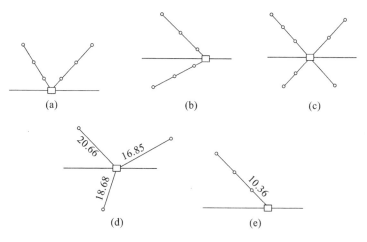

图 4.47　护桩设置

为了在个别护桩破坏时仍能将控制点恢复起来,在一条直线上,至少应对3个控制点进行护桩,每个点应有不少于2条交会线,而在一条交会线上,应不少于3个护桩。为保证交会的精度,两交会方向的夹角,最好在90°附近,不得已时,也不应小于30°或大于120°。

测设护桩时,应在控制点上架设仪器,以盘左照准选好的方向,并在这一方向上由远及近的钉设木桩,在木桩上做一临时的标记,然后用盘右位置重新检查一次。如果盘左盘右位置重合,则在标记的地方钉一小钉;如果不重合,则取平均位置钉设,作为最后的方向标志。

4.11.4　路基施工测量

路基施工测量包括道路中线恢复、高程放样测量、路基边桩和边坡放样。随着路基的开挖与填筑,施工测量要反复进行多次。一般情况下,每填挖 1 m 左右,便要重新进行路基施工测量。

4.11.4.1　道路中线恢复

道路中线恢复,也就是前面所讲到的道路中线测量,就是根据道路沿线控制点将道路中线恢复出来。具体内容可参见 4.3 节"道路定测",在施工测量中常用的中线测量方法是全站仪极坐标法。

4.11.4.2　高程放样测量

中线全面恢复以后,只是完成了路基施工放样的第一步,接下来还要进行高程的测量、放样,通过不断的高程的测量放样,使路基的填筑或开挖达到设计的高度。

道路经过勘测设计之后,往往要经过一段时间才能施工。假如在这段时间内,沿路线方向的地形发生了变化,则在施工前还要对中线的高程和横断面进行测量,与勘测设计的纵横断面进行比较。如相差较大,可将路线设计的施工标高加以改正,以便按改正后的施工标高施工,并重新进行土石方工程数量的计算,但必须经过监理工程师的认可。

高程测量放样采用的基本方法是水准测量和全站仪三角高程测量。

4.11.4.3　路基边桩和边坡放样

1)路基边桩放样

路基施工之前,在地面上把路基轮廓表示出来,也就是把路基两旁的边坡与原地面相交的坡脚点(或坡顶点)找出来,钉上边桩,确定路基施工范围,以便正确施工。边桩的位置与路基的填挖高度、边坡坡度和实地地形有关。

(1)路基边桩距中桩距离的确定

① 图解法

根据设计图纸上提供的路基横断面图,从图上直接量取路基边桩距中桩的平面距离。

② 解析法

当横断面设计图与实际有所出入或沿线地形发生了变化时,再用图解法不再合适,则可以考虑采用解析法。

a. 平坦地段边桩至中桩距离计算

由于路面排水需要,设计路面是有一定坡度的,标准路面一般呈中间高两边低形状,计算时必须考虑高程变化对距离的影响。

对于填方路基(即路堤),若根据设计图纸计算出道路路面的半宽 $B/2$ 和两侧路肩边缘的设计高程 H_{ZLJ} 和 H_{YLJ}(也可从路基设计表中查取),再结合第一边坡坡度 $1:m_1$ 和限定高度 h_1 以及第二边坡坡度 $1:m_2$,待实测出两边桩原始地面标高 H_Z、H_Y 后,即可求出左右边桩距中桩的距离 d_Z、d_Y。

设某路堤左边坡填土高度超过了限定高度 h_1,需设立两个边坡坡度 $1:m_1$,$1:m_2$,如图 4.48 所示,则 d_Z 计算公式为

$$d_Z = \frac{B}{2} + m_1 h_1 + m_2 (H_{ZLJ} - H_Z - h_1) \tag{4.73}$$

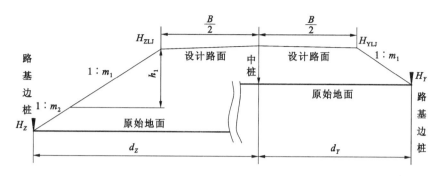

图 4.48　平坦地区填方路基边桩至中桩距离计算

设右边坡不足限定高度 h_1，只需设立第一边坡坡度 $1:m_1$，则 d_Y 的计算公式为

$$d_Y = \frac{B}{2} + m_1(H_{YLJ} - H_Y) \tag{4.74}$$

对于挖方路基(即路堑)，在土路肩两侧还加入了边沟和碎落台。在计算设计路面半宽值时，必须考虑边沟和碎落台的宽度，此时应采用图 4.49 中的 $B_1/2$。

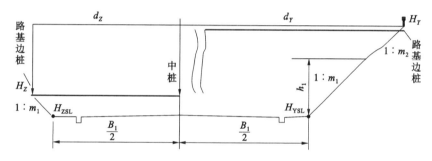

图 4.49　平坦地区挖方路基边桩至中桩距离计算

假设设计路面左、右两侧碎落台外边缘的设计高程分别为 H_{ZSL}、H_{YSL}(根据设计图纸计算)，其他符号含义相同，则左右两侧边桩距中桩的距离计算公式为

$$\left. \begin{aligned} d_Z &= \frac{B_1}{2} + m_1(H_Z - H_{ZSL}) \\ d_Y &= \frac{B_1}{2} + m_1 h_1 + m_2(H_Y - H_{YSL} - h_1) \end{aligned} \right\} \tag{4.75}$$

需要指出的是，随着横断面设计形式的不同，上述边桩计算公式也应作相应的变化，实际工作中必须小心应用。

b. 倾斜地段边桩至中桩距离计算

如图 4.50、图 4.51 所示，在倾斜地段，边桩至中桩的距离随着地面坡度的变化而变化，此时无法一次准确确定两边桩原始地面标高 H_Z、H_Y，故一般采用"逐渐趋近法"确定边桩位置。其步骤如下：

无论是填方路基还是挖方路基，首先目估(或假设)边桩距中桩的大致距离 d，在实地量出该位置的实测高程 H。把高程 H 代替 H_Z(或 H_Y)，计算出在设计边坡坡度情况下高程 H 对应的距离 d'。若 d' 和 d 相差极小，则认为实测高程位置就是准确的边桩位置；若 d' 和 d 相差较大，可把 d' 作为假设距离，重复上述操作直至找到准确的边桩位置。

"逐渐趋近法"操作起来较为繁杂，但在任何情况下均可应用，经过多次反复实践，即可运

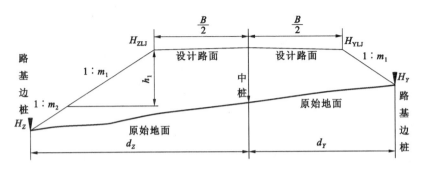

图 4.50　倾斜地段填方路基边桩至中桩距离计算

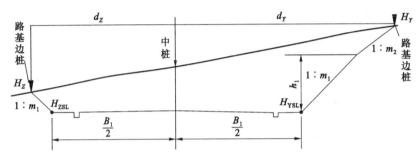

图 4.51　倾斜地段挖方路基边桩至中桩距离计算

用自如。

另外还有坡脚尺法放样边桩,因应用较少,此处不再讲述。

(2) 路基边桩放样

知道了边桩距中桩的距离以后,可以利用下面两种方法来确定边桩位置。

① 用十字架或求心十字架等简易设备,大致确定横断面方向,再用钢尺或皮尺实地丈量以确定边桩的位置。丈量时尺子要拉平,如横坡较大时,需分段丈量,在量得的点上钉上坡脚桩(或坡顶桩),再用石灰标出坡脚(或坡顶)的界限。施工过程中如有破坏,应及时补上,以满足施工的要求。

② 利用前面讲述的各种道路线型中桩线路坐标的计算公式,结合 4.10 节"线路纵、横断面测量"中讲述的计算横断面方向的公式,再根据边桩距中桩距离,直接计算出相应边桩点的线路坐标,用全站仪或其他设备直接放样出实地位置。

需要注意的是,对于填方路基,为保证路基边缘的压实度和修坡的需要,往往要超填一定的宽度(0.3~0.5 m)。当离设计地面较近时,按稍陡于设计坡度掌握,使路基面有足够的宽度。

2) 边坡放样

有了边桩还不足以指导施工,为使填挖的边坡达到设计的坡度,还要把边坡坡度在实地标定出来,以便比照施工。边坡放样的方法主要有麻绳竹竿挂线法和边坡样板法。

(1) 麻绳竹竿挂线法

① 一次挂线

当路堤填土不高时,可按图 4.52(a)所示的方法,一次把线挂好。

② 分层挂线

当路堤填土较高时,分层挂线较好。在每次挂线前,应当恢复中线并横向抄平,如图 4.52(b)所示。

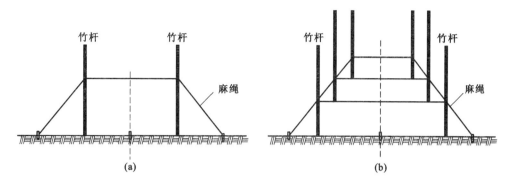

图 4.52 麻绳竹竿挂线法

挂线法只适用于人工施工,对机械化施工是不适合的。

(2)边坡样板法

首先按照路基边坡坡度做好边坡样板,施工时可比照样板进行放样。样板式样有:

① 活动坡度尺

活动坡度尺样式见图 4.53(a)。也可用一直尺上装有带坡度的手水准管代替,如图 4.53(b)所示。在施工过程中,可随时用坡度尺来检查路基边坡是否合乎设计要求。

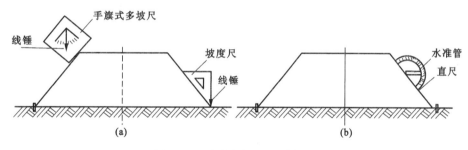

图 4.53 活动坡度尺法放样边坡

② 固定边坡样板

开挖路堑时,在坡顶外侧立固定边坡样板,施工时可以随时瞄准比较,控制开挖边坡,如图 4.54 所示。

(3)机械化施工路基边坡时的测量工作

机械填土时,应按铺土厚度及边坡坡度保持每层间正确地向内收缩一定的距离,且不可按自然的堆土坡度往上填土,这样会造成超填而浪费土方。每填高 1 m 左右或填至距路肩 1 m 时,要重新恢复中线、测高程放铺筑面边桩,用石灰显示铺筑面边线位置,并将标杆移至铺筑面边上。

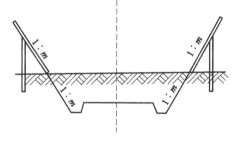

图 4.54 固定边坡样板法放样边坡

机械挖土时,应按每层挖土厚度及边坡坡度保持层与层之间的向内回收的宽度,防止挖伤边坡或留土过多。每挖深 1 m 左右,应测设边坡、复核路基宽度,并将标杆下移至挖掘面的正确边线上。每挖 3~4 m 或距路基面 20~30 cm 时,应复测中线、高程、放样路基面宽度。

按以上的做法,可及时控制填方超填和挖方超挖现象的出现。

正式路基边坡施工时,可每隔一定的距离放样出边坡的位置和坡度,采用人工施工的方法做出边坡式样,以便作为机械化施工路基边坡的参照。要注意随时测量,及时发现问题,及时修正。

4.11.5　路面施工测量

路面施工是公路施工的最后一个环节，也是最重要而关键的一个环节。因此，对施工放样的精度要求要比路基施工阶段高。为了保证精度、便于测量，通常在路面施工之前，将线路两侧的导线点和水准点引到路基上，一般设置在桥梁、通道的桥台上或涵洞的压顶石上，不易被破坏。

路面施工阶段的测量工作仍然包含恢复中线、放样高程和测量边线。

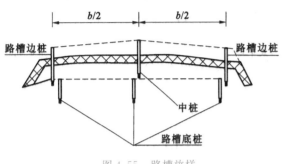

图 4.55　路槽放样

4.11.5.1　路槽放样

如图 4.55 所示，在粗平后的路基顶面上恢复中线，每隔 10 m 加密中桩，再沿各中桩的横断面方向向两侧量出路槽宽度的一半 $b/2$ 得到路槽边桩，量出 $B/2$ 得路肩边桩（注意：曲线路段设置加宽时，要在加宽的一侧增加加宽值），然后用放样已知点高程的方法使中桩、路槽边桩、路肩边桩的桩顶高程等将来要铺筑的路面标高（要考虑路面和路肩横坡以及超高）。在上述这些边桩的旁边挖一个小坑，在坑中钉桩，然后用放样已知点高程的方法使桩顶符合考虑路槽横向坡度后的槽底的高程（要考虑因压实而加入一定的虚方厚度），以指导路槽的开挖和修整。低等级公路一般采用挖路槽的路面施工方式，路槽整修完毕，便可进行路肩和路面施工。高等级公路一般采用培路肩的路面施工方式，所以，路槽开挖整修要进行到路肩边缘。

机械施工时，木桩不易保存，因此路中心和路槽边的路面高程可不放样，而在路槽整修后，在路槽底上放置相当于路面加虚方厚度的木块作为路面施工的标准。

4.11.5.2　路面放样

路面各结构层的放样方法仍然是先恢复中线，由中线控制边线，再放样高程控制各结构层的标高。除面层外，各结构层横坡按直线形式放样。仍然要注意的是路面的加宽与超高。

1）路面边桩放样

路面边桩放样可以先放出中线，再根据中线的位置和横断面用钢尺（或皮尺）丈量来放出边桩，这是常用的方法。

在高等级公路路面施工中，有时不放中桩而直接根据边桩的坐标放出边桩。

2）路拱放样

对水泥路面或中间有分隔带的沥青路面，其路拱（面层顶面横坡）按直线形式放样。

对中间没有分隔带的沥青路面，其路拱（面层顶面横坡）一般有如下几种形式：

（1）抛物线型路拱

抛物线型路拱如图 4.56 所示。

常见的抛物线型路拱公式有，$y = \dfrac{4h}{b^2}x^2$，$y = \dfrac{2h}{b^2}x^2 + \dfrac{h}{b}x$ 等。

式中　　x——横距；

　　　　y——纵距；

b——路面宽度；

h——拱高，可按路拱坡度 i 确定，即 $h=\dfrac{bi}{2}$。

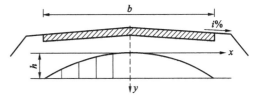

图 4.56   抛物线型路拱

（2）屋顶线型路拱

① 倾斜直线型路拱

当路面横坡采用 1.5% 时，在路拱中心插入一对横坡坡度为 0.8%～1.0% 的连接线。当路面横坡采用 2.0% 时，在路拱中心插入两对对称的连接线，其横坡坡度分别为 1.5% 和 0.8%～1.0% 的连接线，如图 4.57 所示。

② 直线夹曲线型路拱

如图 4.58 所示，中间的圆顶部分用圆曲线或抛物线连接，所用圆曲线长度一般不小于路面宽的 1/10，半径不小于 50 m。拱高 h 可用下式计算：

$$h=\left(\frac{b}{2}-\frac{l_1}{4}\right)i \tag{4.76}$$

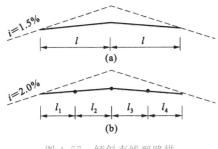

图 4.57   倾斜直线型路拱

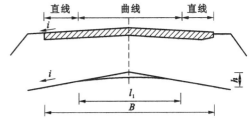

图 4.58   直线夹曲线型路拱

中间没有分隔带的沥青路面，其路面路拱的放样一般采用路拱样板进行，在施工过程中逐段检查，对于碎石路面不应超过 1 cm；对于混凝土和渣油路面不应超过 2～3 mm。

4.12   高速铁路施工测量

4.12.1   高速铁路施工测量概述

高速铁路工程测量平面坐标系应采用工程独立坐标系统。在对应的线路轨道设计高程面上坐标系统的投影长度变形值不大于 10 mm/km。

高速铁路工程测量的高程系统应采用 1985 国家高程基准。当个别地段无 1985 国家高程基准的水准点时，可引用其他高程系统或以独立高程起算。但在全线高程测量贯通后，应消除断高，换算成 1985 国家高程基准。有困难时亦应换算成全线统一的高程系统。

4.12.2   平面控制测量

4.12.2.1   一般规定

（1）高速铁路工程平面控制测量应按分级布网原则分四级布设：

第一级为框架平面控制网 CP0，主要为全线（段）的线路平面控制测量提供坐标框架基准；

第二级为基础平面控制网 CPⅠ,主要为勘测、施工、运营维护提供坐标基准;

第三级为线路平面控制网 CPⅡ,主要为勘测和施工提供控制基准;

第四级为轨道控制网 CPⅢ,主要为铺设无砟轨道和运营维护提供控制基准。

(2)高速铁路工程测量各级平面控制网布网要求按表 4.13 的规定执行。

表 4.13　各级平面控制网布网要求

控制网级别	测量方法	测量等级	点间距	备　注
CP0	GPS	国家 B 级	50 km	专门设计
CPⅠ	GPS	二等	≤4 km 一对点	点对间≥800 m
CPⅡ	GPS	三等	600~800 m	
	导线	三等	400~800 m	
CPⅢ	边角交会		50~70 m 一对点	

注:CPⅡ采用 GPS 测量时,CPⅠ可按 4 km 一个点布设。

4.12.2.2　平面控制网设计

高速铁路平面控制测量工作开展前,应根据测区地形、地貌及线路工程情况进行平面控制网设计。平面控制网设计应包括控制网基准、网形和精度设计。需要增补控制点时,须进行控制网改造设计。

(1)平面控制网设计前,应收集线路设计的有关资料和沿线的国家大地点资料,在充分研究线路平、纵断面图的基础上进行控制网设计。收集的资料应包括:

① 线路平、纵断面图及测区 1:10000 和 1:50000 地形图;

② 线路沿线的国家或地方控制点资料,包括平面控制网图、水准路线图、点之记、成果表、技术总结等。

(2)控制网基准设计应符合以下规定:

① CP0 控制网应以 WGS-84 坐标系 ITRF2000 国际地球参考框架或 2000 国家大地坐标系作为坐标基准,以 IGS 参考站或以联测 2000 国家大地坐标系 A、B 级 GPS 控制点作为起算点,进行控制网整体三维约束平差。然后把 WGS-84 或 2000 国家大地坐标系的三维坐标转换为高速铁路工程独立平面坐标。

② CPⅠ控制网应附合到 CP0 上,并采用固定数据平差;

③ CPⅡ控制网应附合到 CPⅠ上,并采用固定数据平差;

④ CPⅢ控制网应附合到 CPⅠ或 CPⅡ上,并采用固定数据平差。

(3)各级控制相邻点位的相对精度和重复测量精度应符合表 4.14 的规定。

表 4.14　控制点的点位精度要求(mm)

控　制　点	相对点位精度	同精度复测坐标较差限差
CP0	$D \times 10^{-6}$	50
CPⅠ	10	20
CPⅡ	10	15
CPⅢ	1	3

4.12.2.3　框架平面控制网(CP0)测量

(1) CP0 控制网应沿线路走向布设,每 50 km 左右布设一个点,在线路的起点和终点附近应布设控制点。CP0 控制网应在勘测阶段采用 GPS 测量方法完成建网,全线应一次性布网,统一测量,整体平差。

(2) CP0 控制点的标石选埋应符合下列规定:

① 控制点宜设在适合于 GPS 观测作业的地点,周围 200 m 范围内不得有强电磁干扰源或强电磁反射源,点位距离线路中线不宜大于 10 km。

② 控制点标石应设在基础稳定,不受施工和其他人为活动的干扰,且必须能够长期保存的地点。

③ 标石埋设完成后,应现场填写点位说明,丈量标石至明显地物的距离,绘制点位示意图,作好点之记。

(3) CP0 测量布网应符合下列规定:

① 每个 CP0 站点与其相邻的 CP0 站点的连接数不小于 3 个,联测的 GPS 永久性跟踪站点与其相邻的 CP0 站点的连接数不小于 2。

② CP0 站点宜与 IGS 站点、国家地壳形变监测站点或国家 B 级以上 GPS 永久性跟踪站点进行联测,联测的站点数不少于 2 站。

4.12.2.4　基础平面控制网(CPⅠ)测量

(1) CPⅠ控制点应按表 4.13 的要求沿线路走向布设。点位宜设在距线路中心 50～500 m 范围内不易被施工破坏、稳定可靠、便于测量的地方。控制点宜兼顾桥梁、隧道及其他大型构(建)筑物布设施工控制网的要求。控制点应按要求埋石,并作点之记。

(2) CPⅠ采用边联结方式构网,形成由三角形或大地四边形组成的带状网;在线路勘测设计起点、终点或与其他铁路平面控制网衔接地段,必须有 2 个以上的 CPⅠ控制点相重合,并在测量成果中反映出相互关系。CPⅠ控制网宜与附近的已知水准点联测。

(3) CPⅠ控制网应与沿线的国家或城市三等及以上平面控制点联测,引入国家或城市平面坐标系统。一般宜每 50 km 联测一个平面控制点,全线(段)联测平面控制点的总数不得少于 3 个,特殊情况下不得少于 2 个。当联测点数为 2 个时,应尽量分布在网的两端;当联测点数为 3 个及其以上时,宜在网中均匀分布。

(4) CPⅠ控制网平差及坐标转换应符合下列规定:

① 首先进行 GPS 基线网三维无约束平差,然后将已联测的 CP0 控制点作为固定点进行CPⅠ控制网的三维约束平差,计算 CPⅠ控制点的空间直角坐标。

② 根据独立坐标系投影带的划分,将 CPⅠ控制网的空间直角坐标分别投影到相应的坐标投影带中,计算 CPⅠ控制点的工程独立坐标。

③ 引入国家或城市平面坐标系统时,应在 GPS 基线网三维无约束平差的基础上,以联测的国家或城市平面控制点作为固定点进行 CPⅠ控制网的二维约束平差,计算 CPⅠ控制点的国家或城市平面坐标。

4.12.2.5　线路平面控制网(CPⅡ)测量

(1) CPⅡ测量应在 CPⅠ的基础上采用 GPS 测量或导线测量方法施测,CPⅡ控制点的布设应符合表 4.13 的要求,一般选在离线路中线 50～200 m,且不易破坏的范围内,并按规定埋石且作点之记。

（2）在线路勘测设计起、终点及不同单位测量衔接地段，应联测 2 个以上 CPⅡ控制点作为共用点，并在测量成果中反映出相互关系。

（3）采用 GPS 测量时应满足下列要求：

① CPⅡ控制点应有良好的对空通视条件，点间距应为 600～800 m，相邻点之间应通视，特别困难地区至少有一个通视点，以满足定测放线和施工测量的需要。

② CPⅡ控制点分段起闭于 CPⅠ控制点，CPⅡ网采用边联结方式构网，形成由三角形或大地四边形组成的带状网，并与 CPⅠ联测构成附合网。

③ CPⅡ网坐标转换宜在 GPS 基线网三维无约束平差的基础上，以联测 CPⅠ控制网作为约束点分带进行二维约束平差，计算 CPⅡ控制点的工程独立坐标。

4.12.2.6　轨道控制网（CPⅢ）测量

（1）CPⅢ控制网应采用自由设站边角交会法施测，控制网布设应符合表 4.13 的规定。

（2）CPⅢ控制网测量应在线下工程竣工，通过沉降和变形评估后施测。CPⅢ测量前应对全线的 CPⅠ、CPⅡ控制网进行复测，并采用复测的 CPⅠ、CPⅡ合格成果对 CPⅢ网进行约束平差。

（3）CPⅢ平面网应附合于 CPⅠ、CPⅡ控制点上，每 600 m 左右（400～800 m）应联测一个 CPⅠ或 CPⅡ控制点，当 CPⅡ点位密度和位置不满足 CPⅢ联测要求时，应按同精度扩展方式加密 CPⅡ控制点。

（4）CPⅢ平面控制网的主要技术指标应符合表 4.15 的规定。

表 4.15　CPⅢ平面网的主要技术指标

控制网名称	测量方法	方向观测中误差	距离观测中误差	相邻点的相对点位中误差	同精度复测坐标较差
CPⅢ平面网	自由测站边角交会	±1.8″	±1 mm	±1 mm	±3 mm

（5）CPⅢ控制点应设置强制对中标志，标志几何尺寸的加工误差应不大于 0.05 mm，安装精度应满足表 4.16 的要求。

表 4.16　CPⅢ标志安装精度要求

CPⅢ标志	重复性安装误差	互换性安装误差
X	±0.3 mm	±0.3 mm
Y	±0.3 mm	±0.3 mm
H	±0.3 mm	±0.3 mm

（6）CPⅢ控制网的测量仪器设备应满足下列要求：

① 使用的全站仪应具有自动目标搜索、自动照准、自动观测、自动记录功能，其标称精度应满足：方向测量中误差不大于 ±1″，测距中误差不大于 $\pm(1\ mm+2\times10^{-6}D)$。

② 观测前须按要求对全站仪进行检校，作业期间仪器须在鉴定有效期内。边长观测应进行温度、气压等气象元素改正，温度计量测精度不低于 ±0.5 ℃，气压计量测精度不低于 ±5 hPa。

（7）CPⅢ标志应埋设于接触网杆或其基础、桥梁防撞墙、隧道边墙或排水沟上，相邻 CPⅢ控制点应大致等高，其位置应在设计轨道面以上 0.3 m。CPⅢ控制点号和自由设站的编号应唯一，便于查找。

（8）CPⅢ控制网观测的自由测站间距一般约为 120 m，自由测站到 CPⅢ点的最远观测距离不应大于 180 m；每个 CPⅢ点至少应保证有三个自由测站的方向和距离观测量。

4.12.3 高程控制测量

4.12.3.1 一般规定

（1）高程控制测量分为勘测高程控制测量、线路水准基点高程测量、CPⅢ控制点高程测量。高程控制测量等级及布点要求应按表 4.17 的要求执行。

表 4.17 各级高程控制测量等级及布点要求

控制网级别	测 量 等 级	点 间 距
勘测高程控制测量	二等/四等	≤4 km
线路水准基点测量	二等	≤2 km
CPⅢ控制点高程测量	精密水准	≤100 m

（2）各等级水准测量精度要求应符合表 4.18 的规定。

表 4.18 各等级水准测量精度要求（mm）

水准测量等级	每千米水准测量偶然中误差 ΔM	每千米水准测量全中误差 M_W	限 差			
			检测已测段高差之差	往返测不符值	附合路线或环线闭合差	左右路线高差不符值
				平原 | 山区		
二等	≤1.0	≤2.0	$6\sqrt{R_i}$	$4\sqrt{K}$ | $0.8\sqrt{n}$	$4\sqrt{L}$	—
精密	≤2.0	≤4.0	$2\sqrt{R_i}$	$8\sqrt{K}$	$8\sqrt{L}$	$4\sqrt{K}$
三等	≤3.0	≤6.0	$20\sqrt{R_i}$	$12\sqrt{K}$ | $2.4\sqrt{n}$	$12\sqrt{L}$	$8\sqrt{K}$
四等	≤5.0	≤10.0	$30\sqrt{R_i}$	$20\sqrt{K}$ | $4\sqrt{n}$	$20\sqrt{L}$	$14\sqrt{K}$
五等	≤7.5	≤15.0	$40\sqrt{R_i}$	—	$30\sqrt{K}$	

注：① K 为测段水准路线长度，L 为附合或环线的水准路线长度，R_i 为检测测段长度，K、L、R_i 单位为 km，n 为测段水准测量站数；
② 当山区水准测量每千米测站数 $n \geqslant 25$ 站以上，采用测站数计算高差测量限差；
③ 结点之间或结点与高级点之间，其路线的长度，不应大于表中规定的 0.7 倍。

4.12.3.2 高程控制网设计

（1）高速铁路高程控制网应按二等水准测量精度要求施测。在勘测阶段，不具备二等水准测量条件时，可分两阶段实施，即：勘测阶段按四等水准测量要求施测。线下工程施工前，全线应按二等水准测量要求建立线路水准基点控制网。

（2）高速铁路高程控制测量工作开展前，应根据测区地形、地貌及线路工程情况进行高程控制测量设计。控制网设计应包括控制网基准、网形和精度设计及拟采用的高程测量方法。

（3）高程控制网设计前应收集以下资料：
① 线路平、纵断面图及测区 1∶10000 和 1∶50000 地形图；
② 与高程控制测量相关的线路沿线城市规划、地质、地震、气象、地下水位及冻土深度等资料；
③ 线路沿线的国家或地方水准点资料，包括水准路线图、点之记、成果表、技术总结等。

（4）高程控制网基准设计应符合以下规定：
① 勘测高程控制网应附合于高一级的国家水准点上，并以国家水准点为起算数据，采用

固定数据平差;

② 线路水准基点控制网宜以国家一、二等水准点为起算数据,特殊情况下也可以采用独立起算基准;

③ CPⅢ控制网应附合于线路水准基点上,采用固定数据平差;

④ 高程控制网网形和精度设计应按表 4.17 和表 4.18 的要求,根据测区情况和优化设计的结果,编写技术设计书,并拟定作业计划。

4.12.3.3　勘测高程控制测量

(1) 勘测高程控制测量一般按二等线路水准基点要求测。在困难地段,或线路方案并不稳定适合,可按四等水准测量要求测设。按四等水准测量一般 30 km 联测一个高一级已知水准点。铁路与另一铁路连接时,应确定联测两铁路高程系统的关系。

(2) 水准路线应沿线路敷设,水准点埋设应满足下列要求:

① 水准点应每 2 km 设置一个。重点工程(大桥、长隧及特殊路基结构)地段应根据实际情况增设。水准点可与平面控制点共用,也可单独设置。

② 水准点应选在土质坚实、安全僻静、观测方便和勘测使用的地方。

(3) 在平坦地区一般采用水准测量方法,在山区、丘陵地区可采用光电测距三角高程测量方法。

(4) 线路跨越江河、深沟,视线长度大于 200 m 时,应按跨河水准测量方法和精度施测,或采用光电测距三角高程测量方法施测。

4.12.3.4　线路水准基点测量

(1) 线路水准基点应沿线路布设成附合路线或闭合环,重点工程(大桥、长隧及特殊路基结构)地段应根据实际情况增设。水准点可与平面控制点共用,也可单独设置。

(2) 线路水准基点距线路中线 50～300 m 为宜,每 2 km 设置一个,水准点埋设应满足以下要求:

① 水准点应选在土质坚实、安全僻静、观测方便和利于长期保存的地方;

② 冻土线超过 1.4 m 的地区普通水准基点标石应埋设在冻土线 0.3 m 以下,以保证线路水准基点的稳定。

(3) 为了保证高速铁路的顺利施工和运营维护的需要,结合沿线工程地质条件,在软土地段、地下水超采严重及地表沉降不均匀地区,宜按每 10 km 设置一个深埋水准点,每 50 km 设置一个基岩水准点。

(4) 一般水准基点埋设可采用预制桩或现浇桩。

(5) 线路水准基点按二等水准测量要求施测。水准路线一般 150 km 宜与国家一、二等水准点联测,最长不应超过 400 km。线路水准基点控制网应全线(段)一次布网测量。

(6) 线路水准基点测量应采用水准测量方法。地形条件比较复杂或采用常规水准测量操作有困难的地区,可采用精密三角高程测量进行二等水准测量。

(7) 二等水准测量应进行往返观测,测站总数应为偶数,测站观测顺序如下:

往测:奇数站为后—前—前—后;

　　　　偶数站为前—后—后—前。

返测:奇数站为前—后—后—前;

　　　　偶数站为后—前—前—后。

（8）线路水准基点测量应在全线测量贯通后进行严密平差。

4.12.3.5 CPⅢ控制点高程测量

（1）CPⅢ高程控制网施测前,应进行详细的技术方案设计。

（2）CPⅢ高程控制网观测采用单程精密水准测量的方法进行;CPⅢ点与上一级水准点的高程联测,应采用独立往返精密水准测量的方法进行。

（3）CPⅢ高程控制网精密水准测量的主要技术要求,应符合表4.19的规定。

表 4.19 CPⅢ高程网水准测量的主要技术标准

水准测量等级	附合路线长度（km）	水准仪最低型号	水准尺	观 测 次 数	
				与已知点联测	环线
精密水准	≤2	DS₁	因瓦	往返	单程

（4）CPⅢ高程网水准测量测站的主要技术要求,应符合表4.20的规定。

表 4.20 CPⅢ高程网水准测量测站的主要技术标准

水准测量等级	前后视距差（m）	视线高度（m）	两次读数之差（mm）	两次读数所测高差之差（mm）
精密水准	±2 以内	≥0.3	±0.5 以内	±0.7 以内

（5）当桥面与地面间高差大于3m,线路水准基点高程直接传递到桥面CPⅢ控制点上困难时,可采用精密三角高程测量法,或不量仪器高和棱镜高的中间设站三角高程测量法传递。中间设站三角高程测量的主要技术要求,应满足表4.21的要求。测量中,前后视必须是同一个棱镜。观测时,棱镜高不变;仪器与棱镜的距离不宜大于100m,最大不应超过150m。前、后视距应尽量相等,一般距离差差值不宜超过5m,垂直角应小于28°。观测时,要准确测量温度、气压值,以便进行边长改正。

表 4.21 中间设站三角高程测量的主要技术要求

垂直角测量				距 离 测 量			
测回数	两次读数差（″）	测回间指标差互差（″）	测回差（″）	测回数	每测回读数次数	四次读数差（mm）	测回差（mm）
4	±5.0 以内	±5.0 以内	±5.0 以内	4	4	±2.0 以内	±2.0 以内

4.12.3.6 三角高程测量

（1）线路水准基点测量困难时,可采用精密三角高程测量,所采用的全站仪应具自动目标识别功能,并应满足表4.22的要求。

表 4.22 仪器精度指标

等 级	最低测角精度	最低测距精度
二等	0.5″	$1 \text{ mm} + 1 \times 10^{-6} D$
精密水准	1.0″	$1 \text{ mm} + 2 \times 10^{-6} D$
三等	1.0″	$1 \text{ mm} + 2 \times 10^{-6} D$

注:D为距离,单位:m。

(2) 精密三角高程测量观测时应采用两台全站仪同时对向观测,在一个测段上对向观测的边为偶数条边,不量取仪器高和觇标高,观测距离一般不大于 500 m,最长不应超过1000 m,竖直角不应超过 10°,测段起、止点观测应为同一全站仪、棱镜杆,观测距离在 20 m 内,距离大致相等。

(3) 应独立进行往返观测,观测中应加入气象和地球曲率改正。

4.12.4　线路测量

4.12.4.1　线路中线测量

1) 线路中线测量应在 CP Ⅰ 或 CP Ⅱ 平面控制网和线路水准基点或四等高程控制网基础上进行。当控制点密度不能满足中线测量需要时,平面应按五等 GPS 或一级导线加密,导线长度不应超过 5 km;高程按五等水准测量精度要求加密。

2) 线路中线测量应符合下列规定:

(1) 线路中线桩可采用极坐标法、GPS-RTK 法测设。

(2) 新建铁路应注明与既有铁路接轨站的里程关系。

(3) 中线上应钉设千米桩和加桩。直线上中桩间距不宜大于 50 m,曲线上中桩间距不宜大于 20 m,如地形平坦时中桩间距可为 40 m。在地形变化处或设计需要时,应设加桩。

(4) 断链宜设在百米桩处,困难时可设在整 10 m 桩上。不应设在车站、桥梁、隧道和曲线范围内。

(5) 隧道顶应根据专业调查的需要进行加桩。

(6) 新建双线铁路在左右线并行时,应以左线钉设桩橛,并标注贯通里程。在绕行地段,两线应分别钉桩,并分别标注左右线里程。

(7) 中桩桩位限差为:

纵向 $S/2000+0.1$(S 为转点至桩位的距离,以"米"计);

横向 10 cm。

(8) 中桩高程可采用光电测距三角高程测量、水准测量或 GPS-RTK 测量。中桩高程宜观测两次,两次测量成果的差值不应大于 0.1 m。

3) GPS-RTK 中线测量应符合下列要求:

(1) 参考站应设于平面控制点上。

(2) 求解基准转换参数时,公共点平面残差应控制在 1.5 cm 以内,高程残差应控制在 3 cm以内。

(3) 放线作业前,几台流动站都应对已知点进行测量并存储,平面互差应小于 2 cm,高程互差应小于 4 cm。

(4) 重新设置参考站后,应对最后两个中线桩进行复测并记录,平面互差应小于 2.5 cm,高程互差应小于 5 cm。

(5) 测设中桩时应控制在 5 cm 以内。

(6) 中线测量完成后,应输出下列成果:

① 中桩点的三维坐标;

② 中桩点的平面高程精度;

③ 中桩点放样的横向偏差和纵向偏差。

4.12.4.2　路基测量

1) 路基定测横断面测量应符合下列规定：

(1) 路基横断面施测宽度和密度，应根据地形、地质情况和设计需要确定。

(2) 路基定测横断面间距一般不大于 20 m，不同线下基础之间过渡段范围应加密为 5～10 m。在曲线控制桩、百米桩和线路纵、横向地形明显变化以及大中桥头、隧道洞口、路基支挡及承载结构物起讫点等处应测设横断面。

(3) 横断面测量可采用水准仪、经纬仪、全站仪测量，测量限差应满足下列要求：

高差

$$\pm(L/1000 + h/100 + 0.2)\text{m}$$

距离

$$\pm(L/100 + 0.1)\text{m}$$

其中 h 为检测点至线路中桩的高差(m)；L 为检测点至线路中桩的水平距离(m)。

2) 路基施工测量工作开展前应收集下列资料：

(1) 线路平面图；

(2) 路基工程平面、纵断面、横断面设计图及设计说明；

(3) CPⅠ控制点、CPⅡ控制点、中线控制桩和水准点测量成果。

3) 路基加固工程施工放样应符合下列规定：

(1) 路基加固范围施工放样可在恢复中线的基础上采用横断面法、极坐标法或 GPS-RTK 法施测。

(2) 路基加固工程中各类基础的桩位，应根据设计要求在已测设的地基加固范围内布置，一般采用横断面法测设，相邻桩位距离限差不大于 5 cm。

4) 桩-板结构路基施工放样应符合下列规定：

(1) 桩-板结构路基施工放样精度应符合下列规定：

① 桩位及承载板平面控制点的线路纵、横向中误差不大于 10 mm；

② 桩顶及承载板高程控制点的高程中误差不大于 2.5 mm。

(2) 桩-板结构路基平面控制测量可采用 GPS 测量、导线测量。

(3) 桩-板结构路基高程控制测量采用水准测量。

4.12.4.3　线路竣工测量

(1) 在线下工程竣工后，轨道铺设前应进行中线测量、高程测量和横断面测量。

(2) 线路竣工测量应符合下列规定：

① 线路竣工测量前，应按要求完成全线(段)二等水准贯通测量。

② 线路中线竣工测量的加桩设置，应满足编制竣工文件的需要。中线上应钉设千米桩和加桩，并宜钉设百米桩。直线上中桩间距不宜大于 50 m；曲线上中桩间距宜为 20 m。在曲线起终点、变坡点、竖曲线起终点、立交道中心、桥涵中心、大中桥台前及台尾、每跨梁的端部、隧道进出口、隧道内断面变化处、车站中心、道岔中心、支挡工程的起终点和中间变化点等处均应设置加桩。

③ 线路中线加桩应利用 CPⅡ控制点或施工加密控制点测设,中线桩位限差应满足纵向 $S/20000+0.01$(S 为转点至桩位的距离,以"米"计)、横向±10 mm 的要求。

④ 线路中线加桩高程应利用线路水准基点测量,中桩高程限差为±10 mm。

⑤ 利用贯通后的线路中线,测量路基、桥梁和隧道是否满足限界要求。

(3) 路基横断面测量应符合下列规定:

① 横断面间距直线地段一般为 50 m,曲线地段一般为 20 m。

② 横断面竣工测量应在恢复中线后采用全站仪或水准仪进行测量。路基横断面测点应包括线路中心线及各股道中心线、路基面高程变化点、线间沟、路肩等。路基面范围各测点高程测量中误差为±10 mm。

③ 路基面竣工测量成果应作为工序交接和无砟轨道混凝土支承层施工和变更的依据。

4.12.5 轨道施工测量

4.12.5.1 一般规定

(1) 线下工程竣工验收合格后,应按要求建立轨道控制网 CPⅢ。

(2) 轨道施工前,对线路竣工测量成果进行评估,检查线路平、纵断面是否满足轨道铺设条件。必要时应对线路平、纵断面进行调整,满足铺轨要求。

(3) 轨道铺设精度应满足表 4.23 的要求。

表 4.23 高速铁路轨道静态平顺度允许偏差(mm)

序　号	项　目	允许偏差(mm)		检 验 方 法
		无砟轨道	有砟轨道	
1	轨距	±2	±2	
2	高低	2	2	10 m 弦量
		2		弦长 30 m,测点间距 5 m
		10		弦长 300 m,测点间距 150 m
3	轨向	2	2	10 m 弦量
		2		弦长 30 m,测点间距 5 m
		10		弦长 300 m,测点间距 150 m
4	水平	2	2	
5	扭曲	3	2	基长 3 m
6	与设计高程偏差	+4,−6(紧靠站台+4,0)	±20(建筑物上±10)	
7	与设计中线偏差	10	10	

4.12.5.2 混凝土底座及支承层放样

(1) 混凝土底座或支承层平面放样应依据轨道控制网 CPⅢ采用自由设站极坐标法测设。高程测量可依据轨道控制网采用自由设站光电测距三角高程测量或几何水准按精密水准测量精度要求施测。

(2) 混凝土底座及支承层模板或基准线桩放样应满足表 4.24 的精度要求。

表 4.24　混凝土底座及支承层模板放样精度要求(mm)

轨道类型		横向定位允许偏差	纵向定位允许偏差	高程定位允许偏差
CRTS I 型板式无砟轨道	混凝土底座及支承层	±2	±2	0,−5
	凸型挡台	±2	±2	+4,0
CRTS II 型板式无砟轨道	支承层	±10	—	±3
	桥上底座	±5	5	±3
CRTS I 型、CRTS II 型双块式无砟轨道	支承层	±10	—	+2,−5
	桥上底座	±2	±3	±5
道岔	轨枕埋入式道岔	±2	—	±5
	板式道岔	±5 mm	—	±20

4.12.5.3　加密基桩测量

1) 加密基桩平面测量应依据 CPⅢ控制点,采用自由设站极坐标法或光学准直法测设,高程测量应采用几何水准方法按精密水准测量精度要求施测。

2) 正线加密基桩的间距应根据轨道类型确定,一般 5～10 m 设置一个。加密基桩应设置在轨道中心线上,曲线段应考虑超高影响。

3) 道岔区应在道岔范围内直股和曲股的两侧增设加密基桩,一般 5～10 m 设置一个,并应埋设永久性桩位。

4) CRTSⅠ型板式无砟轨道加密基桩应根据 CRTSⅠ型板的铺设方法进行测设,加密基桩的测设应满足下列要求:

(1) 采用凸形挡台基准器三角规进行铺板、轨道定位时,安装在凸形挡台上、具有可调装置的基准器即为加密基桩,基准器精调后的平面和高程应满足下列精度要求:

① 基准器垂直于线路中线方向的限差±1 mm;

② 每相邻基桩间距离的限差±2 mm;

③ 每相邻基桩间高差的限差±1 mm。

(2) 采用速调标架法铺设 CRTSⅠ型板时,直接利用 CPⅢ控制点采用自由设站极坐标法进行轨道板铺设,无需测设加密基桩。

5) CRTSⅡ型板式无砟轨道加密基桩(轨道基准点)的测设应符合下列要求:

① 轨道基准点与轨道板安置点的连线应垂直于线路中心线。曲线段的基准点应设于轨道板安置点偏曲线内侧 0.10 m 处。直线段基准点应设于轨道板安置点偏线路左侧或右侧 0.10 m,同一直线段的基准点应偏向线路同一侧。

② 轨道基准点之间的相对精度应满足:平面±0.2 mm,高程±0.1 mm。

6) CRTSⅡ型双块式无砟轨道加密基桩(支脚)测量应符合下列规定:

① 支脚放样的纵、横向间距应分别为 3.27 m、3.2 m,特殊地段纵向间距可适当调整,但调整量最大不得超过 15 mm。

② 精调后实测支脚凹槽内球形棱镜中心三维坐标 x、y、H，与设计值较差均不应大于0.5 mm。

4.12.5.4　铺轨测量

1) CRTS I 型轨道板精调可采用基准器法或速调标架法进行，并应符合下列规定：

① 当采用基准器精调轨道板时，应使用三角规控制轨道板扣件安装中心线，同时实现轨道板纵、横向及竖向的调整。

② 采用速调标架法测量时，自由设站后视 CPⅢ 控制点。每一测站精调的轨道板不应多于 5 块，换站后应对上一测站的最后一块轨道板进行检测。

③ 轨道板定位限差横向和纵向应分别不大于 3 mm 和 2 mm；高程定位限差应不大于 1 mm。相邻轨道板搭接限差横向和高程应分别不大于 2 mm 和 1 mm。

2) CRTS Ⅱ 型轨道板精调应满足下列要求：

（1）当轨道板设有承轨槽时，应采用基准点（加密基桩）配合精调框进行。当不设承轨槽时，应采用轨道控制网 CPⅢ 配合速调标架进行。

（2）采用基准点（加密基桩）配合精调框精调应符合下列要求：

① 精调前应准备轨道板精调所要的线路数据和轨道基准点平差数据，同时应检校精调系统。

② 精调时，应分别于待调轨道板的首端第 1 条承轨槽、板中央第 5 条承轨槽、板末端第 10 条承轨槽以及已经调好的上一轨道板首端第 1 条承轨槽上架设已检校好的精调标。

③ 全站仪距待调轨道板的距离宜为 6.5～19.5 m，并设于未调整段的基准点（加密基桩）上。

④ 铺设第一块轨道板的全站仪应依据基准点（加密基桩）定向，其余设站应依据置于相邻已精调好的轨道板首端第 1 条承轨槽上的精调标架定向。每一设站调整的轨道板应不大于 3 块。

⑤ 全站仪竖向定向误差应不大于 2 mm，纵向定向误差应不大于 10 mm，横向定向误差应不大于 2 mm。

⑥ 轨道板精调后竖向和横向精度均应不大于 0.3 mm，纵向精度应不大于 10 cm（调整后，板内各支点的互差应不大于 0.3 mm）。

⑦ 调整后，轨道板水平和竖向弯曲均应小于 0.5 mm。

⑧ 调整后，相邻轨道板间竖向和横向差均应不大于 0.4 mm。

⑨ 完成轨道板精调后，应采用与精调相同的方法进行轨道板线性检测，每测站检测的轨道板宜不超过 6 块。更换测站后，应重复检测上一测站检测的最后一块轨道板。

⑩ 轨道板的测量数据应通过专业软件进行处理，处理结果可以反映此段轨道板铺设的方向、高程，以及板与板之间的过渡搭接，评估轨道板安装精度。

3) CRTS I 型双块式无砟轨道安装测量应满足下列要求：

（1）轨排粗调可采用全站仪自由设站极坐标法或全站仪配合轨道几何状态测量仪进行，轨排粗调应满足下列要求：

① 全站仪自由设站设站精度应不大于 1 mm。

② 轨排组装前，应按线路里程间距每 10 m（或 10 根轨枕）放设模板及线路中线点。轨排中线放样误差应不大于 5 mm。模板安装定位限差高程为 ±5 mm，中线定位应为 ±2 mm。放

样距离应不大于 70 m,和上一放样段重叠距离应不小于 20 m。

③ 轨枕安装的横向位置应根据模板线确定,纵向间距用钢尺或定长量距控制,钢轨安装后,应在钢轨上画线,并用方尺校正轨枕,轨枕间距误差应不大于 5 mm。

④ 轨排粗调竖向调整偏差应为 0,−5 mm;中线偏差应不大于 2 mm。

⑤ 当采用粗调机进行轨排粗调时,粗调机组可调整定位精度为 ±5 mm,最终调整定位精度为 ±3 mm。

(2) 轨排精调应用全站仪配合轨道几何状态测量仪进行,轨排精调应满足下列要求:

① 全站仪自由设站精度应不大于 1 mm。

② 轨排精调测量测点应设在轨排支撑架位置,其步长应为每个支撑螺杆的间距,以保证钢轨及其接头平顺。

③ 轨排精调后,轨道中线和轨顶高程允许偏差均应不大于 2 mm。

(3) 在双块式无砟轨道工具轨转移至下一工作面之前,应采用与精调相同的方法对已完成轨排进行检测。检测步长宜为 1 个轨枕间距。

4) CRTS Ⅱ 型双块式无砟轨道安装测量应满足下列要求:

(1) 道床板施工完成后应采用全站仪自由设站配合轨枕承轨槽(台)专用检测工具对工后轨枕承轨槽(台)进行检测,并应符合下列规定:

① 检测相邻轨枕高程限差应不大于 0.5 mm。

② 相邻框架首根轨枕承轨槽横向允许偏差应不大于 3 mm。相邻点平面变化率允许偏差应不大于 1 mm。

(2) 长钢轨落槽并安装扣件后,应采用全站仪配合轨道几何状态测量仪或轨道放样尺检测轨道平顺性并满足下列要求:

① 全站仪自由设站,设站点后方交会 x、y、z 的精度均应不低于 0.5 mm。

② 全站仪与轨道几何状态测量仪或轨道放样尺的距离应保持在 5~60 m 之间。更换测站后,应重复检测上一测站已检测的最后 3~5 个检测点。

4.12.5.5　枕埋入式道岔安装测量

(1) 混凝土底座测量应以 CP Ⅲ 控制点为依据,进行模板或基准线桩放样。使用混凝土摊铺机进行混凝土底座摊铺作业时,基准线纵向间距不应大于 10 m。

(2) 混凝土底座施工完成后,应利用 CP Ⅲ 控制点采用自由设站方式检测混凝土底座断面,断间距一般为 40 m,每个断面分别测左、中、右 3 个测点。断面检测精度要求:平面位置 ±5 mm,高程 ±3 mm。

(3) 道岔铺设前,应以 CP Ⅲ 控制点为依据,在混凝土底座或支承层上于岔心、岔前前约 100 m 和后约 100 m 分别设置道岔控制基桩。道岔控制基桩可按坐标直接测设,也可按岔心直股与曲股线路方向测设,并应埋设永久性桩位。

(4) 道岔粗调测量应以加密基桩为准,道岔粗调误差不应大于 ±5 mm。

(5) 当依据 CP Ⅲ 控制点采用后方交会加轨检小车进行道岔精调时,应符合下列规定:

① 道岔精调应先进行道岔主线测量,再进行道岔侧线测量。精调测量应分段进行,每测站最大测量距离不应大于 80 m。

② 全站仪设站应尽量靠近轨道中线。全站仪的定位应采用后方交会或方向与高程传递方法,并至少后视 8 个 CP Ⅲ 控制点,相邻测站至少后视 4 个重叠的 CP Ⅲ 控制点。

③ 全站仪设站点 x、y 坐标和高程偏差均应小于 2 mm。

④ 道岔精调测量时,平面和高程允许偏差均为±0.7 mm。

⑤ 更换测站后,应检测上一测站最后测点的偏差,偏差量应小于 0.7 mm。完成道岔主线精调后,道岔侧线水平位置的调整量应小于 0.7 mm。

(6) 道岔精调测量采用全站仪配合水准仪测量时,将全站仪安置于道岔控制基桩上,以道岔控制基桩为基准,道岔方向调整由全站仪控制,侧向采用侧向调整装置完成;高程采用几何水准法按精密水准精度要求施测,并符合下列规定:

① 道岔精调后,道岔定位中线允许偏差为±2 mm,轨面高程允许偏差为−5 mm~0。且与前后相连线路一致。

② 采用全站仪配合水准仪测量完成道岔精调后,应采用轨检小车对道岔平顺性进行检测。道岔静态平顺度应符合表 4.25 的规定。

表 4.25 道岔铺设静态(直向)平顺度允许偏差

序 号	项 目	允 许 偏 差(mm)
1	高低(10 弦量)	2
2	轨向(10 弦量)	2
3	轨距	1
4	水平	1

4.12.5.6 板式道岔安装测量

(1) 混凝土找平层测量应以 CPⅢ 控制点为依据进行模板放样;模板安装定位允许差:高程±5 mm,中线±2 mm。混凝土找平层施工完成后,应按要求检测混凝土找平层断面。

(2) 道岔板定位应以 CPⅢ 控制点为依据,在混凝土找平层上测设道岔板角点和混凝土调节垫块角点。平面位置放样误差应≤5 mm。

(3) 道岔与正线和股道搭接时,至少应与正线 3 个加密基桩进行重合测量。

(4) 道岔板精调应采用全站仪三维放样模式,分别精确测量每块道岔板上的 4 个(或 6 个)棱镜位的三维坐标,并根据放样与计算差值调整道岔板调节架,对道岔板进行横向、纵向和竖向的调整。道岔板精调精度应满足:纵向偏差≤0.3 mm,横向偏差≤0.3 mm,竖向偏差≤0.3 mm 的要求。

(5) 道岔精调完成后,道岔定位中线允许偏差为±2 mm,轨面高程允许偏差为−5 mm~0。道岔静态平顺度应符合表 4.25 的规定。

4.12.5.7 轨道精调测量

(1) 轨道铺设锁定完成后,应利用 CPⅢ 控制点,采用全站仪自由设站配合轨道几何状态测量仪进行轨道检测。

(2) 轨道检测前应将线路设计平面参数、纵断面参数和超高参数等录入轨道几何状态测量仪,复核无误。

(3) 全站仪自由设站点应尽量靠近线路中线方向,后视不少于 4 对 CPⅢ 控制点。换站后,重复视上一测站的 CPⅢ 控制点应不少于 4 个。每一测站最大测量距离应不大于 80 m。

(4) 轨道几何状态测量仪测量步长宜为 1 个轨枕间距。

（5）检测内容包括线路中线位置、轨面高程、测点里程、坐标、轨距、水平、高低、扭曲。

4.12.5.8 轨道竣工测量

（1）轨道竣工测量前应按要求对CPⅢ控制点进行复测，复测结果在限差以内时采用原测成果，超限时应检查原因，确认原测成果有错时，应采用复测成果。

（2）轨道竣工测量应符合如下规定：

① 轨道竣工测量应采用轨检小车进行测量，轨检小车测量步长宜为1个轨枕间距；

② 轨道竣工测量主要检测线路中线位置、轨面高程、测点里程、坐标、轨距、水平、高低、扭曲。

③ 轨道竣工测量的限差应符合相关验收标准的规定。

（3）竣工测量完成后，应提交下列成果资料：

① CPⅠ、CPⅡ、CPⅢ控制点及水准基点的坐标、高程成果及点之记。

② 内业计算资料及成果表，成果表宜按表4.26填写。

③ 技术总结，包括执行标准、施测单位、施测日期、施测方法、使用仪器、精度评定和特殊情况处理等内容。

④ 竣工测量的原始观测值和记录项目必须在现场记录，不得涂改或凭记忆补记，基桩的名称必须记录正确。计算成果必须做到真实准确，格式统一，并应装订成册和长期保管。

表 4.26 控制点竣工测量成果表

工程名称　　　　　　　　　　　　　　　　　　　　　　　　　　　　里程段：

控制点名称和里程	实测 x 坐标（m）	实测 y 坐标（m）	设计 x 坐标（m）	设计 y 坐标（m）	实测里程（m）	里程偏差（mm）	控制点横向偏差（mm）	实测高程（m）	设计高程（m）	高程偏差（m）	备注

思考题与习题

4.1 中线测量的转点与水准测量的转点有何不同？

4.2 何谓整桩号法设桩？何谓整桩距法设桩？各有什么特点？

4.3 何谓缓和曲线？设置缓和曲线有何作用？

4.4 路线纵断面测量的任务是什么？它包括哪些内容？

4.5 横断面测量施测方法有哪几种？各适用于什么情况？

4.6 试述路基边坡放样的方法步骤？

4.7 试述高速铁路工程平面控制测量的布网原则？

4.8 已知弯道JD_{10}的桩号为K5+119.99，右角$\beta=136°24'$，$R=300$ m，试计算圆曲线主点元素和主点里程，并叙述测设曲线上主点的操作步骤。

4.9 交点JD_9的桩号为K4+555.76，转角$\alpha_{右}=54°18'$，$R=250$ m，用切线支距法测设圆曲线，按整桩号法设桩，桩距取20 m，分别以ZY、YZ为原点测设两曲线各桩的x和y。

4.10　某弯道 JD 桩号为 K3+135.12，$\alpha_{右}=180°36'$，$R=450$ m，用偏角法进行圆曲线详细测设，置经纬仪于 ZY 点，后视 YZ 点，试计算各桩的偏角值及相邻桩的弦长(按整桩号法设桩，桩距取 20 m)。

4.11　JD_5 的里程为 K3+482.50，转角 $\alpha_{右}=31°18'$，圆曲线半径 $R=200$ m，设缓和曲线长 $L_s=35$ m，若以 ZH 为原点用切线支距法详测曲线，试计算从 ZH 至 QZ 半个曲线各桩的 x、y(桩距 $L_0=10$ m，缓和曲线部分用整桩距法设桩，圆曲线部分用整桩号法设桩)。

4.12　某路线的 JD_7、JD_8 组成复曲线，测得切基线长度为 256.48 m，转角 $\alpha_7=31°06'$，$\alpha_8=43°12'$，选定 $R_8=350$ m，试计算 JD_7 处的曲线半径，并计算曲线元素和主点里程桩号。

4.13　设某竖曲线半径 $R=3000$ m，相邻坡段的坡度为 $i_1=+3.6\%$，$i_2=+1.2\%$，变坡点的桩号为 K6+160.000，设计高程为 369.580 m，如果曲线上每隔 10 m 设置一桩，试计算竖曲线上各桩点的高程。

5 桥梁工程测量

【学习目标】

1. 了解桥梁工程测量的主要任务以及相应技术规范;
2. 掌握桥梁工程测量主要采用的技术和方法;
3. 熟悉桥梁工程图纸以及施工放样测量工作流程。

【技能目标】

1. 能够完成桥梁工程中的各种施工放样工作,能够解决施工测量过程中遇到的各种问题;
2. 会看桥梁施工图纸,会使用相关仪器完成测量任务。

5.1 概 述

5.1.1 桥梁工程测量的定义

桥梁工程测量是在桥梁工程的规划、勘测设计、施工建造和运营管理的各个阶段进行的测量。

5.1.2 桥梁工程测量的工作任务

桥梁工程测量主要包括:勘测阶段,进行桥渡线长度测量和测绘桥址纵断面图、桥渡位置图、桥址地形图、水下地形图以及水面纵断面图,为优选桥址和进行桥梁设计提供必要而详细的测绘资料;控制网布设和施测阶段,进行桥轴线长度测量、桥梁控制网的布设与施测及平差、为满足交会墩位之需而在桥梁控制网中插点,为进一步施工放样和竣工测量、变形监测提供精度能满足要求的控制网,并为便于对长度测量仪器或工具及时进行校核而在工地建立基线场;墩台定位和轴线的测设,进行直线桥梁或曲线桥的墩台定位、墩台纵横轴线的测设和沉井定位测量;桥梁细部放样,进行明挖基础和桩基础的施工放样、管柱定位及倾斜测量、沉井施工测量和架桥测量;竣工测量,在桥梁竣工和阶段性竣工时,测定墩距、量取墩台各部尺寸和测定支撑垫石及墩帽的高程以及在架梁后测定主梁弦杆的直线性及梁的拱度、立柱的竖直性和各个墩上梁的支点与墩台中心的相对位置;桥梁变形监测,在建造过程中及建成运营阶段,定期观测墩台及其上部结构的垂直位移、倾斜位移和水平位移,掌握随时间推移而发生的变形规律,以便在未危及行车安全时采取补救措施。

要经济合理地建造一座桥梁,首先要选好桥址。桥位勘测的目的就是为选择桥址和进行桥梁设计提供地形和水文资料,这些资料提供得越详细、全面,就越有利于确定最优的桥址方案和做出最经济合理的桥梁设计。当然决定桥址优劣的因素还有地质条件。对于中小桥梁即技术条件简单、造价比较低廉的大桥,其桥址位置往往服从于路线走向的需要,不单独进行勘测,而是包括在路线勘测之内。但是对于特大桥梁或技术条件复杂的桥梁,由于其工程量大、造价高、施工期长,则桥位选择合理与否,对造价和使用条件都有极大的影响,所以路线的位置要服从桥梁的位置,为了能够选出最优的桥址,通常需要单独进行勘测。

桥梁设计通常经过设计意见书、初步设计、施工图设计等几个阶段,各阶段要相应地进行不同的测量。

(1)在编制设计意见书阶段,并不单独进行测量工作,而是应广泛地收集已有的国家地图,向有关单位索取 1∶50000、1∶25000 或 1∶10000 的地形图。同时,也要收集有关水文、气象、地质、农田水利、交通网规划、建筑材料等各项已有的资料,这样可以找出桥址的所有可比方案。

(2)在初步设计阶段,要对选定的几个可比方案进一步加以比较,以确定一个最优的设计方案。为此,就要求提供更为详细的地形、水文及其他有关资料,以作为比选的依据,这些资料同时也供设计桥梁及附属构造物之用。设计桥梁需要提供的测量资料主要有桥轴线长度、桥轴线纵断面图、桥位地形图等。设计桥梁需要提供的水文资料可以向有关水文站索取,否则需在桥址位置进行水文观测。观测的内容有洪水位、河流比降、流向及流速等。

(3)根据设计和施工需要,桥位地形图分为桥位总平面图和桥址地形图。桥位总平面图,比例尺一般为 1∶2000～1∶10000,其测绘范围应能满足选定的桥位、桥头引道、调整构造物的位置和施工场地轮廓布置的需要。一般情况下,上游测绘长度约为洪水泛滥宽度的 2 倍,而下游则约为 1 倍;顺桥轴线方向为历史最高洪水位以上 2～5 m 或洪水泛滥线以外 50 m。桥址地形图,比例尺一般为 1∶500～1∶2000,其测绘长度,上游约为桥长的 2 倍,下游约为 1倍;顺桥轴线方向为历史最高洪水位以上 2 m 或洪水泛滥线以外 50 m。桥位地形图的测绘方法参阅地形图的测绘方法。

(4)在桥梁施工阶段,为了保证施工质量达到设计要求的平面位置、标高和几何尺寸,就必须采用正确的测量方法进行施工测量。

5.1.3　桥梁的分类

公路桥梁按其多孔跨径总长或单孔跨径可分为:特大桥、大桥、中桥、小桥、涵洞五种形式,见表 5.1 所示。桥梁施工测量方法及精度要求随跨径和河道及桥涵结构的情况而定。

表 5.1　桥梁按跨径分类

桥涵分类	多孔跨径总长 L(m)	单孔跨径 L_k(m)
特大桥	$L > 1000$	$L_k > 150$
大桥	$100 \leqslant L \leqslant 1000$	$40 \leqslant L_k \leqslant 150$
中桥	$30 < L < 100$	$20 \leqslant L_k < 40$
小桥	$8 \leqslant L \leqslant 30$	$5 \leqslant L_k < 20$
涵洞	—	$L_k < 5$

5.2 桥梁施工测量

随着交通运输业的发展,为了确保车辆、船舶、行人的通行安全,高等级交通线路建设日新月异,跨越河流、山谷的桥梁,以及陆地上的立交桥和高架桥建得越来越多、越高,跨径也越来越大,新桥型的不断涌现使得桥梁施工技术含量增加,所以桥梁建设无论从投资比重、工期、技术要求等方面都居十分重要的位置。为了保证桥梁施工质量达到设计要求,必须采用正确的测量方法和适宜的精度来控制各分项工程的平面位置、高程和几何尺寸,因而桥梁施工测量的意义显而易见。

5.2.1 桥梁施工测量的目的和内容

桥梁施工测量的目的,是利用测量仪器设备,根据设计图纸中的各项参数和控制点坐标,按一定精度要求将桥位准确无误地测设在地面上,指导施工。

桥梁施工测量,根据桥梁类型、基础类型、施工工艺的不同,施工测量内容和测量方法、精度要求各有不同,概括起来主要包括桥轴线测量、墩台中心位置放样、墩台纵横轴线放样、主体工程控制测量及各部位尺寸、高程测设和检测。

5.2.2 桥梁施工测量的特点

桥梁施工测量与施工质量、施工进度息息相关。测量人员在桥梁施工前,必须对设计图纸、测量所需精度有所了解,认真复核图纸上的尺寸和测量数据,了解桥梁施工的全过程,并掌握施工现场的变动情况,使施工测量工作与施工密切配合。

另外,桥梁施工现场工序繁杂、机械作业频繁,对其测量高程及控制点干扰较大,容易造成破坏。因此,控制点复测计测量标志必须埋设稳固,尽量远离施工容易干扰的位置,并注意保护,经常检查,定期复测,如有破坏及时恢复。

5.2.3 桥梁施工测量的原则

为了保证桥梁施工的平面位置及高程均能符合设计要求,施工测量与测绘地形图一样,必须也要遵循"先整体后局部,先控制后碎部"的原则,即先在施工现场建立统一的平面控制网及高程控制网,然后以此为基础,将桥梁测设到预定位置。

5.2.4 桥梁施工控制网的布设与复测

桥梁施工中,为了保证所有墩台平面位置以规定精度、按照设计平面位置放样和修建,使预制梁安全架设,必须进行桥梁施工控制测量。

在一般情况下,桥梁施工测量所建立控制网均由设计单位勘查设计时建立。作为施工单位,进场后只需安排测量人员对其控制网点进行复测,其精度满足有关规定及桥梁设计要求,即可采用原设计提供的控制网点坐标。对控制网点复测后,为了方便现场施工放样要求,施工单位需在其之间加设一定数量的加密点,其加密点精度应等同于原控制网点。

桥梁施工控制测量包括平面控制测量和高程控制测量。

5.2.4.1　平面控制测量

建立平面控制网的目的,是测定桥轴线长度和据此进行墩台位置放样,同时也可用于施工过程中的变形监测。对于跨越无水河道的直线小桥,桥梁轴线长度可以直接测定,墩台位置也可直接利用桥轴线的设计控制点测设,无须建立平面控制网。但跨越有水河道的大型桥梁,墩台无法直接定位,则必须建立平面控制网。根据桥梁跨越的河宽及地形条件,平面控制网多布设成如图 5.1 的所示形式。

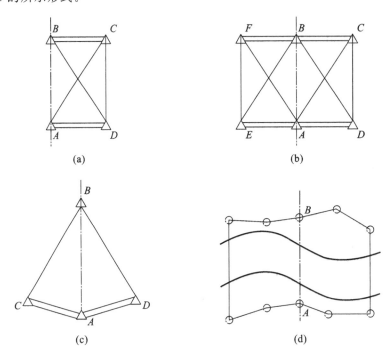

图 5.1　桥梁平面控制网布设形式

(a)大地四边形;(b)双大地四边形;(c)三角形;(d)双闭合环导线

桥梁控制网选布时尽可能使桥的轴线作为三角点的一个边,以利于提高桥轴线的精度。如有可能,也应将桥轴线的两个端点纳入网内,以间接求算桥轴线长度。基线选在桥轴线两端并与桥轴线接近垂直或小于 90°,基线长度宜为桥轴线长度的 7/10。

对于控制点的要求,除了图形强度以外,还要求地质条件稳定,视野开阔,便于交会墩位,其交会角不能太大或太小,应控制在 30°～120°,困难时也不宜小于 25°。

在控制点上要埋设标石及刻有"＋"字的金属中心标志。如果兼作高程控制点用,则中心标志宜做成顶部为半球状。

控制网可采用测角网、测边网或边角网。采用测角网时宜测定两条基线边。由于桥轴线长度及各个边长都是根据基线及角度推算的,为了保证桥轴线有可靠的精度,基线精度要高于桥轴线精度 2 倍,并使用高精度全站仪来测量基线边长。测边网是测量所有边长而不测角度。边角网则是边长和角度都测。如果采用测边网或边角网,由于边长是直接测定的,所以不受或少受测角误差的影响,测边精度与桥轴线要求的精度相当即可。

建立桥梁施工坐标系时,由于桥梁三角网一般都是独立的自由网,没有坐标及方向的约束条件,所以平差时都按自由网处理。它所采用的坐标系,直线桥一般是以桥轴线作为 x 轴,而桥轴线始端控制点的里程作为该点的 x 值;曲线桥是以直线转点或曲线起终点为坐标原点,以切线为 x 轴,垂直于坐标原点的垂线方向为 y 轴。这样,直线桥的桥梁墩台的设计里程即为该点的 x 坐标值,可以便于以后施工队放样的数据计算。

在布设控制网时,考虑图形强度及其他因素,主网上的点往往不能满足交会墩台位置的需要。因此,需要在首级控制网下将控制点加密,一般采用前方交会、边角交会和附合导线等形式。

5.2.4.2　高程控制测量

在桥梁施工阶段,除了建立平面控制点外,还应建立高程控制网,作为放样高程的依据,即在河流两岸建立若干个水准基点。这些水准基点除用于施工外,也可作为变形观测的高程基准点。

水准基点布设的数量视河宽及桥的大小而异。一般小桥可只布设 1 个;在 200 m 以内的大、中桥,宜在两岸各设 1 个;当桥长超过 200 m 时,由于两岸联测不便,为了在高程变化时易于检查,则每岸不少于 3 个。

水准基点是永久性的,必须十分稳固。除了它的位置要求便于保护外,根据地质条件,可采用混凝土标石、钢管标石、管柱标石或钻孔标石。在标石上方嵌以凸出半球状的铜质或不锈钢标志。

为了方便施工,也可在附近设立施工水准点,由于其使用时间较短,所以在结构上可以简化,但要求使用方便、相对稳定,且在施工时不致破坏。

桥梁水准点与路线水准点应采用同一高程系统。与线路水准点联测的精度不需要很高,当包括引桥在内的桥长小于 500 m 时,可用四等水准联测,大于 500 m 时可用三等水准进行联测。但桥梁本身的施工水准网,则宜用较高精度,因为它是直接影响桥梁各部位放样精度的。当跨河视距较长时,使得读数精度偏低,特别是前后视距相差太大,从而使水准仪的 i 角误差和地球曲率、大气折光的影响都会变大,这时就需要用到跨河水准测量。

（1）高程控制网的布设形式及技术要求

高程控制网的主要形式是水准网。按工程测量技术规范规定,水准测量分为一、二、三等。桥梁本身的施工水准网要求以比较高的精度施测,因为它直接影响桥梁各部分高程放样的精度。所以当桥长在 300 m 以上时,应采用二等水准测量的精度;当桥长在 1000 m 以上时,需采用一等水准测量的精度;桥长在 300 m 以下时,施工水准测量可采用三等水准测量的精度。桥梁水准点还要与线路水准点连测成一个系统。

桥梁高程控制点由基本水准点组成。基本水准点即为桥梁高程施工放样之用,也为桥梁墩、台变形观测使用,因此基本水准点应选在地质条件好、地基稳定之处。当引桥长于 1 km 时,在引桥的始端或终端应建立基本水准点,基本水准点的标石应力求坚实稳定。

为了方便桥墩、台高程放样,在距基本水准点较远（一般小于 1 km）的情况下,应增设施工水准点。施工水准点可布设成附合水准路线。在精度要求低于三等时,施工高程控制点也可用测距三角高程来建立。

（2）精密水准测量

基本水准点的联测采用精密水准测量方法进行,施工水准路线一般按三、四等水准测量方法进行。

精密水准测量应注意以下事项:

① 仪器前、后视距应尽量相等，其差值应小于规定的限值，以消除或减弱与距离有关的各种误差对观测高差的影响。

② 在相邻测站上，按奇、偶数观测的程序进行观测，即分别按"后、前、前、后"和"前、后、后、前"的观测程序在相邻测站上交叉进行，以消除或减弱与时间成比例均匀变化的误差对观测高差的影响。

③ 在一测段水准路线上，应进行往、返观测，以消除或减弱性质相同、符号也相同的误差的影响，如水准标尺垂直位移的影响等。同时，测站数应为偶数，以消除或减弱两水准标尺零点差和交叉误差的影响。

④ 一个测段的水准路线的往、返观测应在相同的气象条件下进行（如上午或下午），观测应在成像稳定、清晰的条件下进行。

（3）精密过河水准测量

在水准测量时，若遇见跨越的水域超过了水准测量规定的视线长度时，则应采用特殊的方法施测，称为过河水准测量。这里主要阐述一、二等级精密过河水准测量。

① 过河场地的选择：过河水准测量应选择在水面较窄、地质稳定、高差起伏不大的地段，以便使用最短的跨河视线；视线不得通过草丛、干丘、沙滩的上方，以减少折光的影响；河道两岸的水平视线，距水面的高度应大致相等并大于 2 m；如果用两台同精度仪器在河道两岸对向观测时，两岸仪器至水边的距离应尽量相等，其地形、土质也应相似；仪器安置的位置应选择开阔、通风之处，不要靠近陡岸、墙壁、石滩等处。

② 观测方法：当跨河视距较短，渡河比较方便，在短时间内可以完成观测工作时，可采用如图 5.2(a) 所示的 "Z" 字形布设过河场地。

为了更好地消除 i 角误差的影响和折光的影响，最好用两架同型号的仪器在两岸同时观测（没有此条件时可先后观测），两岸立尺点和测站点应布置成如图 5.2(b)、图 5.2(c) 所示的形式，布置时应尽量使 $b_1 I_2 = b_2 I_1$，$I_1 b_1 = I_2 b_2$。

观测时，仪器在 I_1 和 I_2 站同时观测 b_1 和 b_2 上的立尺，得到两个高差 h_1、h_2，然后取两站所得高差的平均值，此为一个测回。再将仪器对换，同时将标尺对换，同法再测一个测回，取两个测回的平均值作为两点 b_1、b_2 的高差值。

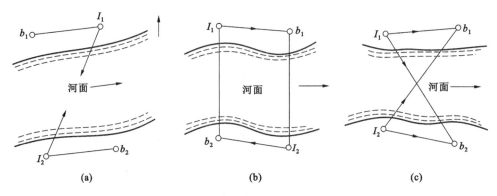

图 5.2　跨河水准测量示意图

（4）测距三角高程

随着电磁波测距技术的发展，测距三角高程测量的应用越来越广泛，其精度可以代替三、四等水准测量，这种方法简便灵活，受地形条件的限制很少，经济指标优于几何水准测量。

在单向观测时,由 A 点观测 B 点,高差计算公式为

$$h_{AB} = S\sin\alpha + i - v + f \tag{5.1}$$

式中　S——测得两点的斜距;

　　　i——仪器高;

　　　v——目标高;

　　　α——测得的垂直角;

　　　f——球气差改正。

球气差改正值为

$$f = \frac{1-k}{2R}D^2 = CD^2 \tag{5.2}$$

式中　D——两点间的水平距离,$D = S\cos\alpha$;

　　　k——大气折光系数;

　　　C——球气差系数,当 $k=0.13$,则 $C = 6.38 \times 10^{-8}/\text{m}$。

为了削弱大气折光的影响,通常采用对向观测法进行测量,并限制测距长度在 500 m 以内。观测时,在 A 点安置仪器,在 B 点安置反光镜,量仪器高和棱镜高,一般观测,前后各量一次,取平均值作为结果。

观测前应测定气压 p 和气温 t,计算出气象改正值输入测距仪中。观测应在大气稳定、成像清晰的情况下进行,斜距和竖角各观测三测回,测回差与指标差互差均不得大于 $5''$。

5.2.5　桥梁控制网复测

桥梁施工前,应对移交的控制网进行复测,首先应熟悉、理解设计文件中桥梁控制网的形式、等级、相关的技术规范,制定复测技术方案。复测的目的是检查控制点的稳定性。复测内容一般包括基线复测、边长复测、角度复测。复测边长、角度与设计成果反算值进行对比。边长应小于 2 倍的该级控制网的测边中误差,水平角应小于 2 倍的该级控制网的测角中误差。复测精度要求和复测方法应与原网相同。复测工作完成后,应向业主、监理提交复测报告和原始记录。若复测的结果与原测较大,应分析原因,及时上报业主和监理进行复测,确认后向设计单位反映,以便提出解决方案。

对于特大桥、重要桥梁及线形复杂的桥梁应由有相应等级资质的专业测量单位复测。高程控制网的复测一般按原测路线、原测等级进行。跨河水准与两岸水准测量独立进行,高程差值应小于 2 倍的该等级水准测量的高程中误差,同样提供复测报告。

5.2.6　桥梁施工测量

在桥梁施工测量中,最主要的工作是准确地定出桥梁墩台的中心位置和它的纵横轴线,这些工作称为墩台定位。直线桥梁墩台定位所依据的原始资料为桥轴线控制桩的里程和墩台中心的设计里程,根据里程算出它们的距离,按照这些距离定出墩台中心的位置。曲线桥所依据的原始资料,除了控制桩及墩台中心的里程外,还有桥梁偏角、偏距及墩台或结合曲线要素计算出的墩台中心的坐标。

水中桥墩基础施工定位时,由于水中桥墩基础的目标处于不稳定状态,在其上无法使测量仪器稳定,一般采用方向交会法;如果墩位在无水或浅河床上,可用直接定位法;在已稳固的墩

台基础上定位,可以采用方向交会法、距离交会法和极坐标法。

5.2.6.1　桥轴线长度的测量

桥梁的中心线称为桥轴线。桥轴线两岸桥位控制桩之间的水平距离称为桥轴线长度,桥轴线长度是设计与测设墩、台位置的依据,因此,必须保证桥轴线长度的测量精确。下面给出桥轴线长度的测量方法。

(1) 直接丈量法

在桥梁位于干涸或浅水或河面较窄的河段,有良好的丈量条件,宜采用直接丈量法测量桥轴线长度。这种方法设备简单,精度可靠、直观。由于桥轴线长度的精度要求较高,一般采用精密丈量的方法。

(2) 光电测距法

光电测距具有作业精度高、速度快、操作和计算简便等优点,且不受地形条件限制。目前公路工程多使用中、短程红外测距仪和全站仪,测程可达 3 km,测距精度一般优于 $\pm(5+5\times 10^{-6}D)$ mm。使用红外测距仪和全站仪能直接测定桥轴线长度。

在实测之前,应按规范中规定的检验项目对测距仪进行检验,以确保观测的质量。观测应选在大气稳定、透明度好的时间里进行。测距时应同时测定温度、气压及竖直角,用来对测得的斜距进行气象改正和倾斜改正。每一条边均应进行往返观测。如果反射棱镜常数不为零,还要进行修正。

5.2.6.2　桥梁墩台与基础施工放样

桥梁施工测量工作建立在平面控制网的基础之上,主要包括桥梁墩、台定位,桥梁墩、台纵横轴线的测设,桥梁基础的施工放样以及桥梁墩、台高程测设等。下面我们以直线桥梁为例,分别讲述它们的具体实施方法。

(1) 桥梁墩台定位

在桥梁施工测量中,测设墩、台中心位置的工作称桥梁墩、台定位。直线桥梁的墩、台定位所依据的原始资料为桥轴线控制桩的里程和桥梁墩、台的设计里程。根据里程可以算出它们之间的距离,并由此距离定出墩、台的中心位置。

如图 5.3 所示,直线桥梁的墩、台中心都位于桥轴线的方向上。已经知道了桥轴线控制桩 A、B 及各墩、台中心的里程,由相邻两点的里程相减,即可求得其间的距离。墩、台定位的方法,可视河宽、河深及墩、台位置等具体情况而定。根据条件可采用钢尺量距、光电测距及交会等方法进行测设。

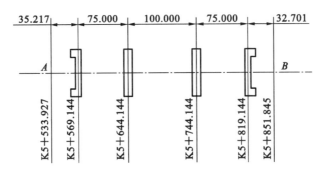

图 5.3　桥墩台位置及里程

① 钢尺量距直接测设

当桥梁墩、台位于无水河滩上或水面较窄,用钢尺可以跨越丈量时,可采用钢尺量距直接测设。测设所使用的钢尺必须经过检定,测设的方法与第 2 章第 2 节所述方法相同。

为保证测设精度,丈量时施加的拉力应与检定钢尺时的拉力相同,同时丈量的方向亦不应偏离桥轴线的方向。在测设出的点位上要用大木桩进行标定,在桩顶钉一小钉,以准确标出点位。

测设墩、台顺序最好从一端到另一端,并在终端与桥轴线的控制桩进行校核,也可从中间向两端测设。因为按照这种顺序,容易保证桥梁每一跨都满足精度要求。只有在不得已时,才从桥轴线两端的控制桩向中间测设,因为这样容易将误差积累在中间衔接的一跨上。直接测设出墩、台位置后,应反复丈量其距离以作为校核。当校核结果证明定位误差不超过 1.5～2 mm 时,可以认为满足要求。

② 光电测距测设

用全站仪进行直线桥梁墩、台定位,简便、快速、精确,只要墩、台中心处可以安置反射棱镜,而且仪器与棱镜能够通视,即使其间有水流障碍亦可采用。

测设时最好将仪器置于桥轴线的一个控制桩上,瞄准另一控制桩。此时,望远镜所指方向为桥轴线方向,在此方向上移动棱镜,通过测距以定出各墩、台中心,这样的测设可有效地控制横向误差。如在桥轴线控制桩上的测设遇有障碍,也可将仪器置于任何一个施工控制点上,利用墩、台中心的坐标进行测设,为确保测设点的准确,测设后应将仪器迁移至另一个控制点上再测设一次进行校核。

值得注意的是,在测设前应将所使用的棱镜常数和当时的气象参数——温度和气压输入仪器,仪器会自动对所测距离进行修正。

③ 交会法

如果桥墩所处位置的河水较深,无法直接丈量,也不便架设反射棱镜时,可采取角度交会法测设桥墩中心。

用角度交会法测设桥墩中心的方法如图 5.4 所示。控制点 A、C、D 的坐标已知,桥墩中心 P_1 的设计坐标也已知,故可计算出用于测设的角 α_1、β_1。

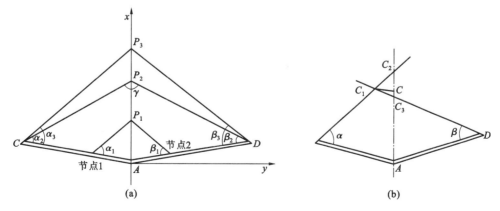

图 5.4 跨河水准示意图

将经纬仪分别置于 C 点和 D 点上,测设出 α_1、β_1 后,两个方向交会点即为桥墩中心位置。

为了保证墩位精度,交会角应接近于 $90°$,但由于各个桥墩位置有远有近,因此交会时不能将仪器始终固定在两个控制点上,而有必要对控制点进行选择。如图 5.4(a)所示的桥墩 P_1 宜在节点 1、节点 2 上进行交会。为了获得好的交会角,不一定要在同岸交会,应充分利用两岸的控制点,选择最为有利的观测条件,必要时也可以在控制网上增设插点,以满足测设要求。

为了防止发生错误和检查交会的精度,实际上常用三个方向交会,并且为了保证桥墩中心位于桥轴线方向上,其中一个方向应是桥轴线方向。

由于测量误差的存在,三个方向交会会形成示误三角形,如图 5.4(b)所示。如图示误三角形在桥轴线方向上的边长 C_2C_3 不大于限差(墩底定位为 25 mm,墩顶定位为 15 mm),则取 C_1 在桥轴线上的投影位置 C 作为桥墩中心的位置。

在桥墩的施工过程中,随着工程的进展,需要反复多次地交会桥墩中心的位置。为了简化工作,可把交会的方向延长到对岸,并用觇牌进行固定。这样,在以后的交会中,就不必重新测设角度,用仪器直接瞄准对岸的觇牌即可。为了避免混淆,应在相应的觇牌上标明桥墩的编号。

位于直线上的桥梁墩、台的定位可用上述几种方法,而位于曲线上的桥梁墩、台的定位应根据设计图纸提供的资料、公路曲线测设方法和上述几种方法灵活处理。

④ 桥梁墩台纵横轴线的测设

在直线桥上,墩、台的横轴线与桥轴线相重合,且各墩、台一致,因而就可以利用桥轴线两端的控制桩来标示横轴线的方向,一般不再另行测设。

墩、台的纵轴线与横轴线垂直,在测设纵轴线时,在墩、台中心点上安置经纬仪,以桥轴线方向为准测设 90°角,即为纵轴线方向。由于在施工过程中经常需要恢复桥墩、台的纵、横轴线的位置,因此需要用标志桩将其准确地标定在地面上,这些标志桩称为护桩,如图 5.5 所示。

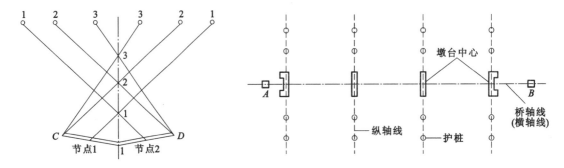

图 5.5　桥梁墩台纵横轴线的测设

为了消除仪器轴系误差的影响,应该用盘左、盘右方式测设两次而取其平均位置。在测设出的轴线方向上,应于桥轴线两侧各设置 2～3 个护桩,这样在个别护桩丢失、损坏后也能及时恢复纵轴线,并且在墩、台施工到一定高度影响到两侧护桩通视时,也能利用同一侧的护桩恢复纵轴线。护桩的位置应选在离开施工场地一定距离,通视良好、地质稳定的地方。标志桩视具体情况可采用木桩、水泥包桩或混凝土桩。

位于水中的桥墩,由于不能安置仪器,也不能设护桩,可在初步定出的墩位处筑岛或建围堰,然后用交会或其他方法精确测设墩位并设置轴线于围堰上。如果是在深水大河上修建桥墩,一般采用沉井、围图管柱基础,此时往往采用前方交会进行定位。在沉井、围图落入河床之前,要不断地进行观测,以确保沉井、围图位于设计位置上。当采用光电测距仪进行测设时,亦可采用极坐标法进行定位。

⑤ 桥梁墩台高程测设

在开挖基坑、砌筑桥墩的高程放样中，均要进行高程传递(参见第 2 章第 2 节)。

(2) 桥梁基础的施工放样

① 明挖基础的施工放样

明挖基础多在地面无水的地基上施工，先挖基坑，在地坑内砌筑基础或浇筑混凝土基础。如系浅基础，可连同承台一次砌筑或浇筑，如图 5.6(a)所示。

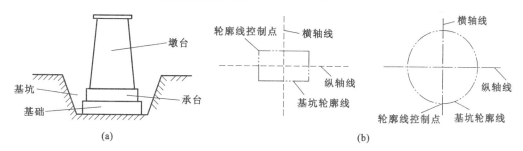

图 5.6　明挖基础的施工放样

如果在水上明挖基础，则要先建立围堰，将水排出后再进行。

在基础开挖之前，应根据墩、台的中心点及纵、横轴线按设计的平面形状测设出基础轮廓线的控制点。如图 5.6(b)所示，如果基础形状为方形或矩形，基础轮廓线的控制点应为四个角点及四条边与纵、横轴线的交点；如果是圆形基础，则为基础轮廓线与纵、横轴线的交点，必要时尚可加设轮廓线与纵、横轴线成 45°线的交点。控制点距桥墩中心点或纵、横轴线的距离应略大于基础设计的底面尺寸，一般可大 0.3～0.5 m，以保证能够正确安装基础模板为原则。如果地基土质稳定，不易坍塌，坑壁可垂直开挖，不设模板，可贴靠坑壁直接砌筑基础和浇筑基础混凝土，此时可不增大开挖尺寸，但应保证基础尺寸偏差在规定容许范围之内。

如果根据地基土质情况，开挖基坑是坑壁需要具有一定的坡度，则应测设基坑的开挖边界线。此时，可先在基坑开挖范围内测量地面高程，然后根据地面高程与坑底设计高程之差以及坑壁坡度计算出边坡桩至墩、台中心的距离。

边坡桩至桥梁墩、台中心的水平距离为 d，如图 5.7 所示：

$$d = \frac{b}{2} + hm \qquad (5.3)$$

式中　b——坑底的长度或宽度；

　　　h——地面高程与坑底设计高程之差，即基坑开挖深度；

　　　m——坑壁坡度(以 $1/m$ 表示)的分母。

在测设边界桩时，自桥梁墩、台中心点和纵、横轴

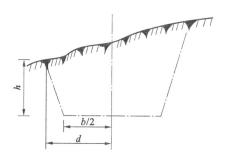

图 5.7　桥墩台基坑放样

线，用钢尺丈量水平距离 d，在地面上测设出边坡桩，再根据边坡桩划出灰线，即可依此灰线进行施工开挖。

当基坑开挖至坑底的设计高程时，应对坑底进行平整清理，然后安装模板，浇注基础及墩身。在进行基础及墩身的模板放样时，可将经纬仪安置在墩、台中心线上的一个护桩上，以另一较远的护桩定向，这时仪器的视线即为中心线方向。安装模板使模板中心与视线重合，即为

模板的正确位置。当模板的高度低于地面时,可用仪器在临时基坑的位置,放出中心线上的两点。在这两点上挂线并用垂球指挥模板的安装工作。在模板建成后,应检验模板内壁长、宽及与纵、横轴线之间的关系尺寸,以及模板内壁的垂直度等。

　　② 桩基础的施工放样

　　桩基础是目前常用的一种基础类型。根据施工方法的不同,可分为打(压)入桩和钻(挖)孔桩。打(压)入桩基础是预先将桩制好,按设计的位置及深度打(压)入地下;钻(挖)孔桩是在基础设计位置上钻(挖)好桩孔,然后在桩孔内放入钢筋笼,并浇注混凝土成桩。在桩基础完成后,在其上浇筑承台,使桩与承台连成一个整体。之后再在承台上修筑墩身,如图 5.8 所示。

　　在无水的情况下,桩基础的每一根桩的中心点可按其在以桥梁墩、台纵横轴线为坐标轴的坐标系中的设计坐标,用支距法进行测试,如图 5.8 所示。如果各桩为圆周型布置,则各桩也可以其与墩、台纵横轴线的偏角和至墩、台中心点的距离,用极坐标法进行测试。一个墩、台的全部桩位宜在场地平整后一次设出,并以木桩标定,以便桩基础的施工。

　　如果桩基础位于水中,则可用前方交会法直接将每一个桩位定出,也可用交会法测设出其中一行或一列桩位,然后用大型三角尺测设出其他所有的桩位,如图 5.9 所示。

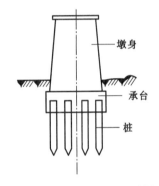

图 5.8　桩基础的施工放样

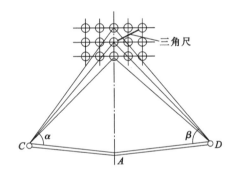

图 5.9　桥墩桩基放样

　　桩位的测设也可以采用设置专用测量平台的方法,即在桥墩附近打支撑桩,在其上搭设测量平台的方法。如图 5.10(a)所示,先在平台上测定两条与桥梁中心线平行的直线 AB、A′B′,然后按各桩之间的设计尺寸定出各桩位放样线 1-1′,2-2′,3-3′,…,沿此方向测距即可测设出各桩的中心位置。

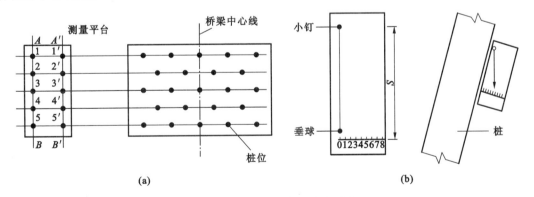

图 5.10　桥桩位测量与垂直度测量

　　在测设出各桩的中心位置后,应对其进行检核,与设计的中心位置偏差不能大于限差要求。在钻(挖)孔桩浇注完成后,修筑承台以前,应对各桩的中心位置再进行一次测定,作为竣工资料使用。

每个钻(挖)孔的深度可用线绳吊以重锤测定,打(压)入深度则可根据桩的长度来推算。桩的倾斜度也应测定,由于在钻孔时为了防止孔壁坍塌,孔内灌满了泥浆,因而倾斜度的测定无法在孔内直接进行,只能在钻孔过程中测定钻孔导杆的倾斜度,并利用钻孔机上的调整设备进行校正。钻孔机导杆以及打入桩的倾斜度,可用靠尺法测定。

靠尺法所使用的工具称为靠尺。靠尺用木板制成,如图 5.10(b)所示,它有一个直边,在尺的一端于直边一侧钉一小钉,其上挂一垂球。在尺的另一端,自与小钉至直边距离相等处开始,绘一垂直于直边的直线,量出该直线至小钉的距离 S,然后按 S/1000 的比例在该直线上刻出分划线并标注注记。使用时将靠尺直边靠在钻孔机导杆或桩上,则垂球在刻划上的读数即为以千分数表示的倾斜率。

5.2.7　桥梁架设施工测量

架梁是桥梁施工的最后一道工序。桥的梁部结构复杂,要求对墩台方向距离和高程用较高的精度测定,作为架梁的依据。墩台施工时是以各个墩台为单位进行的。架梁需要将相邻墩台联系起来,要求中心点间的方向距离和高差符合设计要求。因此在上部结构安装前应对墩、台上支座钢垫板的位置、对梁的全长和支座间距进行检测。

梁体就位时,其支座中心线应对准钢垫板中心线,初步就位后,用水准仪检查梁两端的高程,偏差应在 5 mm 以内。大跨度钢桁架或连续梁采用悬臂安装架设,拼装前应在横梁顶部和底部分中点作出标志,用以测量架梁时钢梁中心线的偏差值、最近节点距离和高程差是否符合设计和施工要求。

对于预制安装的箱梁、板梁、T 形梁等,测量的主要工作是控制平面位置;对于支架现浇的梁体结构,测量的主要工作是控制高程,测得弹性变形,消除塑性变形,同时根据设计保留一定的预拱度;对于悬臂挂篮施工的梁体结构,测量的主要工作是控制高程与预拱度。梁体和护栏全部安装完成后,即可用水准仪在护栏上测设出桥面中心高程线,作为铺设桥面铺装层起拱的依据。梁的两端是用位于墩顶的支座支撑,支座放在底板上,而底板则用螺栓固定在墩、台的支承垫石上。架梁的测量工作,主要是测设支座底板的位置,测设时也是先设计出它的纵、横中心线的位置。

支座底板的纵、横中心线与墩、台纵横轴线的位置关系是在设计图上给出的。因而在墩、台顶部的纵横轴线设出以后,即可根据它们的相互关系,用钢尺将支座底板的纵、横中心线设放出来。

墩台施工时,对其中心点位、中线方向和垂直方向以及墩顶高程都作了精密测定,但当时是以各个墩台为单元进行的。架梁时需要将相邻墩台联系起来,考虑其相关精度,要求中心点间的方向、距离和高差符合设计要求。桥梁中心线方向测定,在直线部分采用准直法,用经纬仪正倒镜观测,在墩台上刻划出方向线。

如果跨距较大(>100 m),应逐墩观测左、右角。在曲线部分,则采用偏角法。相邻桥墩中心点之间距离用光电测距仪观测,适当调整使中心点里程与设计里程完全一致。在中心标板上刻划里程线,与已刻划的方向线正交形成十字交线,表示墩台中心。墩台顶面高程用精密水准测定,构成水准线路,附合到两岸基本水准点上。大跨度钢桁架或连续梁采用悬臂或半悬臂安装架设。安装开始前，应在横梁顶部和底部的中点作出标志。架梁时，用来测量钢梁中心线与桥梁中心线的偏差值。在梁的安装过程中，应不断地测量以保证钢梁始终在正确的平面位置上，高程（立面）位置应符合设计的大节点挠度和整跨拱度的要求。

如果梁的拼装是两端悬臂在跨中合拢，则合拢前的测量重点应放在两端悬臂的相对关系上，如中心线方向偏差、最近节点高程差和距离差要符合设计和施工的要求。全桥架通后，作一次方向、距离和高程的全面测量，其成果可作为钢梁整体纵、横移动和起落调整的施工依据，称为全桥贯通测量。

5.3　桥梁竣工测量

桥梁施工完毕后，在通车前应对其进行竣工测量，它在工程施工中是一个非常重要的环节。通过竣工测量，我们可以进一步了解工程质量是否能够满足建设单位的要求，同时还可以及时处理补救。竣工测量的主要工作有线路中线测量、高程测量和横断面测量。桥梁竣工测量的主要内容如下：

5.3.1　测定桥梁中线、丈量跨距

我们首先测设出桥梁中线，依据中线用钢尺量取桥面宽度是否满足其精度要求，并测其轴线偏位是否符合相关精度要求。并在架梁前测设出墩中心，用检定过的钢尺丈量其跨距，在其条件方便的情况下也可采用测距仪或全站仪进行测定。

5.3.2　用检定过的钢尺对墩台各部位尺寸进行检查，并做记录

对于各部位尺寸要求应符合相应规范要求，对于不符合的部位，能补救的应及时进行补救。

5.3.3　检查墩帽或盖梁及支座垫石高程

在墩帽及支座垫石浇筑完成后，将水准点引至墩帽或盖梁顶，将水准仪架设在墩帽顶对其墩帽及支座垫石高程进行复核，并做记录，以便于架梁后的高程值符合设计规范要求。

5.3.4　测定桥面高程、坡度及平整度

这项工作在其竣工测量中至关重要。桥面高程、坡度不符合要求，将会使雨水无法排泄；平整度差，将会造成积水，使其桥面提前被破坏。

5.4　斜拉桥、悬索桥的索塔施工测量

5.4.1　索塔施工控制测量的关键

索塔施工测量重点是：保证塔柱、托架、钢锚箱、索套管等各部分结构的倾斜度、外形几何尺寸、平面位置、高程满足规范及设计要求。索塔施工测量难点是：在有风振、温差、日照等情况下，确保高塔柱测量控制的精度。

主要控制定位有:劲性骨架定位、钢筋定位、塔柱模板定位、托架定位、钢锚箱定位、索套管安装定位校核、预埋件安装定位等。

索塔施工测量控制主要技术要求:

(1) 塔柱倾斜度误差≤1/3000 塔高;

(2) 塔柱轴线偏差±20 mm,断面尺寸偏差±20 mm;

(3) 塔顶高程偏差±10 mm;

(4) 钢锚箱、支撑钢锚箱的钢框架倾斜度误差≤1/4000;

(5) 斜拉索锚固点高程偏差±10 mm,斜拉索锚具轴线偏差±5 mm;

(6) 托架顶面高程偏差±10 mm。

5.4.2 索塔测设控制测量

设置于承台、下托架以及塔顶等的塔中心点,根据现场情况,采用 GPS 卫星定位静态测量和全站仪三维坐标法测设。主塔中心点坐标测设是为了控制各塔桥轴线一致,确保主塔中心里程偏差符合设计及规范要求。

5.4.2.1 索塔高程基准传递控制

由承台上的高程基准向上传递至塔身、托架、桥面及塔顶。其传递方法以全站仪悬高测量和精密天顶测距法为主,以水准仪钢尺量距法作为校核。

(1) 全站仪悬高测量

该法原理是采用全站仪三角高程测量已知高程水准点至待定高程水准点之高差。悬高测量要求在较短的时间内完成,觇标高精量至毫米,正倒镜观测,使目标影像处于竖丝附近,且位于竖丝两侧对称的位置上,以减弱横线不水平引起的误差影响,六测回测定高差,再取中数确定待定高程水准点与已知高程水准点高差,从而得出待定高程水准点高程。

(2) 精密天顶测距法

该法原理是采用全站仪(配弯管目镜),垂直测量已知高程水准点至垂直方向棱镜之距离,得出高差,再采用水准仪将棱镜高程传递至塔身、塔顶等。

(3) 水准仪钢尺量距法

该法首先将检定钢尺悬挂在固定架上,测量检定钢尺边温度,下挂一与检定钢尺检定时拉力相等的重锤,然后由上、下水准仪的水准尺读数及钢尺读数,通过检定钢尺检定求得的尺长方程式求出检定钢尺丈量时的实际长度(检定钢尺长度应进行倾斜改正),最后通过已知高程水准基点与待定高程水准点的高差计算待定水准点高程。为检测高程基准传递成果,至少变换三次检定钢尺高度,取平均值作为最后成果。

5.4.2.2 塔柱施工测量控制

塔柱施工首先进行劲性骨架定位,然后进行塔柱钢筋主筋边框架线放样,最后进行塔柱截面轴线点、角点放样及塔柱模板检查定位与预埋件安装定位,各种定位及放样以全站仪三维坐标法为主,辅以 GPS 卫星定位测量方法校核。

视工程进度,测站布设于各主塔墩、辅助墩、边墩的出水结构物,如施工平台、钢套箱、承台及墩顶上,分别控制主塔南北侧截面轴线点、角点以及特征点。

(1) 主塔截面轴线点、角点以及特征点坐标计算

根据施工设计图纸以及主塔施工节段划分,建立数学模型,编制数据处理程序,计算主塔

截面轴线点、角点以及特征点三维坐标。计算成果编制成汇总资料,报监理工程师审批。

（2）劲性骨架定位

塔柱劲性骨架是由角钢、槽钢等加工制作,用于定位钢筋、支撑模板。其定位精度要求不高,其平面位置不影响塔柱混凝土保护层厚度即可,塔柱劲性骨架分节段加工制作,分段长度与主筋长度基本一致。在无较大风力影响情况下,采用重锤球法定位劲性骨架,定位高度大于该节段劲性骨架长度的 2/3,以靠尺法定位劲性骨架作校核。如果受风力影响,锤球摆动幅度较大,则采用全站仪三维坐标法定位劲性骨架。除首节劲性骨架控制底面与顶面角点外,其余节段劲性骨架均控制其顶面四角点的三维坐标,从而防止劲性骨架横纵向倾斜及扭转,如图 5.11 所示。

（3）塔柱主筋框架线放样

塔柱主筋框架线放样即放样竖向钢筋内边框线,确保混凝土保护层厚度,其放样精度要求较高。采用全站仪三维坐标法放样塔柱同高程截面竖向主筋内边框架线及塔柱截面轴线,测量标志尽可能标示于劲性骨架,便于塔柱竖向主筋分中支立。

（4）塔柱截面轴线及角点放样

首先采用全站仪三角高程测量劲性骨架外缘临时焊的水平角钢高程,然后采用编程计算器,按塔柱倾斜率等要素计算相应高程处塔柱设计截面轴线点、角点三维坐标,最后于劲性骨架外缘临时焊的水平角钢上放样塔柱截面轴线点及角点,单塔柱同高程截面至少放样三个角点,从而控制塔柱外形,以便于塔柱模板定位。

（5）塔柱模板检查定位

因塔柱模板为定型模板,故只需定位模板就能实现塔柱精确定位。根据实测塔柱模板角点及轴线点高程,计算相应高程处塔柱角点及轴线点设计三维坐标,若实测塔柱角点及轴线点三维坐标与设计三维坐标不符,重新就位模板,调整至设计位置。对于不能直接测定的塔柱模板角点及轴线点,可根据已测定的点与不能直接测定点的相对几何关系,用边长交会法检查定位。塔柱壁厚检查采用检定钢尺直接丈量,如图 5.12 所示。

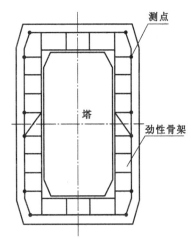

图 5.11 劲性骨架定位示意图

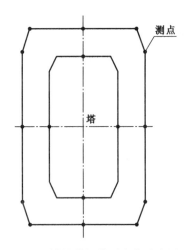

图 5.12 塔柱模板检测定位示意图

（6）塔柱预埋件安装定位

根据塔柱预埋件安装定位的精度要求,分别采用全站仪三维坐标法与轴线法放样定位。

全站仪三维坐标法定位精度要求较高的预埋件;轴线法定位精度要求不高的预埋件。

（7）节段混凝土竣工测量

节段混凝土竣工测量方法同上述"塔柱模板检查定位"。

（8）索塔变形实时调整

索塔施工过程中,按设计、监理及控制部门的要求,在索塔上埋设变形观测点,随时观测因基础变位、混凝土收缩、弹性压缩、徐变、温度、风力等对索塔变形的影响。采用全站仪三维坐标法监测主塔变形,绘制主塔变形测量图,以频谱分析 GPS 动态监测校核,并按设计、监理及施工监控部门的要求进行相应实时调整,以保证塔柱几何形状及空间位置符合设计及规范要求。

5.4.2.3 托架施工测量

托架支架体系由钢立柱、支撑托架、贝雷梁、主次分配梁、柱间平联和斜撑等组成。逐段测量控制其平面位置、倾斜度和顶高程。

根据设计及施工要求,设置托架施工预拱度,铺设托架底模板,严格控制底模的高程及轴线位置。底模调整完后,在底模板上放样出托架特征点,并标示桥轴线与塔横轴线。待托架侧模立后,同样进行托架顶面特征点及轴线点模板检查定位,调整托架模板至设计位置,控制托架模板倾斜度。采用全站仪 EDM 三角测量四测回传递高程点在托架上,用精密水准仪测量标示托架顶面高程控制线及各种预埋件的高程控制线。

在浇筑托架混凝土过程中,进行托架位移观测及支架变形观测。托架混凝土浇注完成后,进行两岸联测工作。

5.4.3 钢锚箱安装及索套管定位校核

在上塔柱测量定位中,精度要求较高的部分就是上塔柱钢锚箱的安装定位。

5.4.3.1 平面位置的控制

平面位置控制方法采用全站仪三维坐标法。

正如前面所述,高耸建筑物受日照等因素影响,产生扭转。这就要求现场定位时,必须在一天当中塔柱处于平衡位置的时间段内进行测量,以大大减小或消除因外界因素影响而产生的误差。

为了确定一天当中塔柱处于平衡位置的时间段,在钢锚箱施工前对塔柱连续进行 $48 \sim 72 \mathrm{~h}$ 的变形观测,找出一天当中塔柱处于平衡位置的时间段,定位应在这个时间段进行。但为了加快施工进度,钢锚箱不可能每次都在这个时间内吊装,这时,可以通过以下措施来实现钢锚箱的实时定位:

（1）在塔柱劲性骨架上设置一转点,转点与当前施工钢锚箱（或钢框架）节段高度大致相等;

（2）在钢锚箱（或钢框架）定位前,塔柱处于平衡位置的这段时间内,测出转点坐标（x_0,y_0）,转点坐标的测量方法是:在附近墩承台上设置的加密点设全站仪,后视另一个加密点,用全站仪三维坐标法直接测量出转点坐标;

（3）钢锚箱定位时,在转点设全站仪,对钢锚箱（或钢框架）进行实时定位。

因为转点位于塔顶,受日照等因素影响,可以认为转点与塔顶发生同等的扭转位移,而不论在什么时间内定位,转点坐标都取（x_0,y_0）这一值。钢框架是整个钢锚箱的基础,钢框架定位最为关键,必须严格按上述步骤对钢框架进行精确定位。

另外,以后的相邻各节段均是以上一节已安装好的钢锚箱为基准,综合考虑索道管与钢锚箱相对位置误差进行安装。

5.4.3.2 标高的控制

标高控制主要是通过全站仪的天顶测距法将主塔墩承台上的高程基准传递到塔柱混凝土顶面上(与钢框架大致平齐)。

全站仪的天顶测距法原理是:事先在塔柱上选择要测量的点位,并计算出该点在承台上的投影位置坐标,在承台和塔柱上部按计算出的坐标放样出点位,将仪器架设在承台的点上,后视承台上高程基准点,得出仪器高程,再将仪器望远镜旋转至天顶附近,在塔柱上部按放出的点位摆放棱镜,测出仪器到棱镜的距离,计算出棱镜点的高程,再采用水准仪将棱镜高程传递至索塔相关部位,进行高程放样。该方法简化了传统水准仪配钢尺测距用在较高位置上需经过的多次传递,免除了传递当中产生的测量误差,较精确的操作可免除使用弯管目镜。

钢框架高程控制:钢框架高程直接影响到整个钢锚箱高程,因此钢框架高程控制精度非常高。控制时采用精密水准仪几何水准法用传递的高程基准严格控制钢框架的绝对高程和平整度。

钢锚箱高程控制:第一节钢锚箱安装好后,采用水准仪配钢尺测距法将高程基准引测至第一节钢锚箱顶口附近并做好标志(以后每节如此)。高程引测好后,用精密水准仪测出钢锚箱四角点的高程,并推算出钢锚箱安装的垂直度。

为了检查钢锚箱绝对高程,每施工 5 节钢锚箱,用全站仪天顶测距法对承台上的高程基准进行检查。

5.5 涵洞施工测量

5.5.1 概述

涵洞属于小型公路构造物,虽然在工程总造价中,其所占比例很小,但涵洞施工质量的好坏,直接影响到公路工程的整体质量及使用性能,以及周围农田的灌溉、排水。进行涵洞施工测量时,利用路线勘测时建立的控制点就可以进行,不需另建施工控制网。

图 5.13　箱涵

涵洞的种类很多,按建筑材料可分为砖涵、石涵、混凝土涵、钢筋混凝土涵、木涵、陶瓷管涵、缸瓦管涵等;按构造型式可分为圆管涵、盖板涵、拱涵、箱涵等;按断面形式可分为圆形涵、卵形涵、拱形涵、梯形涵、矩形涵等;按孔数可分为单孔、双孔和多孔;按有无覆土可分为明涵和暗涵;按涵身轴线与路线中线的夹角可分为正交涵与斜交涵;按涵洞进出口有无水头压力又可分为无压力式、半压力式和压力式涵。几种涵洞示例见图 5.13 至图 5.15。

图 5.14　圆管涵　　　　　　　　　　　图 5.15　盖板涵

结合设计图纸及相关要求,涵洞施工测量的主要任务为:

(1)控制涵洞基础位置及其轴线方向。

(2)控制涵洞基础深度、各结构面标高、涵洞顶面高程。

涵洞施工测量顺序为:

(1)进行涵洞基础位置及主轴线放样。

(2)实测主轴线起点、中点、终点及基础实地高程,根据基础的设计标高,计算下挖深度,指导基础下挖作业。

(3)随着施工进度,继续控制主轴线方向和砌体结构面高程。

5.5.2　收集并掌握施工设计图纸

根据涵洞设计图纸,获取如下信息:

(1)涵洞的中心里程桩号,即涵洞的位置:涵洞主轴线与公路线路中线交点的里程桩号。

(2)涵洞主轴线方向:公路路线中线与主轴线的夹角方向线,依据地形条件,主轴线和路线中线夹角有正交和斜交两种情况。

(3)涵洞长度:自涵洞主轴线与公路中线交点至左、右两侧涵洞口的距离。

(4)涵洞各结构面高程与路面设计高程应为同一高程系统。

5.5.3　在涵洞附近增设施工控制点

实践作业中,涵洞基础一般要下挖一定深度,这为基础轴线放样带来很大不便。为了方便施工放样,保证放样精度,应在涵洞附近适宜处增设施工导线点和施工水准点,通常是两点合一,即该控制点既有坐标又有高程。

施工导线点可采用支导线法测设,施工水准点可采用复测支水准路线,如附近有另一已知水准点最好采用附合水准路线测设。增设施工控制点的数量,要结合施工实际,一般宜布设三点,除用作放样外,还要保证进行相互检核,以避免放样错误,保证质量。对所布设的施工控制点应用混凝土加固,并妥善保护。

5.5.4 涵洞施工放样数据的准备

5.5.4.1 搜集计算涵洞施工放样数据的依据

(1) 涵洞立面图(纵断面设计图)、平面图等构造图。

(2) 涵洞所在的直线、曲线转角表。

从涵洞纵断面图上可获取如下资料:

① 涵洞长度、各部分纵向关系等。

② 涵洞主轴线与公路中线交点的里程桩号。

③ 涵洞各结构层面的设计标高。

从涵洞横断面图上可获取如下资料:

① 涵洞主轴线与公路中线夹角。

② 涵洞各部分横向长度。

从直线、曲线转角表可获取涵洞所在段附近的交点元素,为计算涵洞各放样点坐标提供起算数据。

5.5.4.2 涵洞平面位置放样数据的准备

由于目前测绘仪器的飞速发展,全站仪、GPS已大量应用于施工现场,因此对于涵洞等构造物,只要依据涵洞主轴线与公路中线的交点的设计里程桩号,以及涵洞主轴线与公路中线的夹角,并根据其附近交点的要素:交点里程桩号、交点坐标、交点转角、交点处曲线半径、交点前方直线方位角等,即可计算出主轴线与公路中线交点的坐标,以及主轴线左右两端点的坐标,进而就可将设计图上的涵洞测设到实地。

【例】 涵洞平面位置放样数据的计算步骤

① 绘制放样草图,图中标出涵洞中点里程桩号,中点至左、右端点距离,涵洞轴线与公路中线夹角,施工导线点坐标,施工水准点高程,起算交点有关元素等。

② 在草图上对涵洞放样点进行编号,如图5.16所示,(a)图中编号1、3为轴线上八字口外边缘,2为轴线中点;(b)图中1、3为八字口外边缘,2为轴线中点;4、5、6、7为基础外边缘,从涵洞正断面图可知基础边缘至轴线为3.2 m。

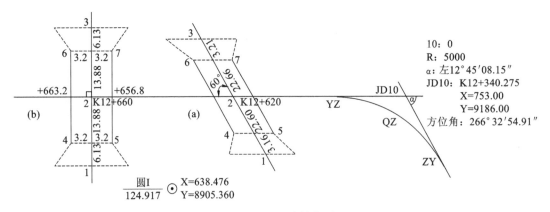

图 5.16 涵洞放样草图

(a)圆管涵;(b)盖板涵

③ 计算放样点坐标,成果如表5.2所示。

表 5.2　涵洞放样数据表

工程名称	放样点号	x	y	示意图
K12+620	3	685.285	8897.260	
圆管涵	2	666.383	8914.923	
	1	647.957	8932.142	
K12+660	1	637.733	8880.672	
	2	657.188	8875.994	
	3	676.644	8871.317	
盖板涵	4	642.946	8876.136	
	5	644.438	8882.342	
	6	699.933	8869.630	
	7	671.433	8875.870	

5.5.5　涵洞施工测量的实施

涵洞施工放样的主要内容主要包括:

(1) 在实地测设涵洞中点、两端点的位置,即标定涵洞主轴线。

(2) 实测涵洞中点、两端点实地高程,计算下挖深度,指导基础开挖。

(3) 涵洞砌筑过程中,控制砌体方向及设计高程。

涵洞施工测量时要首先放出涵洞的轴线位置,即根据设计图纸上涵洞中心的里程,放出轴线与路线中线的交点,并根据涵洞轴线与路线中线的夹角,放出涵洞的轴线方向。

放样直线上的涵洞时,依据涵洞的里程,自附近测设的里程桩沿路线方向量出相应的距离,即得涵洞轴线与路线中线的交点,若涵洞位于曲线上,则采用曲线测设的方法定出涵洞与路线中线的交点。依地形条件,涵洞轴线与路线有正交的,也有斜交的。将全站仪安置在涵洞轴线与路线中线的交点上,测设出已知的角度,即得涵洞轴线的方向,如图 5.17 所示。

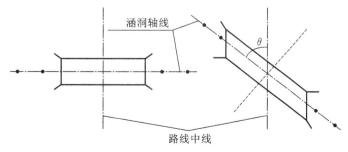

图 5.17　涵洞的轴线测设

　　在路线两侧涵洞的施工范围以外，将涵洞轴线用大木桩标定在地面上，每侧 2 个。自涵洞轴线与路线中线的交点处沿涵洞轴线方向量出上、下游的涵长，即得涵洞口的位置，涵洞口要用小木桩标示出来。

　　涵洞基础及基坑的边线根据涵洞的轴线测设，在基础轮廓线的转折处都要钉设木桩，如图 5.18(a)所示。为了开挖基础，还要根据开挖深度及土质情况定出基坑的开挖界线，即所谓的边坡线。在开挖基坑时很多桩都要挖掉，所以通常都在离基础边坡线 1～1.5 m 处设立龙门板，然后将基础及基坑的边线用线绳及垂球投放在龙门板上，并用小钉加以标示。当基坑挖好后，再根据龙门板上的标志将基础边线投放到坑底，作为砌筑基础的根据，如图 5.18(b)所示。在基础砌筑完毕，安装管节或砌筑墩台身及端墙时，各个细部的放样仍以涵洞的轴线作为放样的依据，即自轴线及其与路线中线的交点，量出各有关的尺寸。

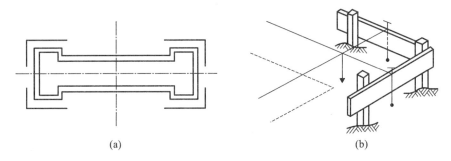

(a)　　　　　　　　　　　　　　(b)

图 5.18　涵洞基础及基坑的边线放样示意图

　　涵洞细部的高程放样，一般是利用附近的水准点用水准测量的方法进行。

　　涵洞施工测量的精度要比桥梁施工测量的精度低，在平面放样时，应控制涵洞的长度，保证涵洞轴线与公路轴线保持设计的角度；在高程控制放样时，要控制洞底与上、下游的衔接，保证水流顺畅。对于人行通道或机动车通道，保证洞底纵坡与设计图纸一致，不积水即可。

思考题与习题

　　5.1　桥梁控制测量包括哪些内容？如何实现的？

　　5.2　桥墩台定位有哪些方法？

　　5.3　桥梁工程中基础放样有哪些方法？简述其放样过程？

　　5.4　索桥中的索塔施工测量控制关键是什么？

　　5.5　索塔高程传递有哪些方法？

6 管道工程测量

【学习目标】

1. 了解管道工程测量的特点及主要任务；
2. 掌握管道中线测量、纵横断面图的测绘；
3. 掌握管道施工测量的方法；
4. 熟悉管道工程测量的实施步骤及过程。

【技能目标】

1. 能够利用相关仪器进行管道主点及中桩的测设；
2. 能够进行地下管道施工测量。

6.1 概 述

改革开放以来，我国的城市化进程越来越快，各种管道工程（上下水、煤气、热力、电力、输油输气）建设也越来越多，形式也更为复杂，因此迫切地要求相关的地形图和施工图纸为城市化发展服务。管道工程测量主要是为各种管线的设计和施工服务的。它的主要任务：一是为管道工程设计提供地形图及纵横断面图；二是按设计将管线位置测设到实地。故而管道测量主要工作有下面几项：

(1) 收集资料：收集任务区域内大中比例尺地形图、控制点资料、原有的管道平面图等。地形图的比例尺一般为 1∶10000(1∶5000)、1∶2000、1∶1000 等。

(2) 踏勘定线：根据现场勘测情况和已有地形图，在图纸上进行管道的规划和设计。

(3) 地形图测绘：根据规划的路线，测绘管线附近的带状地形图或修测带状地形图。

(4) 中线测量：根据设计在地面上标定管道中心线位置。

(5) 纵横断面图：测绘管道中心线和垂直于中心线方向的断面图，反映地形起伏情况。

(6) 施工测量：根据设计及施工要求，测设施工过程中所需要的各种标志。

(7) 竣工测量：将施工成果绘制成图纸，要求真实反映施工情况，作为后期管理和使用的基础图纸。

从上述内容来看，管道工程测量与道路工程测量有很多相似之处，因此有些相同的内容可参看有关线路章节的内容。其中前五项是属于规划设计过程中的工作，第六项是工程施工阶段的工作，而第七项是工程竣工后的工作。

管道基本都属于地下构筑物，各种管线在地下相互交叉，纵横交错。为了保证各种地下管线的安全使用，所有的地下管线测量必须采用统一的城市或者厂区坐标系。同时由于管线的性质不一，精度要求也不尽相同。例如压力给水管线和电力、电信电缆对精度要求较低，但是重力自流排水管线工程对高程的精度要求则比较严格。因此,应根据工程的要求来进行测量工作。

6.2 管道中线测量

管道的起点、转折点和终点统称为管道的主点。主点的位置和管道方向通过设计已经确定,那么管道中线测量的任务就是管道的主点测设、中桩测设、管道转折角测量和里程桩的确定。

6.2.1 管道主点的测设

管道主点的测设方法主要有解析法和图解法两种。

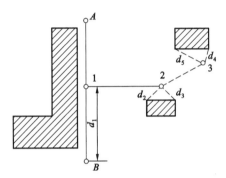

图 6.1 图解法计算测设数据

6.2.1.1 图解法

当管道规划设计图纸比例尺较大,管道主点附近有较为可靠的地物点时,可以直接从设计图上量取数据进行测设工作。如图 6.1 所示,A、B 为原有管道的检修井,1、2、3 为设计管道的主点,用距离交会法测定主点的位置时,可依比例尺在图上量出 d_1、d_2、d_3、d_4、d_5,即为主点的测设数据。

图解法由于受图解精度的影响,所以精度大大降低了,只能在对管道中线精度要求不高的情况下使用。

6.2.1.2 解析法

当管道规划设计图上已经标出管道驻点坐标,同时施工区域周围有测量控制点,最好用解析法来进行放样。如图 6.2 所示,A、B、C、…为测量控制点;1、2、3、…为管道规划的主点。根据控制点和主点坐标,利用坐标反算公式计算测设所需要的距离和角度,如图中的 α_1、d_1,α_2、d_2,α_3、d_3,…,从而得出测设数据。

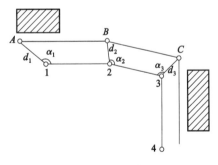

图 6.2 解析法计算测设数据

解析法在整个测设过程中由于精度较高,故而普遍用于精度要求较高的管道中线测量中。利用获取的测设数据,我们可以完成主点的测设数据。主点的测设方法主要有直角坐标法、极坐标法、距离交会法、角度交会法等。

主点测设完后必须进行检核,检核方法通常是用钢尺丈量相邻主点之间的水平距离,同时与设计长度相比较,判断其精度情况。

6.2.2 中桩测设

中桩测设就是从管道起点开始,沿着管道中心在地面上设置整桩和加桩。其目的是为了测定管道长度及测绘纵横断面图。

在设置里程桩时,为了便于计算路线长度和绘制纵断面图,沿路线方向每隔 100 m、50 m 或 20 m 钉一个木桩,以距起点的里程进行编号,作为整数桩。但是管道的种类不同,故而起点也就不同,如排水管道一般以下游出水口作为起点,给水管道以水源位置作为起点,但是起点桩号均设置为 0+000,如果每隔 50 m 设置整数桩,则整数桩的桩号依次为 0+50、0+100、0+150、0+200、…,其中"+"前面的数字表示千米数,"+"后面的数字表示米数,例如整数桩 1+200 表示该整数桩距离起点的路线长度为 1200 m。

由于整数桩是距离一定的桩位,当管道穿越重要地物(如桥梁、公路、铁路、旧管道、涵洞等)时,无法表示其位置,为此必须在这些重要地物处加设桩位,称为加桩,同时为了编号方便、反映其位置,则以里程对其编号。

中桩之间的距离可采用钢尺量距,为了避免错误、提高精度,一般要求丈量 2 次,其量距精度要求高于 1∶1000。

6.2.3　管道转折角测量

转折角(偏角)指的是管道方向改变时,转折后的方向与原方向之间的夹角,以 α 表示。转折角有左右之分,如图 6.3 所示,以线路前进方向为依据,偏转后的方向在前进方向的右侧时,称为右偏角;偏转后的方向在前进方向的左侧时,称为左偏角。图 6.3 中 $\alpha_{左}=40°$,$\alpha_{右}=42°40'$。测量 2 点的管道转向角,在 2 点安置仪器,盘左瞄准 1 点,纵转望远镜,即在原方向的延长线上读取水平度盘读数 a,然后转动望远镜瞄准 3 点,读取盘右读数 b,则 $\alpha_{右}=(b-a)$。为了消除误差,可用盘右瞄准 1 点读取读数取平均值即可。也可以采用线路前进方向的右偏角 β 来计算。

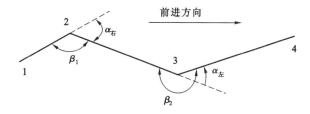

图 6.3　转折角测量

根据相关规范要求:

(1) 当 $\alpha<6°$时,不需要测设曲线;

(2) 当 $6°\leqslant\alpha\leqslant12°$,且曲线长度 $L<100$ m 时,只测设曲线的三个主点;

(3) 当 $\alpha>12°$,且曲线长度 $L>100$ m 时,需要进行曲线细部测量;当 $L<100$ m 时,测设曲线的三个主点。

6.2.4　绘制管线里程桩图

在绘制管线里程桩图时,利用一条直线表示管道,直线上的黑点表示里程桩和加桩的位置;为了表示转折角,可在转折角交点位置打一小斜线,表示其偏角的左右,同时在斜线边上标注角度表示转折角的大小,如图 6.4 所示。

中线测量完成后,对于需要进行圆曲线测量的转折处,在图上绘出圆曲线的位置,同时标注圆曲线的主点、桩号及曲线元素等。

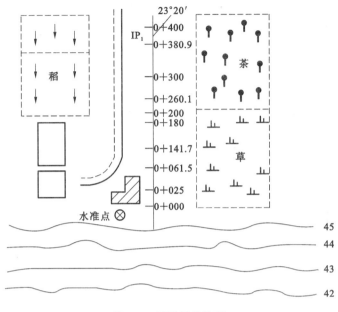

图 6.4　管线里程桩图

6.3　管道纵横断面测量

6.3.1　管道纵断面测量

管道纵断面测量是在管道中线测量的基础上进行的。纵断面测量的主要任务是测出中线上整数桩和加桩的地面高程，然后根据这些高程和相应的桩号绘制纵断面图，以图形的方式反映中线方向上地面的高低起伏和坡度情况。

6.3.1.1　纵断面水准测量

纵断面水准测量通常以沿线测设的三、四等水准测量为依据，按五等水准测量的要求从一个水准点开始引测，测出一段管道中线上各中心桩的地面高程后，附合至下一个水准点进行校核，其闭合差一般不超过 $50\sqrt{L}$ mm。由于管道中线上桩位较多同时间距较小，为了保证精度，提高观测精度，一般只选择合适的管道中桩作为转点，在每一测站上，测量转点时，读数应读至毫米；两个转点之间的其他中桩点，称之为中间点，中间点读数一般读至厘米。如图 6.5 所示，从水准点 BM_1 引测高程，观测方法为：

（1）在 Ⅰ 号位置架设水准仪，后视 BM_1，读取后视读数 1.784；前视 0+000，读取读数 1.523。

（2）仪器搬至 Ⅱ 号位置，后视 0+000，读取后视读数 1.471；前视 0+100，读取前视读数 1.102。继续读取 0+050 位置的水准尺，读取中间视线读数 1.32。

（3）仪器搬至 Ⅲ 号位置……。

（4）按上述方法依次对每个桩位进行观测，直到附合到 BM_2。

观测完成后，对附合水准线路进行检查，当其闭合差在允许范围内，则可以直接计算各中桩点的高程。计算表格如表 6.1 所示。

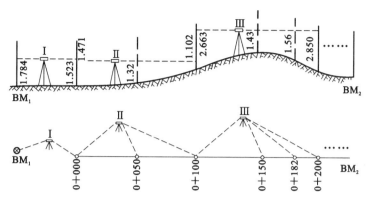

图 6.5　纵断面水准测量

表 6.1　纵断面水准测量计算表格

测站	测点	水准尺读数(m)			视线高程(m)	高程(m)	备注
		后视	前视	间视			
Ⅰ	BM₁	1.784			130.526	128.742	水准点
			1.523			129.003	BM₁=128.742
Ⅱ	0+000	1.471			130.474	129.003	
	0+050			1.32		129.15	
	0+100		1.102			129.372	
…	…	…	…	…	…	…	
	0+1000	1.457			125.322		水准点
	BM₂		1.342			123.980	BM₂=123.990
计算校核		$50\sqrt{L}=50\sqrt{1}=50$ mm, BM₂−BM₂′=123.990−123.980=−0.01					

6.3.1.2　纵断面图绘制

纵断面图一般绘制在毫米方格纸上,以里程为横轴,以高程为纵轴,由于纵断面图上里程比较大,而高程变化较小,为了能明显反映地表变化,同时便于阅读,一般纵轴比例尺是横轴比例尺的10倍,同时高程的起点一般选择在一个合适的数据起绘。绘制时根据各桩点的里程和高程在坐标系中定出相对应的位置,依次连接各点定出地面线,同时根据设计的管道的起点高程或者坡度绘制设计线。如图 6.6 所示。

6.3.2　管道横断面测量

在中线各整桩和加桩上,选择垂直于中线方向,测出两侧地形变化点至管道中线的距离和高程,绘制断面图,称为横断面图。横断面图反映了垂直于管道中线方向上的地面起伏情况。

在横断面测量过程中,依据管道的管径和埋

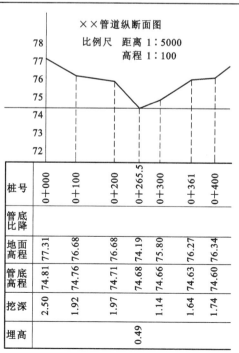

图 6.6　管道纵断面图

设深度确定横断面测量的宽度,一般为中线两侧各 20 m。确定横断面方向时,可以利用方向架法或者经纬仪法。而距离和高差的测量方法可以利用标杆皮尺法、水准仪皮尺法、经纬仪视距法、全站仪法等等。横断面测量图如图 6.7、图 6.8 所示。横断面测量记录见表 6.2。

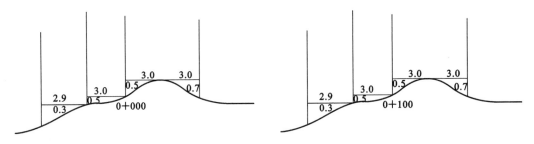

图 6.7 0+000 处横断面测量   图 6.8 0+100 处横断面测量

表 6.2 横断面测量记录表

左侧	高差/距离		中心桩/高程	高差/距离		右侧
同坡	$\dfrac{-0.3}{2.9}$	$\dfrac{-0.5}{3.0}$	$\dfrac{0+000}{77.37}$	$\dfrac{+0.5}{3.0}$	$\dfrac{-0.7}{3.0}$	平
同坡	$\dfrac{-0.3}{2.9}$	$\dfrac{-0.5}{3.0}$	$\dfrac{0+100}{76.82}$	$\dfrac{+0.5}{3.0}$	$\dfrac{-0.7}{3.0}$	平

横断面图绘制仍然以水平距离为横轴、高差为纵轴绘制在毫米方格纸上。同时,为了更合理地反映高差变化,要求纵轴和横轴的比例尺一致,一般取 1∶100 或 1∶200,同时在中线桩位置处,利用"▽"表示中桩位置。然后根据设计再画出管线的周边设计。如图 6.9 所示。

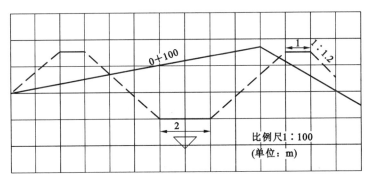

图 6.9 横断面图

6.4 管道施工测量

管道施工测量的主要任务是根据工程进度的要求向施工人员提供中线方向和标高位置。在施工过程中,要严格按照设计要求进行测量工作,并做到"步步有检核",这样才能确保施工质量。

6.4.1 施工前准备工作

(1)熟悉图纸和现场:了解管道的性质和施工的要求,以及管道和其他建筑物之间的相互关系。认真核对设计图纸,了解精度要求和工程进度安排等,同时熟悉施工场地地形,找出每个桩点的位置。

(2)校核中线:检查线路上桩位是否完好,如果桩位丢失损坏或者中线发生变动,则先需要恢复旧点或者补测新点,若设计阶段在地面上标定的中线位置就是施工时所需要的中线位置,桩位完好,则需要对中线进行校核。

(3)加密水准点:根据设计阶段布设的水准点,沿线加密水准点,大约在每隔 150 m 增设一个临时水准点。

6.4.2 地下管道放线

6.4.2.1 测设施工控制桩

管线开槽后,中线上的各桩位将被挖掉。为了便于恢复中线和附属构筑物的位置,应在不受施工干扰、引测方便和易于保存的位置测设施工控制桩。施工控制桩分中线控制桩和附属构筑物的位置控制桩两种。中线控制桩设置在管道中线的延长线上。附属构筑物控制桩应该测设在管道中线的垂直线上。如图 6.10 和图 6.11 所示。

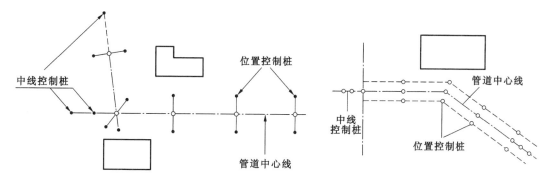

图 6.10 测设施工控制桩　　　　　图 6.11 测设施工控制桩

6.4.2.2 槽口放线

槽口测设的任务是根据设计要求的埋深及土质情况、管径大小等计算开槽宽度,并在地面上定出边桩,沿开挖边线撒出灰线作为开挖的界限。如图 6.12(a)所示,若横断面坡度较为平缓,则开挖槽口宽度可用式(6.1)计算:

$$D = b + 2 \cdot m \cdot h \tag{6.1}$$

式中　D——槽口开挖宽度;

　　　h——中线上的挖土深度;

　　　m——管槽坡度系数;

　　　b——槽底宽度。

如图 6.12(b)所示,若横断面坡度较陡时,中线两侧槽中的宽度不一,半槽口开挖宽度可以按式(6.2)、式(6.3)计算。

$$D_1 = \frac{b}{2} + m_1 h_1 + m_3 h_3 + c_1 \tag{6.2}$$

$$D_2 = \frac{b}{2} + m_2 h_2 + m_3 h_3 + c_2 \tag{6.3}$$

式中　c_1、c_2——半坡横跨槽口宽度。

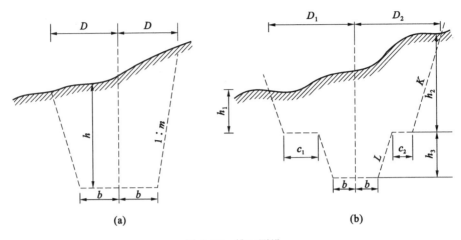

图 6.12　槽口测设

(a) 坡度平缓；(b) 坡度陡峭

6.4.3　地下管道施工测量

开槽前后应设置控制管道中线及高程的施工测量标志，常采用龙门板法及腰桩法。

6.4.3.1　龙门板法

开槽后，应如图 6.13 所示，设置坡度横板，以控制管道沟槽按照设计中线位置进行开挖。一般每隔 10~20 m 设置一块坡度横板，并编以桩号。在中线控制桩上安置经纬仪，将管道中线投测到坡度横板上，钉上小铁钉（称中线钉）作标志。为了控制沟槽的开挖深度和管道的设计高程，还需要在坡度板上测设设计坡度钉。为此，在坡度横板上设一坡度立板，一侧对齐中线，在竖面上测设一个高程线，其高程与底管的设计高程相差一整分米数，称为下返数。在该高程线上横向钉个小钉，称为坡度钉。坡度钉的作用是控制管道沟槽按照设计深度和坡度开挖，坡度钉设置在坡度立板上。

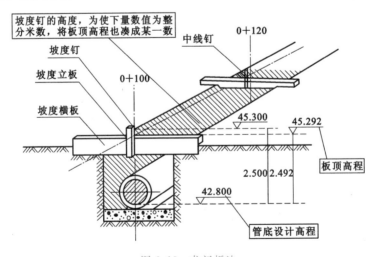

图 6.13　龙门板法

6.4.3.2　平行轴腰桩法

对于精度要求不高的管道，当现场不方便设置龙门板时，可以在开工前在管道中线一侧或两侧设置一排平行于管道中线的轴线桩,桩位应落在开挖槽线以外。平行轴线离管道的中线距离为 d,各桩间距为 10～20 m,如图 6.14 所示。为了控制底管高程,在槽沟坡上设置一排与平行轴线桩相对应的桩位,称为腰桩。先确定选定腰桩与管底的下返数为一个整数 h,同时根据管底设计高程计算各腰桩的高程,并用水准仪测设各腰桩,用小钉标出腰桩的高程位置。施工时,只需要检查小钉与槽底的距离即可检查是否挖到管底的设计高程。

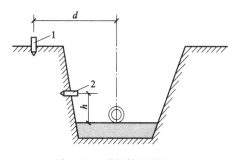

图 6.14 平行轴腰桩法

1—平行轴线桩;2—腰桩

6.5 顶管施工测量

当地下管道需要穿越公路、铁路或其他建筑物时,为了保证正常的交通运输或者避免重要建筑物拆迁,不允许从地表开挖沟槽,此时必须采用顶管施工法。

顶管施工是在先挖好的工作坑内安放道轨(铁轨或方木),将管道沿所要求的方向顶进土中,再将管内的土方挖出来。顶管施工测量的主要任务是控制好顶管的中线方向和高程。顶管施工测量的目的是保证顶管按照设计中线和高程正确顶进或贯通。故而规范对整个顶管施工过程中的精度有严格的要求:

中线偏差:不得超过设计中线 30 mm;

高程偏差:高不得超过设计高程 10 mm,低不得低于设计高程 20 mm;

管子错口:一般不超过 10 mm,对顶时不得超过 30 mm。

6.5.1 准备工作

(1)设置顶管中线控制桩。中线桩是控制顶管中心线的依据,设置时应根据设计图上管道要求,在工作坑的前后钉立两个桩,称为中线控制桩。

(2)引测控制桩。在地面中线控制桩上架经纬仪,将顶管中心桩分别引测到坑壁的前后,并打入木桩和铁钉。

(3)设置临时水准点。为了控制管道按设计高程和坡度顶进,需要在工作坑内设置临时水准点。一般要求设置两个,以便相互校核。为应用方便,临时水准点高程与顶管起点管底设计高程一致。

(4)安装导轨或方木。

6.5.2 中线测量

在顶管中线测量过程中,首先根据地面的中线桩或中线控制桩,用仪器将管道中线引测到坑壁上,一般确定两个点位[图 6.15(a)]。利用一条细线将两个点位紧紧连接,在细线上挂两条垂球线,即为管道中线方向[图 6.15(b)]。制作一把长度等于或略小于管径的木尺,使其分划以尺的中央为零向两端增加。将木尺水平放置在管内,如果两垂球的方向线与木尺上的零分划线重合[图 6.15(c)],则说明管道中心在设计管线方向上;否则,管道有偏差。若偏差值超过 1.5 cm 时,需要校正。

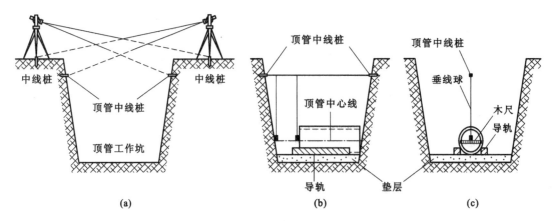

图 6.15　中线测量

6.5.3　高程测量

先在工作坑内布设好临时水准点，再在工作坑内安置水准仪，以在临时水准点上竖立的水准尺为后视，以在顶管内待测点上竖立的标尺为前视（使用一把小于管径的标尺），测量出管底高程，将实测高程值与设计高程值比较，其差超过 ±1 cm 时，需要校正。在管道顶进过程中，每顶进 0.5 m 应进行一次中线测量和高程测量。当顶管距离较长时，应每隔 100 m 开挖一个工作坑，采用对向顶管施工方法，其贯通误差应不超过 3 cm。

6.6　管道竣工测量

管道竣工测量的主要任务是测绘出管道的主点、检查井位置以及附属构筑物施工后的平面位置和高程。管道竣工图的资料能真实地反映施工成果，是评价施工质量好坏的主要依据。

管道工程的竣工测量属于专题测量，主要测制三种资料：① 沿全线路的带状图纸；② 细部点坐标册；③ 管道编号、说明及单体工程放大图。

城镇管线工程测图比例尺一般为 1∶500，其他地方可根据情况缩小，如 1∶1000 或 1∶2000 比例尺带状图。当具有现势性较强的同比例尺地形图时，可不用重新测量管道竣工图，利用原地形图编绘成图。

在竣工测量过程中，应该在覆土前测量起点、终点、转折点及分叉点等管中心的坐标和高程。在施测前按管道"始—终"顺序编号。调查管道内外径，检修井要丈量井面至管内底的高度，当管中线不正对井中时，应量取管中线到井中的偏距，并注明偏距方向。

外业资料测量、调查完成后，可内业连线成图。绘图时应将管线的编号进行统一整理。管线图上必须注记统一的编号，不得重号，并在成果表和附属资料中写全具体的内容，如坐标、高程、管径、偏距等。

思考题与习题

6.1　管道施工测量的任务是什么？

6.2　管道施工测量的内容有哪些？

6.3　管道中线测量的内容包括哪些?

6.4　顶管施工时的测量准备工作有哪些?

6.5　如下表,已知起点 0+000 的管底高程为 541.72 m,管线坡道为下坡,在表中计算各坡度板处的管底设计高程,并按实测的板顶高程选"下返数",再根据选定的"下返数"计算各处坡度板顶高程的调整数和坡度钉高程。

桩号	距离	坡度	管道设计高程 $H_{管底}$(m)	板顶高程 $H_{板顶}$(m)	$H_{板顶}-H_{管底}$	预定下返数 C(m)	调整数 δ(m)	坡度钉高程(m)
0+000			541.72	544.310				
0+020				544.100				
0+040				543.825				
0+060				543.734				
0+080				543.392				
0+100				543.283				

7 电力工程测量

7.1 概　　述

电能从生产到消费一般要经过发电、输电、配电和用户四个环节。输电通常指的是将发电厂或发电基地(包括若干电厂)发出的电力输送到消费电能的地区(又称负荷中心)，或者将一个电网的电力输送到另一个电网，实现电网互联，构成互联电网。

输电电压一般分高压、超高压和特高压。国际上，高压(HV)通常指 35～220 kV 的电压；超高压(EHV)通常指 330 kV 及以上、1000 kV 以下的电压；特高压(UHV)指 1000 kV 及以上的电压。高压直流(HVDC)通常指的是 ±600 kV 及以下的直流输电电压；±600 kV以上的电压称为特高压直流(UHVDC)。就我国目前绝大多数电网来说，高压电网指的是 110 kV 和 220 kV 电网；超高压电网指的是 330 kV、500 kV 和 750 kV 电网。特高压输电指的是我国正在开发和建设的1000 kV 交流电压和 ±800 kV 直流电压输电工程和技术。特高压电网指的是以 1000 kV 输电网为骨干网架，超高压输电网和高压输电网以及特高压直流输电、高压直流输电和配电网构成的分层、分区、结构清晰的现代化大电网。

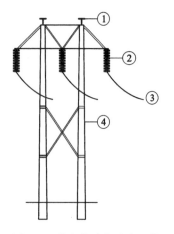

图 7.1　输电线路的基本元件

1—地线；2—绝缘子串；
3—导线；4—杆塔

输电网由输电和变电设备构成。输电设备主要有输电线、杆塔、绝缘子串、架空线路等，如图 7.1 所示。

7.1.1 杆塔

杆塔的作用是悬挂和固定导(地)线,并使导线之间,导线与地线、杆塔、地面或交叉跨越物之间,保持容许的安全距离。

(1)杆塔按制作材料可分为铁塔和钢筋混凝土杆两种。

铁塔是以型钢为基材,用螺栓连接或焊接而成。它的特点是施工检修方便、牢固可靠、使用年限长,但耗钢量大、造价高,一般用于220 kV以上的线路或施工困难地区的线路。

钢筋混凝土杆以预制的钢筋混凝土杆为主体,使用年限长、节省钢材、造价较低,在低等级的送电线路中普遍采用,如图7.5、图7.7所示。

(2)按承力作用不同,可分为直线型杆塔和耐张型杆塔。

① 直线型杆塔,包括直线杆塔和直线转角杆塔,用于线路直线部分或线路转角小于50°的部分。在正常运行情况下,直线杆塔主要承受导(地)线、绝缘子和杆塔本身的垂直荷载、覆冰荷载以及风对导线、杆塔的横向荷载。直线型杆塔的机械强度比耐张型杆塔低,造价较便宜,直线型杆塔的结构如图7.2、图7.4所示。

图7.2　酒杯直线型　　　　　　图7.3　转角型　　　　　　图7.4　直线型

② 耐张型杆塔又叫承力杆塔,如图7.3、图7.6所示。它的机械强度较高,造价也较高。耐张型杆塔能在断线情况下承受断线拉力,从而将断线倒杆事故限制在相邻两耐张型杆塔之间。所以,线路上每隔一定距离,应设一耐张型杆塔,以便于线路施工和检修。耐张型杆塔按其承力情况和在线路中设置位置的不同,又可分为终端杆塔和转角杆塔。

终端杆塔用于线路的首末端,即靠近电厂或变电所的那一杆塔,采用坚固的刚性结构,在运行的情况下,它要承受线路上单侧导(地)线拉力。

转角杆塔用于线路转角处,在运行情况下,它承受线路上导(地)线的角度合力,断线时,它承受断线拉力。

杆塔选型应从安全可靠、维护方便并结合施工、制造、地形、地质和基础形式等条件进行技术经济比较。在平地和丘陵等便于运输和施工的地区,宜因地制宜地采用拉线杆塔和钢筋混凝土杆。在走廊清理费用比较高及走廊较狭窄的地带,宜采用导线三角形排列的杆塔,对非重冰区还宜结合远景规划采用双回路或多回路杆塔;在重冰区地带宜采用单回路导线水平排列的杆塔；在城市或城郊可采用钢管杆塔。一般直线杆塔如需要带转角，在不增加塔头尺寸时不宜大于5°。悬垂转角杆塔的转角角度，对500 kV和330 kV及以下杆塔分别不宜大于20°和10°。

图7.5　钢筋混凝土杆

图7.6　耐张型＋门型

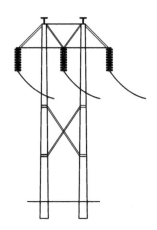

图7.7　钢筋混凝土双杆门型

7.1.2　导线和地线

　　导线用于传送电能，它有良好的导电性、足够的机械强度和防腐蚀性。目前我国架空线路多采用裸露的钢芯铝线，内层芯线是多股钢绞线，主要用于承受拉力；外层是多股铝绞线，主要用于传导电流。送电线路的导线截面，除根据经济电流密度选择外，还要按电晕及无线电干扰等条件进行校验。大跨越的导线截面宜按允许载流量选择，并应通过技术经济比较确定。地线架设在导线的上方，用于防止导线遭受雷击，把雷电导入地下。地线应满足电气和机械使用条件要求，可选用镀锌钢绞线或复合型绞线。

　　送电线路都采用三相三线制，所以单回路杆塔上有3根导线，双回路杆塔上有6根导线。导线在杆塔上的排列方式与杆塔结构形式有关。各相导线之间最小容许垂直线间距离与线路电压等级有关，如表7.1所示。

表7.1　使用悬垂绝缘子串杆塔的最小垂直线间距离

标称电压(kV)	35	110	220	330	500
垂直线间距离(m)	3	3.5	5.5	7.5	10.0

7.1.3　绝缘子和金具

　　绝缘子又叫瓷瓶，用于支持或悬挂导线，并使导线与杆塔绝缘。断线时，绝缘子要承受断线拉力。因此，绝缘子都有较好的绝缘性能、较高的机械强度和较强的防腐能力。绝缘子有针式和悬式两种，35 kV以上的线路多采用悬式绝缘子。悬式绝缘子是一片一片的。线路上根据线路电压等级高低不同，而将适当片数的绝缘子连接组成绝缘子串。在直线杆塔上，绝缘子串是下垂的，叫悬垂绝缘子串（见图7.4）；在耐张杆塔上，绝缘子串是沿导线方向拉紧的，叫耐张绝缘子串（见图7.6）。

　　在海拔高度1000 m以下地区，直线杆塔上悬挂的最少绝缘子片数见表7.2。耐张绝缘子串的绝缘子片数应在表7.2的基础上增加。

表 7.2 操作过电压及雷电过电压要求悬垂绝缘子串的最少片数

标称电压(kV)	35	110	220	330	500
单片绝缘子的高度(mm)	146	146	146	146	155
X—4.5 或 XP—7 型绝缘子片数(片)	3	7	13	17	25

注:330~500 kV 可用 XP—10 型绝缘子。

把导线固定在绝缘子串上的装置叫线夹;把绝缘子串固定在杆塔横担上的装置叫挂线板,线夹和挂线板合称金具。

7.1.4 档距、弧垂、限距

在送电线路上,相邻两杆塔的导线悬挂点间水平距离叫档距。线路档距的选择一般与线路电压等级、塔型和地形地物情况有关。

相邻两耐张杆塔之间的水平距离叫耐张段长度,一般约为 3~5 km。

悬挂在两相邻杆塔之间的导线,因自然下垂而呈一弧线。导线上某一点到两悬挂点连线的铅垂距离叫作导线在该点的弧垂,用 f 表示。在导线两悬挂点等高的情况下,导线弧垂 f 是指导线最低点到悬挂点的铅垂距离,它恰好就在档距中点处。在导线悬挂点不等高的情况下,导线的弧垂有两个,即:最小弧垂 f_1 和最大弧垂 f_2。其最大弧垂是指高位悬挂点与架空线水平切线的切点之间的铅垂距离,即平行四边形切点的弧垂,这个切点不位于档距中央。通常所说的导线弧垂 f 是指档距中央处导线上点的弧垂(此点并非导线的下垂最低点),叫作中点的弧垂,如图 7.8 所示。

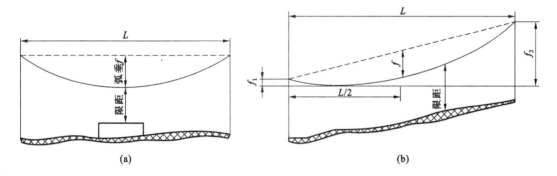

图 7.8 导线的弧垂 f 示意图
(a) 两悬挂点等高;(b) 两悬挂点不等高

当线路投入运行后,人、畜或其他被跨越物如接近或接触导线,就会造成重大事故,因此,导线对地、对被跨越物的垂直距离应不小于一定的安全距离(限距)。导线对地、对交叉跨越物的限距与线路的电压等级有关。导线与地面的距离,在最大计算弧垂情况下不应小于表 7.3 所列数值。

送电线路测量包括线路设计测量和线路施工测量。

表 7.3　导线对地、对交叉跨越物的限距(m)

经过地区与交叉跨越物	线路电压(kV)			
	35~110	220	330	500
居民地	7.0	7.5	8.5	14.0
非居民地	6.0	6.5	7.5	11.0(10.5)
交通困难地区	5.0	5.5	6.5	8.5
步行可以到达的山坡	5.0	5.5	6.5	8.5
步行不能到达的山坡、峭壁和岩石	3.0	4.0	5.0	6.5
建筑物	5.0	6.0	7.0	9.0
果树、经济作物、城市绿化灌木及街道树	4.0	4.5	5.5	7.0

注:500 kV 送电线路非居民区 11 m 用于导线水平排列,括号内的 10.5 用于导线三角排列。线路边导线与建筑物之间的最
　　小距离在最大风偏的情况下,110 kV 线路不小于 4.0 m;220 kV 线路不小于 5.0 m;330 kV 线路不小于 6.0 m;500 kV
　　线路不小于 8.5 m。

7.2　图上选线与踏勘

架空输电线路设计的第一步,就是要图上选线,一般由设计人员负责,测绘、施工、运行人员参加。测绘人员要在选线工作中了解工程情况,并根据需要提供有关的测绘资料。

7.2.1　室内选线

室内选线,也称图上选线,就是在线路的起点和终点(线路的进出线变电所)之间,选择一条地形好、靠近交通线、地质稳定、路径较短的线路路径。

根据路径规则、建设的要求和已知起讫点的地理位置,利用地形图或者航摄影像图,选择线路的路径走向。先在图上标定线路的起点和终点、中间必经点,将各点连线,得到线路布置的基本方向。再将沿线的工厂、矿山、军事设施、城市规划和农林建设的位置在图上标出,按照前述选择路径方案的各项原则,根据沿线地形地物、地质、交通运输等情况,选择出几个路径较短、转角少、施工、运行维护都较方便的路径方案,经过综合比较,确定几个较优方案,在图上表示出路径的起止点、转角位置及与其他建筑设施接近或交叉跨越的情况。这项工作主要由设计人员完成,测绘人员配合。

测绘人员的任务是:

(1)配合设计人员搜集沿线 1∶50000 或 1∶10000 地形图。当有航摄相片可利用时,宜结合航摄相片选择路径。航摄相片的比例尺,平地、丘陵地区应大于 1∶3000,山区或高山区应大于 1∶40000。

(2)了解设计人员室内已选定路径方案的起讫点、邻近路径的城镇、拥挤地段及重要交叉跨越。

(3)搜集有关的平面与高程控制资料。

7.2.2　实地勘察

实地勘察是根据室内图上选线确定的几个路径方案,到现场逐条察看,进行方案比较,一

般是沿线调查察看与重点察看相结合,以重点察看为主。对影响路径方案成立的有关协议区、拥挤地段、大跨越、重要交叉跨越以及地形、地质、水文、气象条件复杂的地段,应重点察看。必要时要用仪器测绘发电厂或变电所进出线走廊、拥挤地段、大跨越点、交叉跨越点的平面图或路径断面图。实地勘察后通过经济技术综合比较,应选一两个经济合理、施工方便、运行安全的路径方案,供工程审核时确定。选定的路径应标绘在地形图上。

在实地勘察选线的过程中,测绘人员的主要工作:

(1)配合设计人员进行沿线踏勘,对影响路径方案的规划区、协议区、拥挤地段、大档距、重要交叉跨越及地形、地质、水文、气象条件复杂的地段应重点踏勘,必要时应用仪器落实路径。对一、二级通信线,应实测交叉角,并注明通向及两侧杆号。

(2)当发现对路径有影响的地物(房屋、道路、工矿区、军事设施等)、地貌与图面不符时,应进行调绘、修改和补测。

(3)配合设计人员搜集或测绘变电所、发电厂进出线平面图。比例尺可为1:500～1:2000。当勘测任务书要求提供平面和高程成果时,应进行联测。

(4)当线路对两侧平行接近的通信线构成危险影响,且设计人员又难以正确判断相对位置时,应配合设计人员进行调绘或施测,并绘出相应图件,图中应注明通信线的等级、杆型、材质、绝缘指数和通向。比例尺可采用1:10000或1:50000。

7.3　定　线　测　量

定线测量就是用仪器在实地路径方向上测设一系列直线桩,作为平断面测量和杆塔定位的依据。

定线测量时,在相邻转角桩之间的直线上,一般每隔200～300 m打一直线桩,在地形、地物复杂的地段,需增加直线桩。直线桩应埋设在便于桩间距离测量、高差测量、平断面测量、交叉跨越测量及定位、检验测量,并能长期存在处。桩间距离应小于500 m,当山区出现大档距地形条件限制时,直线桩间跨区不应大于档距。

定线测量的方法可采用全站仪或经纬仪直接定线、全站仪间接定线、GPS结合全站仪定线以及GPS-RTK定线等方法。

直线桩、转角桩应分别按顺序编号,严禁重号。

直线桩应该如何编号呢? 一般而言,直线桩的编号可根据转角桩编号而依顺序编号为Zxxnn,xx表示线路后退方向的转角桩号,nn表示直线桩的顺序号,如后视转角桩的编号为J03,直线桩位于J03与J04之间的第4个桩,则直线桩的编号为Z0304,编号可以跳号,但不能有重号,如果Z0304与Z0305之间需增加若干个桩,则增加的直线桩的编号为Z0304.1,Z0304.2,…。

7.3.1　直接定线

当相邻两转角点或直线桩相互通视可采用直接定线的方法。直接定线根据测设的直线桩在定线点位位置不同,又分为前视定线和正倒镜分中法定线。

7.3.1.1　前视定线

前视定线也称内插定线。如A、B相距较远,且相互通视,此时可在A点架设经纬仪,照

准 B 点,在 A、B 之间定出 1、2、···各点,如图 7.9 所示。

图 7.9 前视定线   图 7.10 正倒镜分中法定线

7.3.1.2 正倒镜分中法定线

正倒镜分中法定线,也称为外延定线,如图 7.10 所示。具体操作方法是:

(1)将仪器置于 B 点,用正镜(盘左)照准远处的 A 点,然后,纵转望远镜(此时望远镜处于盘右位置),在视线上定出 $2'$ 点;

(2)以倒镜(盘右)照准 A 点,然后纵转望远镜(此时望远镜处于盘左位置)前视 2 点,在视线上定出 $2''$ 点;

(3)取 $2'2''$ 两点连线的中点 2 标定即可。

注意事项:

(1)直接定线后,应检测水平角半测回,并作记录,其角值允许偏差范围 $\pm1'$。

(2)直接定线可采用逐站观测或跳站观测。当采用跳站观测时,其最远点与测站间距离,平地不宜大于 800 m,山区不宜大于 1200 m。所加直线桩桩间距离,宜均匀,且不宜过短。

(3)直接定线测量精度应符合表 7.4 的规定。

表 7.4 直线定线的精度

仪器型号	仪器对中误差(mm)	水平气泡偏移量(格)	正倒镜两前视点点位之差(m)
DJ_6、DJ_2	≤3	≤1	每百米≤0.06

(4)定线时照准的前、后视目标必须立直,宜瞄准目标的下部。当照准目标在平地 100 m 以内无遮挡物时,应以细小标志(如铅笔)指在桩钉位置。当照准目标距离小于 40 m 时,应照准桩的点位或细直目标的下部。

7.3.2 间接定线

在定线测量中,遇有障碍物时,可采用间接定线的方法。

7.3.2.1 正倒镜投点法

如果 A、B 两点不通视,可采用正倒镜投点法确定 P 点。

先在 A、B 之间大致连线上选择一处视野开阔且能与 A、B 点通视的地方,并将仪器大致放在 A、B 点连线上,然后,按下述步骤进行操作:

(1)如图 7.11 所示,将仪器置于方向线附近的 $2'$ 点,正镜照准远处的 A 点,固定照准部,然后,纵转望远镜,此时十字丝的交点落于 B' 点;

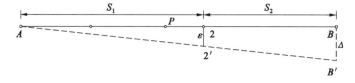

图 7.11 正倒镜投点法示意图

(2)根据视线偏离 B 点方向和距离,判断仪器移动的方向和距离,移动的距离为:

$$\varepsilon = \frac{\Delta}{S_1 + S_2} \cdot S_1 \tag{7.1}$$

（3）重复（1）、（2）步骤，反复进行，直至仪器位于 AB 直线上为止；

（4）照准 A 点，利用前视定线的方法在距仪器约 5 m 的地方标定 P 点即可。

7.3.2.2 矩形法

如图 7.12 所示，定线到 Z_3 后前面有障碍物，这时可采用矩形法绕过障碍物继续往前定线。

矩形法操作简单、计算工作量小，但过程复杂，对地形条件有一定的要求。由于全站仪的普及，此法现在很少采用。

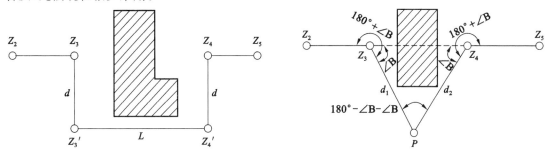

图 7.12　矩形法定线示意图　　　　图 7.13　三角形法示意图

7.3.2.3 三角形法

随着全站仪的广泛使用，测角、测边都非常方便，因此，在定线遇到障碍时，可灵活地采用任意三角形法。如图 7.13 所示。

（1）在实地选择好 P 点，然后观测 $\angle Z_2 Z_3 P$、$\angle Z_3 P Z_4$ 以及距离 d_1。

（2）计算 d_2 及 $\angle P Z_4 Z_3$。

（3）用极坐标法测设 Z_4 点和 Z_5 点。

注意：为保证定线的精度，在选点时，尽量采用等边三角形或接近等边三角形。

矩形法、三角形法宜采用光电测距仪（全站仪）测距。

间接定线测角、量距技术要求应符合表 7.5、表 7.6 的规定。

表 7.5　间接定线测角技术要求

仪器型号	观测方法	测回数	$2c$ 互差（′）	读数（′）	成果取值
DJ$_6$ DJ$_2$	全圆方向法	1	0.5	0.1	秒

注：当采用 DJ$_2$ 型仪器观测时，测角读至秒。

表 7.6　间接定线量距技术要求

仪器型号	仪器对中允许偏差（mm）	水平度盘允许偏差（格）	点位设置		光电测距仪测距		
			方法	限差（mm）	方法	垂直于路径长度最短距离（m）	对向测距相对误差
DJ$_6$ DJ$_2$	≤3	≤1	正倒镜两次点位取中	两次点位之差＜3/10 m	对向观测各一测回	≥20	≤1/4000

注：① 作任意形状支导线时，边长宜均匀；
　　② 当测距边小于 20 m 或大于 80 m 时，应提高测量精度；
　　③ 距离读至毫米，计算至毫米。

7.3.2.4　导线法

导线法也称多边形法,如图 7.14 所示。定线于 Z_4 后,前面有障碍物,且简单的图形无法绕过障碍物时,可以用测距仪(或全站仪)导线法。如果不需要提供点位坐标时,可假定线路方向为 y 轴(或 x 轴),这里定为 y 轴,此时,凡是位于线路上的点的 x 坐标均为 0。图中沿线施测导线并计算导线点坐标,当到达 P_2 点后,可在线路上取一点 Z_5 的坐标($x=0$,y 可根据线路的距离判断),利用极坐标法测设出 Z_5 点,此时的 Z_5 点即位于路线上。同理可测设出 Z_6、Z_7点,此后就可继续进行定线工作。

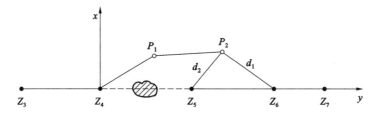

图 7.14　导线法(多边形法)定线示意图

采用导线法时应注意:

(1) 当定线的路径较短,不需要提供点位坐标时,其观测及限差技术要求:

① 观测导线水平角,采用 DJ$_2$ 型经纬仪观测时,应左、右角(包括两端连接角)各测一测回,采用 DJ$_6$ 型经纬仪时,应各测两测回,成果取平均值。圆周角闭合差应不大于 12″,闭合差按左、右角平均分配。

② 采用光电测距仪测量导线边长,应对向观测各测回,其精度按规定执行。

③ 高差测量,采用三角高程测量,应对向观测各一测回,对向观测的较差限差为 0.4S m(S 为边长,以 km 计,小于 0.1 km 时按 0.1 km 计)。

中间导线点不宜超过 5 个,导线累计长度不宜超过 2 km。

(2) 间接定线计算及标定桩位应符合下列要求:

① 应在现场及时计算出导线点坐标及方位角,角度取至秒,边长及坐标取至毫米;

② 放样点坐标计算值与实际放样点允许横向偏差范围为 ±5 mm;

③ 放样点桩间距离可按坐标反算求得。

(3) 当间接定线路径较长,又无已知控制点作闭合条件时,应根据间接定线的长度,沿平行路径方向布设一级或二级导线。其平面要求应按《工程测量标准》(GB 50026—2020)第 3.3.1 条规定执行。但一级导线总长可放宽至 8 km,二级导线总长可放宽至 4 km。同时宜以相近路线作两条同等级导线进行校核,其两条导线在路径直线上同一终点的坐标位,纵向较差应小于该段总长的 1/1000,横向较差与该段总长之比按正切换算成的角值,应在直线允许偏差范围 ±1′ 之内。符合要求后采用其中一条点位较多的导线成果。

一、二级导线的高程测量按《工程测量标准》(GB 50026—2020)相应等级规定执行。在无附合或环形闭合条件时,以两条导线同一终点高差较差进行比较。

7.3.3　GPS-RTK 定线

现在 GPS-RTK 测量技术已经成熟,仪器设备已经普及。由于 GPS-RTK 测量定线不需要点与点之间通视,而且可实时动态显示当前的位置及各点之间的相互关系,因此 GPS-RTK

定线或与全站仪配合定线是目前架空线路测量中进行定线测量的主要手段。

GPS-RTK 定线不同品牌的仪器操作方法有所不同,定线的基本做法是:先测量相邻拐点的坐标(可以是独立坐标系),然后利用 GPS 测量软件进行线放样,即可完成两相邻拐点之间(耐张段)的定线工作。

当采用 GPS-RTK 定线时,应注意:

(1) GPS 测量布设直线桩应满足平断面测量、交叉跨越测量及定位、检验测量的需要,应保证至少与一个相邻直线桩通视。

(2) 采用 GPS-RTK 测定直线桩时,用一台 GPS 作为基准点,配一台或多台 GPS 作流动站进行作业,宜采用双频接收机,同步观测的卫星数不应少于 5 颗,显示的坐标和高差允许偏差应小于 ±30 mm,当显示的偏差小于 ±15 mm 时,即可确定直线桩或塔位桩。GPS-RTK 定线、定位相邻直线桩或相邻塔位桩的相对坐标中误差不应大于 0.05 m,相邻直线桩或相邻塔位桩的相对高差误差不应大于 0.3 m。

(3) 同一直线段内的直线桩、塔位桩宜采用同一基准站进行 GPS-RTK 定线或放样。当更换基准站时,应对上一基准站放样的直线桩或塔位桩进行重复测量。两次测量的坐标较差应不大于 7 cm,高差较差应不大于 10 cm。

7.4　桩间距离及高差测量

定线测量时,在线路方向上打了起点桩、转角桩、直线桩、测站桩和终点桩后,需立即测出桩间距离和高差。桩间距离与高差测量可与定线测量合并工序同时开展,可采用光电测距仪和 GPS 两种方法进行。

7.4.1　桩间距离测量

桩间距离测量采用光电测距仪(或全站仪)测距,测量时宜进行对向观测。条件困难时可同向观测,测距应符合下列要求:

(1) 每测站应绘桩位关系草图。

(2) 对向观测时应各一测回。每测回两次读数,每个数据应做好仪器自动记录或手工记录,读、记应及时校核。

(3) 同向观测时应施测两测回,每测回两次读数,作业要求与对向观测相同,但第二测回应变动棱镜高或仪器高。

(4) 两测回距离较差的相对误差不大于 1/1000。超限时,应补测一测回,选用其中合格的两测回成果,否则应重新施测两测回。

7.4.2　高差测量

高差测量应与测距同时进行,其要求应采用三角高程测量两测回。两测回的高差较差不应大于 0.4S m(S 为测距边长,以 km 计,小于 0.1 km 时按 0.1 km 计)。仪器高和棱镜高均量至厘米,高差计算至厘米,成果采用两测回高差的中数,取至分米。

当距离超过 400 m 时,高差应按式(7.2)进行地球曲率和大气折光差改正。

$$r=\frac{1-K}{2R} \cdot S^2 \tag{7.2}$$

式中　R——地球平均曲率半径(m),当纬度为 35°时,$R=6371$ km;

　　　S——边长(m);

　　　K——大气折光差系数,取 0.13。

当高差较差超限时,应补测一测回,选用其中两测回合格的成果,否则应重新施测两测回。

当采用 GPS 测量桩间高差时,流动站离基准站距离不应超过 8 km,并应进行桩间高差检验。

7.5　平断面测量及平断面图的绘制

7.5.1　平断面测量

平断面测量是指送电线路路径平面图、中线断面图、边线断面图和风偏断面图的测绘工作。平断面测量是线路测量的重要资料,是设计人员估计档距,估算导线弧垂对地、对被跨越物的安全距离,排定杆塔位置的主要依据。

线路路径平面图是沿线路中线的带状平面图。

线路中线断面图是沿线路中心导线方向的纵向地表剖面图。

边线断面图是沿线路高侧的边导线方向的纵向地表剖面图。

风偏断面图是与线路中心线垂直的横向地表剖面图。

平断面测量,直线路径应以后视方向为 0°,前视方向为 180°。当在转角桩设站测量前视方向断面点时,应将水平度盘置于 180°,对准前视桩方向。前后视断面点施测范围,是以转角角平分线为分界线。

平断面测量可采用全站仪、GPS-RTK 或航测方法进行。施测平断面应现场绘制草图。

7.5.1.1　中线断面测量

中线断面测量是将全站仪置于中线桩上,瞄准相邻中线桩得到中线断面方向后,由观测员指挥置镜员在断面方向上的地面变坡点处,测出测站点到断面点的水平距离和高差、高程。或用 GPS-RTK 用断面测量的方式测量断面的平面坐标(里程)和高程。

由于断面图主要是供设计人员进行杆塔排位用的,所以不必完整地施测中线断面,只测可能立杆塔和影响导线对地安全距离的地方。地形无显著变化或明显不能立杆塔的地方,以及不影响导线对地安全距离的地方,尽量不测。

7.5.1.2　边线断面测量

边线断面是指线路的边导线在地面上的铅直投影方向的断面。当边线断面地面上的点高出附近中线断面上地面点 0.5 m 以上时,边导线下方地面可能影响边导线对地的安全距离,应测绘该地段的边线断面,施测位置应按设计人员现场确定的导线间距而定。路径通过缓坡、梯田、沟渠、堤坝时,应选测有影响的边线断面点。

7.5.1.3　风偏断面测量

若线路沿陡峻山坡布设,当遇边线外高宽比为 1∶3 以上边坡时,由于风的作用,边导线左右摆动接近山坡时,导线弧垂对地距离将减小,因此,应测绘风偏横断面图或风偏点。当线路沿坡度大于 1：5 的山坡架设时,应施测风偏断面。施测风偏断面的位置和范围,应根据地形、导线弧垂和塔位等情况选定。

风偏横断面图的水平与垂直比例尺相同,可采用 1：500 或 1：1000,应以中心断面为起画基点。当中心断面点处于深凹处不需测绘时,可以边线断面为起画基点。当路径与山脊斜交时应施测两个以上的风偏点。

7.5.2 路径平面图测量和交叉跨越测量

当设计需要时,应搜集和施测线路的起讫点和变电所相对位置的平面图。对线路中心线两侧各 50 m 范围内有影响的建(构)筑物、道路、管线,河流、水库、水塘、水沟、渠道、坟地、悬岩、陡壁等,应用全站仪或 GPS-RTK 实测并绘制平面图。线路通过森林、果园、苗圃、农作物及经济作物区时,应实测其边界,注明作物名称、树种及高度。线路平行接近通信线、地下电缆时,应按设计要求实测或调绘其相对位置。路径两旁 15～20 m 以内的地物用仪器实测;此范围以外的地物可目估测绘;测绘宽度一般为路径两侧各 50 m。路径平面图的比例尺一般为 1：5000,绘于线路平断面图的下方。施测平断面图时应现场绘制草图。

送电线路与河流、铁路、公路、电力线、弱电线路、管线及其他建筑物交叉时,为了选择跨越杆塔,要在交叉处进行交叉跨越测量。交叉跨越测量可采用全站仪、GPS 及直接丈量等方法测定距离和高差。对一、二级通信线,10 kV 及以上的电力线,有危险影响的建(构)筑物,宜就近桩位观测一测回。

线路交叉跨越 10 kV 以下等级电力线和弱电线路时,应测量出中线交叉点的线高。中线或边线跨越电杆时,应施测杆顶高程。当已有电力线左右杆不等高时,还应选测有影响一侧的边线交叉点的线高及风偏点的线高,并注明杆型及通向。对设计要求的一、二级通信线,应施测交叉角(图面应注记锐角值)。

线路从已有电力线下方交叉跨越,除应测量本工程线路与被穿越线路下导线线高外,还应测量本线路两侧边线处被穿越线路下导线线高及有影响侧风偏点下导线线高。当已有电力线塔位距离较近时,应测量塔位及挂线点高。

对有影响的平行接近电力线,应测绘其位置、高程和杆高,必要时宜施测 1：1000 或 1：2000 的平行接近线路相对位置平面分图。

当跨越多条互相交叉的电力线或通信线又不能正确判断哪条受控制影响时,应测绘各交叉跨越的交叉点、线高或杆高。

线路交叉铁路和主要公路时,应测绘交叉点轨顶及路面高程,注明通向和被交叉处的里程。当交叉跨越电气化铁路时,还应测绘机车电力线交叉点线高。

线路交叉跨越一般河流、水库和水淹区,根据设计和水文需要,应配合水文人员测绘洪水位及积水位高程,并注明由水文人员提供的发生时间(年、月、日)以及施测日期。当在河中立塔时,应根据需要进行河床断面测量。

线路交叉跨越或接近房屋中心线 30 m 以内时,应测绘屋顶高程及接近线路中心线的距离。对风偏有影响的房屋应予以绘示。在断面上应区分平顶与尖顶形式,平面上注明屋面材料和地名。

线路交叉跨越索道、特殊(易燃易爆)管道、渡槽等建(构)筑物时,应测绘中心线交叉点顶部高程。当左右边线交叉点不等高时,应测绘较高一侧交叉点的高程,并注明其名称、材料、通向等。

线路交叉跨越电缆、油气管道等地下管线,应根据设计人员提出的位置,测绘其平面位置、交叉点的交叉角及地面高程,并注明管线名称、交叉点两侧桩号及通向。

线路交叉跨越拟建或正在建设的设施时,应根据设计人员现场指定的位置和要求进行测绘。

7.5.3 平断面图的绘制

断面图是杆塔排位的依据,要求点位准确,线画清晰。为了突出地形变化的特点,纵向比例尺一般大于横向比例尺,输电线路断面图通常采用:横向(距离)1:5000,纵向(高程)1:500。在城市规则区,往往档距比较小,且地物和交叉跨越比较复杂,断面图绘制时一般要放大比例尺,采用横向1:2000,纵向(高程)1:200。

绘制平断面图,应根据现场所测数据和草图,准确真实地表示地物、地形特征点的位置和高程。图面应清晰、美观。

当路径很长时,断面图可分段绘制,最好以转角处分段。当路径高差很大时,可绘一段断面图后,在一个路线桩处另画一条纵坐标线,并根据需要重新注出高程值,继续给出断面图。平断面图从变电所起始或终止时,应注记构架中心地面高程,并根据设计需要,施测已有导线悬挂点横担高程并注明高程系统。

由于计算机及全站仪、GPS-RTK 的广泛应用,现在线路的平断面普遍采用计算机辅助制图。线路测量计算机辅助制图内容包括数据采集、平断面图绘制,其各项应用软件应满足测量作业步骤、技术标准及设计对测量的要求。所采用的软件必须是经过院级及以上技术管理机构鉴定的有效版本。

线路测量数据库的内容宜包括:

(1)图形类信息,如平断面模型、定位模型;

(2)非图形类信息,如数据文件、表格、文本等。

数据库文件宜保留现场采集环境下的原始数据文件,如斜距、水平角、天顶距、仪器高、觇标高、编码或特性等。原始数据的修改必须通过外业重测或核准,严禁随意修改。数据库各类文件的转换,应使用软件自动完成,避免交互手工输入。当修改某一个文件时,必须联动修改所有的相关文件。数据信息的交流宜采用数据通信或磁盘拷贝、打印机或绘图机硬件输出。

线路数据库图形类文件,应包括下列内容:

(1)平断面模型、定位测量模型及二者的叠加模型;

(2)耐张段模型;

(3)各类交叉跨越模型。

各类模型的比例、单位、符号、线型、层、坐标系,应采用统一的图形支撑软件系统,并应为设计人员提供用户接口。

线路数据库非图形类信息文件,应包括下列内容:

(1)测量原始数据文件,如转角度、量距、平断面、联系测量、定位测量、定位及检查测量形成的数据文件;

(2)以图幅为单位的数据类文件;

(3)以耐张段为单位的数据类文件;

(4)管理文本文件。

　　各类文件的命名应有规律、明了易记、易于查询。同图幅、同耐张段的文件名应相同,用不同后缀加以区别。线路 CAD 成果的校审,应按原始数据、中间成果和最终提交的成果进行,重点校审输入和交互式编辑内容。

　　目前,架空输电线路测量及平断面图的绘制主要采用"架空送电线路软件"进行。测量人员在软件中将平断面图绘制完成后,按设计部门要求的数据格式输出即可。图 7.15、图 7.16 是"架空送电线路软件"截图,图 7.17、图 7.18 分别为软件绘制的丘陵地区与山区的平断面图的一部分。

序 号	转角点号	累 距	高 程	距 离	大地纵坐标(X)	大地横坐标(Y)	转角度数	点位误差	航测断面较差
1	J1	0	76.80		3365251.970	527635.710		0.00	0.00
2	Z0101	0	75.00	0	3365324.250	527680.440		0.00	0.00
3	Z0102	0	82.60	0	3365422.890	527741.480		0.00	0.00
4	Z0103	0	85.50	0	3365502.820	527790.950		0.00	0.00
5	Z0104	0	71.80	0	3365594.660	527847.780		0.00	0.00
6	Z0105	0	94.81	0	3365865.250	528015.220		0.00	0.00
7	Z0106	0	87.88	0	3365939.820	528061.370		0.00	0.00
8	J2	0	90.60	0	3365975.880	528083.680		0.00	0.00
9	Z0201	0	91.38	0	3366093.020	528100.140		0.00	0.00
10	Z0202	0	90.12	0	3366196.710	528114.720		0.00	0.00

图 7.15 "架空送电线路软件"数据处理截图

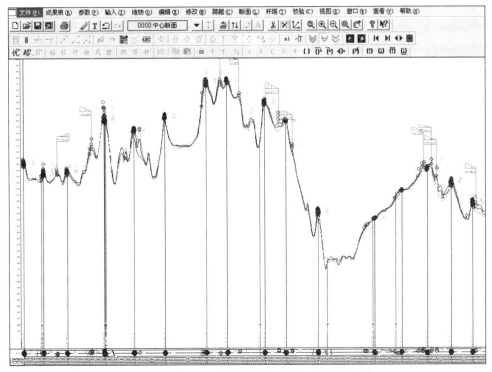

图 7.16 "架空送电线路软件"平断面图绘制截图

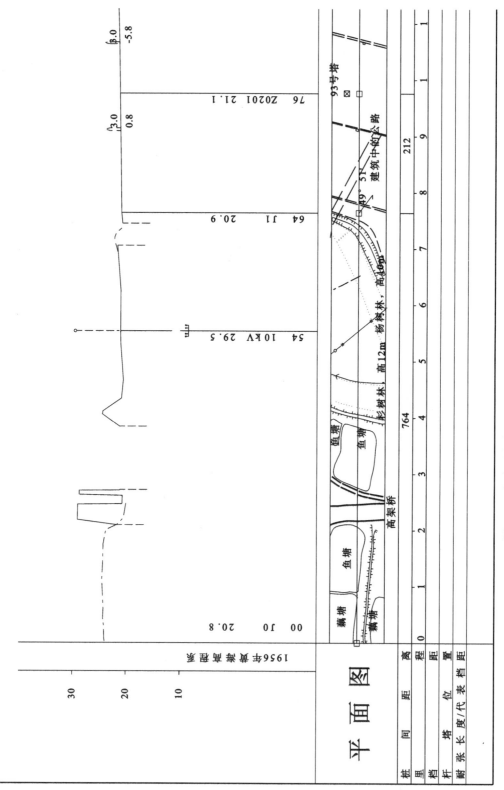

图7.17 "架空送电线路软件"绘制丘陵地区的平断面图

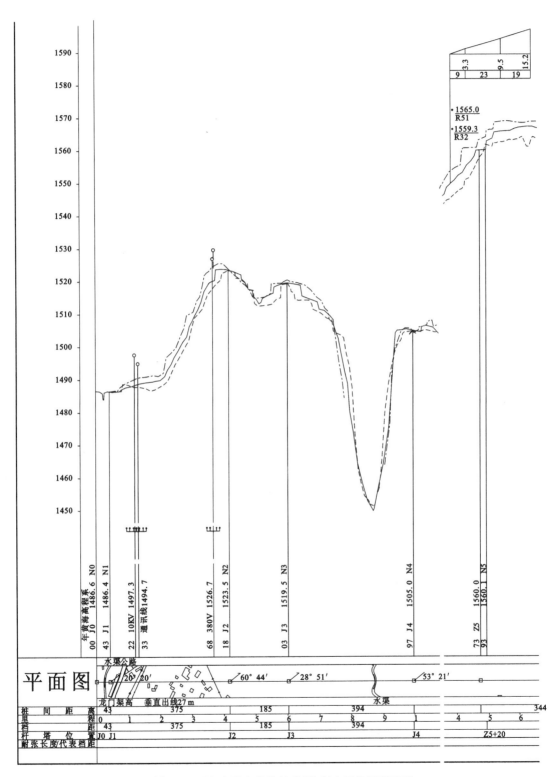

图 7.18 "架空送电线路软件"绘制山区的平断面图

7.6 杆塔定位测量

平断面图测绘后,设计人员应在图上进行排杆设计,即在图上合理地进行杆塔定位,并选择适应的杆型和杆高。在排杆时,选定的杆塔位置应满足导线对地和对交叉跨越物的安全距离,选用的塔型要能最大限度地利用杆塔强度配置适当的档距,还要根据杆塔基坑形状、尺寸和拉线形式,确保所选杆塔位置处有足够的施工场地。由于转角杆塔位置一般就选在转角处,所以排杆一般只是在线路的直线段上排定杆塔位置。

在杆塔定位前首先应向设计人员取得下列资料:塔位明细表;具有导线对地安全线的平断面图;设计定位手册。然后对照平断面图进行实地巡视检查,发现重要地形地物漏测或与实地不符时,应进行补测修改。

定位测量可采用全站仪或 GPS-RTK 进行定位测量。定位测量宜逐基进行。测设出的杆塔中心桩,要求杆塔线路横方向偏离值不大于 50 mm。如果符合要求,则打下大木桩,桩顶钉小铁钉标明点位。当因现场条件不能打塔位桩时,应实测和提供塔位里程和高程,并宜在塔位附近直线方向可保存处打副桩。塔位坑间的距离和高差,应在就近直线桩测定。

杆塔位定好后,应根据观测值计算档距和高差,并将确定的数据绘在断面图上。

定位前和定位中应进行检查测量,其技术要求应符合表 7.7 的规定。

表 7.7 检查测量技术要求

序号	内 容	方 法	允 许 较 差		
			距离较差相对较差	高差较差(m)	角度较差
1	直线桩间方向、距离、高差	判定桩位未被碰动可不作检测,否则应重新测量	1/100	±0.3	
2	被交叉跨越物的距离、高差	10 kV 及以上电力半测回检测		±0.3	
3	危险断面点的距离、高差	近桩半测回检测		平地±0.2 山地、丘陵±0.3	
4	转角桩角度	方向法半测回检测	—	—	±1′30″
5	间接定线的桩间距离、高差	判定桩位未被碰动可不作检测,否则应重新测量			—

注:危险断面点系指导线弧垂轨迹点对地面规定的安全距离不满足要求而构成危险影响的断面点。

在杆塔定位测量中,为了给线路设计人员提供确定的施工基面下降高度的资料,当塔位处地面有坡度时,应将全站仪或经纬仪安置在杆塔位桩上,测绘塔基断面,具体施测范围应满足设计定位手册要求或与设计人员现场协商确定。

门型双杆的塔基断面就是过杆塔位桩且与线路方向垂直的地面横断面。铁塔(有正方形分布的四脚)的塔基断面就是由四脚所构成正方形的两条对角线方向的横断面。如果铁塔的基础根开相等,塔基断面就是与线路方向交角为 45°的两个方向的地面横断面。

塔基断面图的比例尺,水平与垂直分别为 1:100、1:200,或均为 1:100、1:200。塔基断面图样见图 7.19。

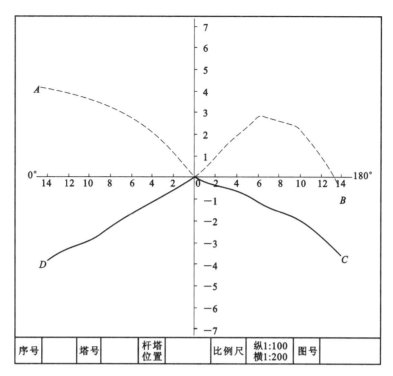

图 7.19　塔基断面图样图

注:1. 竖轴线代表高差,两根线交点为塔位原点。高差正值为上,负值为下。距离向左向右均为正值。

　　2. A、B、C、D 为塔脚方向,其角值大小由塔型或转角而定,以后视为 0°,顺时针分别代表所在的四个象限内,但根据高差情况,在具体点位上下移动。

杆塔定位测量外业完成后,应提交线路平断面图和杆塔位成果明细表,如表 7.8 所示。

表 7.8　杆塔位成果明细表

杆塔编号	杆塔名称	塔型	档距(m)	累计距离(m)	高差(m)	施工基面(m)	转　角
0	门型	J_1					右 2°15′
1	出线纵端	J_1	49	49	+0.5	0	右 15°
2	直线杆	Z_1	250	299	+12.5	−1.5	
3	直线杆	Z_1	290	589	+3.5	−1.0	
4	直线杆	Z_1	280	869	−1.2	−0.5	
5	直线杆	Z_1	306	1175	−10.3	−0.5	
6	直线杆	Z_1	325	1500	+0.5	−1.5	

7.7　线路施工复测和杆塔基坑放样

送电线路的施工复测和杆塔基坑放样是线路施工中的一项重要工作。施工前,根据施工图纸提供的线路中心线上各直线桩、杆塔位中心桩及测站桩的位置、桩间距离、档距和高程,进行复核测量。桩位以及相互距离和高差,其误差不许超过允许范围。若超出允许范围,则应查明原因并予以纠正。当杆塔位置校核完成并无误后,根据该塔的基础类型进行基础坑位置的测定及坑口的放样,这项工作称为分坑,而前项工作称为复测。通常把这两项工作合在一起称为复测分坑。

7.7.1　线路杆塔桩位的复测

送电线路杆塔位中心桩的位置,是由设计人员经设计测量绘制的线路断面图,根据架空线的弧垂以及地物、地貌、地质、水文等有关技术参数精心设计确定的。由于设计定位到施工,需经过电气、结构的设计周期,往往间隔一段较长的时间。在这段时间里,因农耕或其他原因发生杆塔桩位偏移或杆塔桩丢失等情况;甚至在线路的路径上又新增了地物,改变了路径断面,所以,在线路施工前,应按照有关技术标准、规范,对设计测量钉立的杆塔位中心桩位置进行全面复核。对于桩位偏移或丢桩情况,应补钉丢失桩。复测的目的是避免认错桩位、纠正被移动过的桩位和补钉丢失桩,使施工与设计相一致。

7.7.1.1　直线杆塔桩位的复测

直线杆塔桩位复测,是以两相邻的直线桩为基准,采用正倒镜分中法来复测杆塔位中心桩位置是否在线路的中心线上,方法与 7.3.1 节相同。如所定出的桩与原桩位一致或重合,表明该直线杆塔桩位是正确的。如不重合时,量取杆塔桩的横线路方向偏移量,偏移量应符合测量技术规程要求,如不超过限值,则为合格;超过时,应将杆塔位移至所定点上,作为改正后的杆塔桩位。

另一种方法是用测水平角的测回法来确定。如实测水平角平均值在 $180°\pm1'$ 以内时,则认为杆塔中心桩是在线路的中心线上;如实测的水平角平均值超过 $180°\pm1'$,则杆塔中心桩位置发生了偏移,根据角度和桩间距离可计算出偏移值。如横线路方向偏移值超出允许值需采用正倒镜分中法予以纠正。

7.7.1.2　转角杆塔桩位的复测

转角杆塔桩位的复测采用一测回法复测线路转角的水平角度值,检查其复测值是否与原设计的角度值相符合。一般存在一定的偏差,但偏差值不应大于 $\pm1'30''$。如误差超过规定值,则应重新复测以求得正确的角度值。如角度有错误应立即与设计人员联系,研究改正。

输电线路转角杆塔桩的角度是指转角桩的前一耐张段直线与后一耐张段直线之间的夹角。前一直线延长线左侧的角叫左转角,在右侧的角叫右转角。当我们测得的水平角值小于 $180°$ 时,其角值为 $\alpha=180°-\beta$,得到右转角的角值;水平角值大于 $180°$ 时,角值为 $\alpha=\beta-180°$,得到左转角的角值。复测出的角值与设计图纸提供的角值对比判定转角桩的角度是否符合要求。

7.7.1.3　档距和标高的复测

送电线路杆塔的高度是依据地形、交跨物的标高和导线的最大弧垂以及杆塔的使用条件来确定的,因此若相邻杆塔桩位间的档距及杆塔位置、断面标高发生测量错误或误差较大,将会引起导线的对地或对被跨物的安全电气距离不够,或者超出杆塔使用条件。若线路竣工后发现这样的问题势必造成返工,因而造成人力、物力等诸方面的浪费。所以复测工作非常重要,它是有可能发现设计测量错误的重要一环。

复测工作可采用全站仪测量或者 GPS-RTK 测量等方法。

最后根据复测后各桩间的档距和标高与原设计值进行比较,档距误差一般要求应不大于设计档距的 ±1%,高差应不超过 ±0.3 m。如误差超过允许范围时,应查明原因,予以纠正。

送电线路的地形是非常复杂的,而且没有重复性,所以施测方法也要因地制宜,灵活运用。如遇档距较大、凸起点多,或中间还有交跨物时,应增加测站,分段观测,还可采用往返观测来保证在复测中不发生错误。

7.7.1.4　补桩测量

有两种情况需要补桩:一是由于设计测量到施工测量要经过一段时间,因外界影响,当杆塔桩丢失或移位时,需要补桩测量,称为丢桩补测;二是设计时某杆塔位桩由某控制桩位移得到,如 5 号的杆塔位置为 Z5+30,即 5 号的位置由 Z5 桩前视 30 m 定位,这也需要复测时补桩测量,称为位移补桩。补桩测量应根据塔位明细表、平断面图上原设计的桩间距离、档距、转角度数进行补测钉桩,并按现行的有关《架空送电线路测量技术规定》进行观测。

(1) 丢桩补测

直线桩丢失或被移动,应根据线路断面图上原设计的桩间距离,用正倒镜分中延长直线法测定补桩。其测量精度应满足规范要求。

直线杆塔位中心桩丢失或被移动,也应按线路杆塔明细表、平断面图上原设计的档距,采用正倒镜分中延长直线法测量补桩。

当个别转角杆塔位丢桩后,应做补桩测量,施测方法如图 7.20 所示。设图中 J3 为丢失的转角桩,将仪器安置于 Z5 桩上,以后视 Z4 为依据标定线路方向,采用正倒镜分中延长直线的方法,根据设计图纸提供的桩间距离,在望远镜的前视方向上,J3 的前后分别钉 A、B 两个临时木桩,并钉上小铁钉。再将仪器移至直线桩 Z6 上安置,以前视直线桩 Z7 为依据,依上述同样方法,分别钉立 C、D 两个临时木桩。

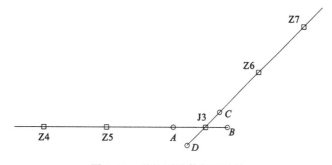

图 7.20　基坑测设数据的计算

四个临时木桩应选在丢失的转角桩 J3 附近,钉桩高度适中。然后用细线分别扎在 A、B和 C、D 桩的小铁钉上,并且拉紧扎牢,AB 与 CD 两线相交点即为 J3 转角桩中心位置,补钉上 J3 转角桩,再用垂球线沿交点放下,垂球尖对准桩面的点,钉上小铁钉标记,则完成补转角桩测量。若补测的转角桩 J3 周围地形较平,且仪器安置在 Z6 直线桩时,通过望远镜能清楚看到

A、B 两钉连接的细线，也可不钉 C、D 临时木桩，在望远镜十字丝与 A、B 细线的交点处直接钉木桩和钉小铁钉。

（2）位移补桩

位移杆塔位中心桩绝大部分都是直线杆塔位桩，但是在线路位于规划区，路径由规划确定的情况下，遇到水塘等在设计测量时无法钉立转角杆塔位桩时，设计通过两线段来计算转角交点或规划提供杆塔位坐标，也需通过位移确定转角杆塔位桩。施测时根据线路杆塔明细表、平断面图上的设计位移值，采用正倒镜分中延长直线法测量补桩。测量方法与上述补直线杆塔位桩和补转角杆塔位桩相同。

7.7.1.5　钉辅助桩

当线路杆塔中心桩复测确定后，应及时在杆塔中心桩的纵向及横向钉立辅助桩。钉立辅助桩的目的是：

（1）施工时标定仪器的方向；

（2）当基础土方开挖施工或其他原因使杆塔中心桩覆盖、丢失或被移动时，可利用辅助桩位恢复杆塔位中心桩原来的位置；

（3）用于检查基础根开、杆塔组立质量。

因此辅助桩被称为施工控制桩。

辅助桩的位置应根据地形情况和杆塔的高度而定，距杆塔中心桩一般为 20～30 m。若地形较为平坦，其距离可选在大于杆塔高度的地方，位置应选择在较稳妥又不易受碰动的地方为宜。当遇有特殊地形不便在杆塔桩两侧钉立桩时，也可以在同一侧钉两个桩。

7.7.1.6　线路复测注意事项

线路复测是线路施工的第一道重要的工序，也是发现和纠正设计测量错误的重要环节，所以它关系到整个线路工程的质量。在复测中应注意以下事项：

（1）在线路施工复测中使用的仪器和量具都必须经过检验和校正。

（2）在复测工作中，应先观察杆塔位桩是否稳固，有无松动现象，如有松动应先将杆塔位桩钉稳固后，再进行复测。

（3）复测后的杆塔位桩上，应清楚注记文字或符号，并涂与设计测量不同的颜色来标识，以示区别和确认复测成果。

（4）废弃无用的桩应拔掉，以免混淆。

（5）在城镇或交通繁忙地区，在杆塔桩周围应钉保护桩，以防碰动或丢失。

7.7.2　杆塔基坑放样

送电线路的施工，包括基础开挖、竖杆和挂线三项工作，相应的测量工作是基坑放样、拉线放样和弧垂放样。杆塔基坑放样，是把设计的杆塔基坑位置测设到线路上指定塔号的杆塔桩处，并用木桩标定，以此作为基坑开挖的依据。基坑放样方法随杆塔形式而异。下面介绍单杆塔、门型塔和四脚杆塔的基坑坑位测设方法。

7.7.2.1　分坑数据的计算

杆塔基础施工图中的基础根开 x（即相邻基础中心距离）、基础底座宽 D 和设计坑深 H 等数据，即分坑数据，如图 7.21 所示。杆塔基础开挖时，一般要在坑下留出 $e = 0.2～0.3$ m 的操作空地。为了防止坑壁坍塌，保证施工安全，要根据坑位土质情况选定坑壁安全坡度 m（见

表 7.9),所以,基坑放样数据计算公式为:

坑底宽

$$b = D + 2e$$

坑口宽

$$a = b + 2m \cdot H$$

表 7.9　一般基坑开挖的安全坡度和施工操作裕度

土壤类别	砂土、砾土、淤泥	砂质黏土	黏土	坚土
安全坡度 m	1:0.67	1:0.50	1:0.30	1:0.22
坑底施工操作裕度 e(m)	0.30	0.20	0.20	0.10~0.20

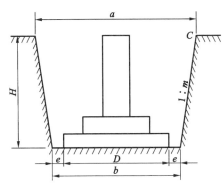

图 7.21　基坑测设数据的计算

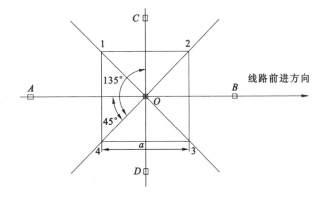

图 7.22　单杆基础坑测量示意图

7.7.2.2　单杆塔

单杆基础包括电杆、拉线塔以及钢管杆的主杆基础。施测方法如图 7.22 所示,将仪器置于杆位中心桩 O 上,瞄准前后杆杆塔桩或直线桩,以确定线路前进方向。钉立 A、B 辅助桩,将水平度盘置 0。水平旋转望远镜使读数处于 45°位置,将钢尺的零刻划对准杆位中心桩的小铁钉标记,在望远镜的视线方向上量取 $\sqrt{2}a/2$ 长度得 1 点。此后依次顺时针旋转照准部,在水平度盘读数分别为 135°、225° 和 315° 的望远镜的视线方向量取同样的距离,分别得到 2、3、4 点,并在各点上钉立桩,这四点即为单杆基础坑的四个顶点标志,即分坑测量完成。

7.7.2.3　门型杆塔

门型杆塔由两根平列在垂直于线路中线方向上的杆构成,如图 7.23 所示。若杆塔基础根开为 x,坑口宽度为 a,坑位放样数据为:

$$\left. \begin{array}{l} F = \dfrac{1}{2}(x - a) \\ F' = \dfrac{1}{2}(x + a) \end{array} \right\} \tag{7.3}$$

坑位测定前,将经纬仪安置在杆塔桩上,照准前(或后)杆塔桩或直线桩,沿顺线路方向定 A、B 辅助桩。再将照准部转 90°,沿线路中线桩的垂线方向定 4 个辅助桩 C、C'、D、D'。辅助桩距杆塔的距离一般为 20~30 m 或更远,应选择在不易碰动的地方。基础坑位测定时,沿线路垂直方向,用钢尺从杆塔量出距离 F 而得到 N_1 点,将标尺横放在地上,使尺边缘与望远镜

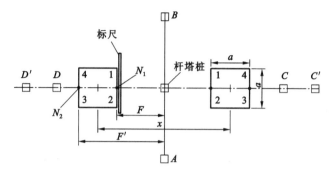

图 7.23 门型杆塔坑位测定

十字丝重合,从 N_1 点向尺两侧各量距离 $a/2$,定出 1、2 两点桩;再量出距离 F' 测出 N_2 点,将标尺移至 N_2 点,同法定出 3、4 桩,依上法定另一侧的坑位桩。

7.7.2.4 直线四脚杆塔

直线四脚杆塔的基础一般成正方形分布,如图 7.24 所示,若杆塔基础根开为 x,坑口宽度为 a,坑底宽度为 b,则坑位放样数据为:

$$
\left.
\begin{array}{l}
E=\dfrac{\sqrt{2}}{2}(x-a) \\[2mm]
E_1=\dfrac{\sqrt{2}}{2}(x-b) \\[2mm]
E_2=\dfrac{\sqrt{2}}{2}(x+b) \\[2mm]
E_3=\dfrac{\sqrt{2}}{2}(x+a)
\end{array}
\right\}
\tag{7.4}
$$

其中,E_1、E_2 在检查坑底时用。

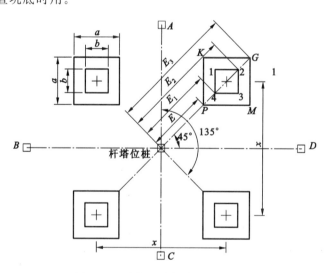

图 7.24 直线四脚杆塔坑位的测定

测定基坑位时,将经纬仪安置在杆塔桩上,照准线路中线方向及线路垂直方向,测设出 A、B、C、D 四个辅助桩,以备施工时标定仪器方向。然后,使望远镜照准辅助桩 A 时,水平度盘读数为 0°,再将照准部转 45°,由杆塔桩起沿视线方向量出距离 E、E_3,定下外角桩 P、G。再将

卷尺零点对准 P 桩,$2a$ 刻划对准 G 桩,一人持尺上 a 刻划处,将尺向外侧拉紧拉平,卷尺就在 a 刻划处构成直角,将卷尺分别折向两侧钉立 K、M 坑位桩。然后,将照准部依次转动 135°、225°、315°,依上述方法测定其余各坑的坑位桩。

7.7.2.5 耐张型转角四脚杆塔

对于耐张型转角四脚杆塔,在分坑时,首先定出转角的角平分线作为基础分坑的轴线,以此轴线为基准进行分坑,方法与直线四脚杆塔类似。

基坑位测定以后,为了计算出各坑由地面实际应挖深度以作为挖坑时检查坑深的依据,要测出杆塔与各坑位桩间的高差。测量时,将仪器安置在杆塔桩上,量出仪器高 i,将水准标尺依次立在各坑位桩上,读出水平视线在尺上的读数 R_1(如图 7.25 所示)。如果该杆塔施工基面为 K,设计坑深为 H,则该坑位自地面起应挖坑深为:

$$H_1 = H + K + i - R_1$$

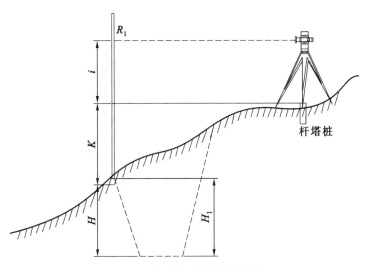

图 7.25 基础坑开挖深度的测定

7.8 拉 线 放 样

拉线是用来稳定杆塔的。这种拉线杆塔可以节省钢材,节约投资,目前在我国送电线路上广泛使用。常用的拉线有 V 形拉线和 X 形拉线,如图 7.26 所示。

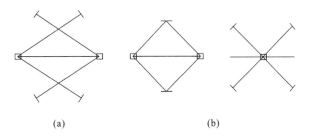

(a)　　　　　　　　(b)

图 7.26 杆塔拉线形式
(a) X 形拉线;(b) V 形拉线

拉线放样就是要在杆塔组立之前,根据杆塔施工图中的拉线与横担的水平投影之间的水

平角 α、拉线上端到地面的竖直高度 H、拉线与杆身的夹角 β 和拉盘的埋深 h,计算拉线放样数据及拉线长度 L,在杆塔桩附近正确测定拉盘中心桩的位置。由于拉线上端与杆抱箍的金具连接,下端与拉线棒相接,所以拉线全长中包括拉线棒和连接金具的长度。接线放样时,经纬仪一般安置在杆抱箍的水平投影点上,该点至杆位桩的距离可从杆塔施工图中量得。

7.8.1　单杆拉线的放样

7.8.1.1　平地的拉线放样

如图 7.27 所示,P 为杆位桩,A 为拉线出土桩,M 为拉盘中心桩,N 为拉盘中心,BN 为拉线。

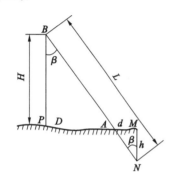

在平坦地面上,$\angle BPA=90°$。若已知拉线上端垂距 H、拉线与杆身夹角 β、拉盘埋深 h,则可求得拉线出土桩至杆位桩的距离 D,拉盘中心桩至拉线出土点的距离 d 和拉线长度 L,其计算公式为:

$$\left.\begin{array}{l} D=H\cdot\tan\beta \\ L=(H+h)\cdot\sec\beta \\ d=h\cdot\tan\beta \end{array}\right\} \tag{7.5}$$

放样时,将经纬仪安置在杆位桩 P 上,先使水平度盘读数为 $0°00'$ 时瞄准横担方向(即直线桩上垂直于线路中线的方向或转角桩上转角的角平分线方向),再将照准部旋转水平角

图 7.27　平地拉线的测设

α,视线方向即为拉线方向。沿线方向,从 P 点起量水平距离 D,测定拉线出土桩 A,再向前量距离 d,测定拉盘中心桩 M。

7.8.1.2　倾斜地面的拉线放样

在图 7.28 中,D、d 为地面斜距,$\angle BPA=\gamma$,其他符号含义同图 7.27,则计算公式为:

$$\left.\begin{array}{l} D=\dfrac{H\cdot\sin\beta}{\sin(\beta+\gamma)} \\[3mm] L=\dfrac{(H+h)\cdot\sin\gamma}{\sin(\beta+\gamma)} \\[3mm] d=\dfrac{h\cdot\sin\beta}{\sin(\beta+\gamma)} \end{array}\right\} \tag{7.6}$$

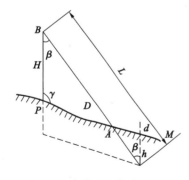

放样时,在杆位桩 P 上安置经纬仪,量出仪器高,使望远镜指向线路的垂直方向,水平度盘读数置为 $0°00'$,将照准部旋转水平角 α,视线方向即为拉线方向。沿视线方向竖立标尺,转动望远镜使横丝照准尺上仪器高处,测出倾斜地面的天顶距 γ 角,测出地面斜距 D'。将已知的 H、β 和测得的 γ 代入公式即可计算 D。若 $D\neq D'$,则移动标尺重新观测,直至 $D=D'$。此时,在立尺点钉桩,即为拉线出土桩 A。再从 A 桩起沿 PA 方向量斜距 d 后钉桩,即得拉盘中心桩 M。

图 7.28　倾斜地面拉线的测设

7.8.2 双杆拉线的放样

7.8.2.1 V形拉线

图 7.29(a)、图 7.29(b)是直线杆 V 形拉线的正面图和平面布置图。图中 a 为拉线悬挂点与杆塔轴线交点至杆中心线的水平距离,H 为拉线悬挂点至杆塔轴与地面交点的垂直距离,h 为拉线坑深度,D 为杆塔中心至拉线坑中心的水平距离。拉线坑位置分布于横担前、两侧,同侧两根拉线合盘布置,并在线路的中心线上,成前后、左右对称于横担轴线和线路中心线。由此,对同一基拉线杆,因为 H 不变,若当杆位中心 O 点地面与拉线坑中心地面水平时,图 7.29(b)中的两侧 D 值应相等;当杆位中心 O 点地面与拉线坑中心地面存在高差时,两侧 D 值不相等,则拉线坑中心位置随地形的起伏使线路中心线移动,拉线的长度也随之增长或缩短。

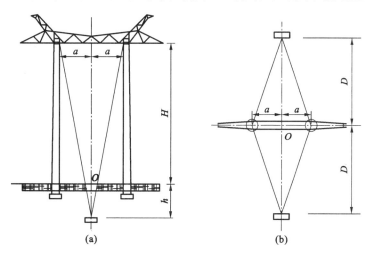

图 7.29 直线杆 V 形拉线示意图

(a) V 形拉线正面示意图;(b) 平面布置示意图

与单杆拉线一样,无论地形如何变化,β 角必须保持不变,所以当地形起伏时,杆位中心 O 点至 N 点的水平距离 D_0 和拉线长度 L 也随之变化。

如图 7.30 所示,β 是 V 形拉线杆轴线平面与拉线平面之间的夹角,P 点是两根拉线形成 V 形的交点,M 点为 P 点的地面位置,N 点是拉线平面中心线与地面的交点,即拉线出土的位置。由图中可以得出:

$$\left.\begin{aligned}
D_0 &= H\tan\beta \\
\Delta D &= h\tan\beta \\
D &= D_0 + \Delta D = (H+h)\tan\beta \\
L &= \sqrt{(H+h)^2 + D^2 + a^2}
\end{aligned}\right\} \quad (7.7)$$

式中　D_0——杆塔位中心至 N 点的水平距离;

　　　ΔD——拉线坑中心桩至 N 点的水平距离;

　　　L——拉线全长;

　　　H——O_1 与 M 点的高差。

放样方法与单杆拉线类似,请大家自己思考。

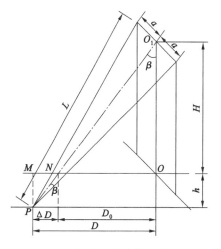

图 7.30 拉线长度计算示意图

7.8.2.2 X形拉线

如图 7.31 所示，X 形拉线的计算与 V 形拉线的计算一样，只是 X 形拉线的平面布置与 V 形拉线有所不同，X 形拉线布置在横担的两侧，且每一侧各有两个成对称分布的拉线坑，每根拉线与横担的夹角均为某一定角（设为 α）。

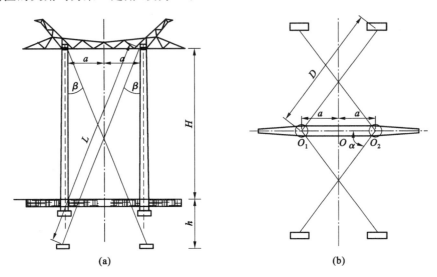

图 7.31 X形拉线示意图

(a) X 形拉线的正面示意图；(b) X 形拉线的平面布置示意图

放样时，首先在线路中心桩 O 点安置仪器，在线路的垂直方向量取 $OO_1 = OO_2 = a$ 得到 O_1、O_2 两点，然后分别在 O_1、O_2 上安置仪器，测设 α 角，写出四条拉线的方向，以后的测设方法与单杆拉线一样。

7.9 导线弧垂的放样与观测

当送电线路全线杆塔组立完毕，经检查合格后，在杆塔上要架设导线和避雷线（合称架空线）。为了保证导线对地、对被跨越物的垂直距离能符合设计要求，在架线前，施工单位分别在每个耐张段中间选择一个或几个弧垂观测档，根据观测时的气温，用公式求出观测档的弧垂，在施工紧线时进行放样；架线工程竣工后，要对导线、地线的弧垂进行检查观测，要求弧垂误差在 $+5\%$ 及 -2.5% 以内，但其正误差最大值应不大于 500 mm。对已经有的线路，为了查明因不平衡受力或地基不均匀沉陷引起的弧垂变化情况，或线路升压改建时，要进行弧垂观测。

7.9.1 弧垂观测档的选择及弧垂值的计算

紧线前，施工单位需根据线路塔位明细表中耐张段技术数据、线路平断面定位图和现场实际情况，计算出观测档的弧垂值。

7.9.1.1 弧垂观测档的选择

一条送电线路由若干个耐张段构成，每一个耐张段至少有一个档，仅有一个档的耐张段称为孤立档；由多个档构成的耐张段，称为连续档。孤立档按设计提供的安装弧垂数据观测该档即可；在连续档中，并不是每个档都进行弧垂观测，而是从一个耐张段中选择一个或几个观测档进行观测。为了使整个耐张段内各档的弧垂都达到平衡,应根据连续档的多少,确定观测档的档数和位置。对观测档的选择有下列要求:

(1)耐张段在五档及以下档数时,选择靠近中间的一档作为观测档;

(2)耐张段在六档至十二档时,靠近耐张段的两端各选一档作为观测档;

(3)耐张段在十二档以上时,靠近耐张段的两端和中间各选一档作为观测档;

(4)观测档应选择档距较大和悬挂点高差较小的档;

(5)弧垂观测档的数量可以根据现场条件适当增加,但不得减少。

7.9.1.2　观测档弧垂的计算

观测档的弧垂值 f,是根据送电线路施工图中的塔位明细表,按观测档所在耐张段的代表档距和紧线时的气温查取安装弧垂曲线(图 7.32)中对应的弧垂值,再根据观测档的档距等因素进行计算。在计算时,还须考虑观测档内有无联有耐张绝缘子串、悬挂点高差以及观测点选择的位置等条件。具体计算依有关规范进行。

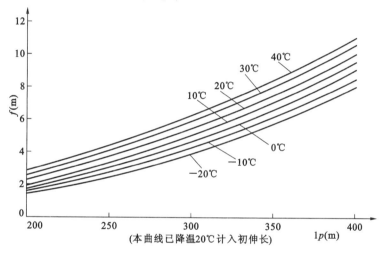

图 7.32　安装弧垂曲线示意图

7.9.2　弧垂的放样

弧垂的放样方法有以下几种:

7.9.2.1　平行四边形法

如图 7.33 所示,在观测档内两侧杆塔上,由架空线悬挂点 A、B 各向下量一段长度 a、b,使其等于观测档的弧垂,定出观测点 A_1、B_1。在 A_1、B_1 各绑一块觇板,其上边缘分别与 A_1、B_1 点重合。觇板长度约为 2 m,宽 $10\sim15$ cm,板面颜色红白相间。紧线时,观测人员目视(或用望远镜)从一侧觇板边缘瞄向另一侧觇板的上边缘,当导线稳定后恰好与视线相切时,架空导线弧垂等于观测档距弧垂 f。

在平行四边形法中,当取 $a=b=f$ 时,称为等长法。当弧垂观测档内两杆塔高度不等,而弧垂最低点不低于两杆塔基部连线时,可用异长法进行弧垂放

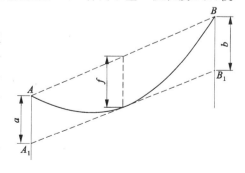

图 7.33　平行四边形法观测弧垂

样。这时,先根据架空线悬挂点的高差情况,计算出观测档弧垂 f,然后选定一个适当的 a 值,计算出相应的 b 值:

$$b = \left(2\sqrt{f} - \sqrt{a}\right)^2 \tag{7.8}$$

观测弧垂时,自 A 向下量 a 得 A_1,自 B 向下量 b 得 B_1,在 A_1、B_1 点绑上觇板,紧线时用目测进行弧垂放样。

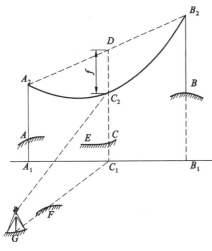

图 7.34　中点天顶距法放样弧垂示意图

平行四边形法是以目视或借助于低精度望远镜进行观测,由于观测人员视力的差异及观测时视点与切点间水平、垂直距离的误差等因素的影响,本法适用于弧垂观测档内档距较短、弧垂较小以及两悬挂点高差不太大的弧垂放样。

7.9.2.2　中点天顶距法

此法适用于平原及丘陵地区的弧垂放样,精度较高。

如图 7.34 所示,A_2、B_2 为导线的悬挂点,D 为 A_2、B_2 连线的中点,过 D 点的铅垂线交导线于 C_2,DC_2 就是导线的弧垂 f。导线上 A_2、B_2、C_2 点在假定水平面上(为简化计算,可以以经过仪器中心的水平面代替)的位置为 A_1、B_1、C_1,在地面上的投影位置是 A、B、C。A_2、B_2、C_2、D 点由假定水平面起算的高程为 H_A、H_B、H_C、H_D。在梯形 $A_2A_1B_1B_2$ 中,因为

$$H_A = \overline{A_2A_1}, \quad H_B = \overline{B_2B_1}, \quad H_C = \overline{C_2C_1}$$

$$H_D = \frac{1}{2}(H_A + H_B)$$

所以

$$f = H_D - H_C = \frac{1}{2}(H_A + H_B) - H_C \tag{7.9}$$

中点天顶距法放样弧垂的方法如下:

(1) 将导线两端的悬挂点投影于地面上,如图中的 A、B;

(2) 找出 A、B 点的中点 C,在 C 点安置全站仪,测设 AB 的垂线段 $CE = b$ 于 E 点;

(3) 在 E 点安置全站仪,测定距离 EA、EB 及导线悬挂点的垂直角 α_A、α_B,由此可计算出悬挂点相对于全站仪的高差,亦即相对于经过仪器中心水平面的高程 H_A、H_B,并且计算出中点 C_2 的天顶距(高度角)Z_C(左盘位置):

$$\left.\begin{array}{l} H_A = \overline{EA} \cdot \tan\alpha_A \\[4pt] H_B = \overline{EB} \cdot \tan\alpha_B \\[4pt] \alpha_C = \arctan\dfrac{(H_A + H_B) - 2f}{2\,\overline{EC}} \\[4pt] Z_C = 90° - \alpha_C \end{array}\right\} \tag{7.10}$$

(4) 在 E 点上保持仪器高度不变,在左盘位置照准 C 点后固定照准部,纵转望远镜,当天顶距读数为 Z_C 时固定望远镜。当导线稳定后恰好与望远镜的十字丝中丝相切时,架空导线

弧垂等于 f。

7.9.2.3　角度法

在线路架设中,还可用角度法进行弧垂的放样,如图 7.35 所示。方法是:

(1) 将导线悬挂点 A_2、B_2 投影于地面得 A、B 并测定 AB 的水平距离 l。

(2) 架仪器于 A 点,量仪器高 i_A 及导线悬挂点 A_2 至仪器横轴的竖直距离 a,照准 B_2 测得竖直角 β。若导线观测档弧垂为 f,则有:

$$\left.\begin{array}{l} b=\left(2\sqrt{f}-\sqrt{a}\right)^2 \\ d=l \cdot \tan\beta \\ c=d-b \end{array}\right\} \qquad (7.11)$$

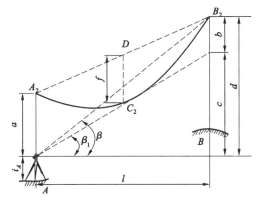
图 7.35　角度法进行弧垂放样

当导线弧垂正好为 f 且经纬仪的视线与导线相切时,竖直角 β_1 应为:

$$\beta_1 = \mathrm{atan}\,\frac{c}{l} \qquad (7.12)$$

(3) 紧线时,经纬仪安置于 A 点,量仪器高 i_A,转动照准部,使望远镜对准紧线方向,且视线的竖直角为 β_1。待导线恰好与视线相切时,导线弧垂就是观测档的弧垂 f。

7.9.3　线路竣工后的检测

7.9.3.1　限距检测

当送电线路全线杆的导线和避雷线(合称架空线)完成架设后,为了保证导线对地、对被跨越物的垂直距离能符合设计要求,架线工程竣工后,要对全线导线的限距进行巡查,对导线对地、物的安全距离较近或值得怀疑的地方,需架设全站仪或经纬仪进行实测。测量方法一般采用全站仪三角高程法。

如图 7.36 所示,M 点是导线上 M' 投影在地面或被跨越物面上的一点。测量 M、M' 之间的垂直距离(限距)h 的方法是:

(1) 在 N 点处安置全站仪(仪器高为 i),在 M 点安置反射棱镜,测量 MN 的水平距离 D 及照准棱镜中心时的垂直角 α_{NM}(棱镜高设为 v);

(2) 将全站仪的望远镜纵转照准 M 点上方的导线点 M',测得垂直角 $\alpha_{NM'}$;

(3) 根据下式计算出垂直距离 MM':

$$\left.\begin{array}{l} h_{NM}=D\tan\alpha_{NM}+i-v \\ h_{NM'}=D\tan\alpha_{NM'}+i \\ h=h_{NM'}-h_{NM} \end{array}\right\} \qquad (7.13)$$

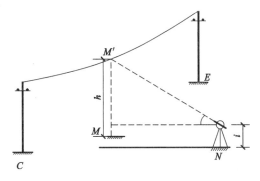
图 7.36　限距或交叉跨越测量示意图

7.9.3.2　驰度检测

架线工程竣工后,要对导线、地线的弧垂进行检查观测,要求弧垂误差在 $+5\%$ 及 -2.5% 的范围内,但其正误差最大值应不大于 500 mm。对已经有的线路,为了查明因不平衡受力或地基不均匀沉陷引起的弧垂变化情况,或线路升压改建时,要进行弧垂观测。

导线弧垂观测的方法较多,现介绍中点高度法、角度法及解析法。

(1)用中点高度法进行弧垂观测

此法适用于平原及丘陵地区的弧垂观测,精度较高。

如图 7.37 所示,A_2、B_2 为导线的悬挂点,D 为 A_2、B_2 连线中点,过 D 点的铅垂线交导线于 C_2,DC_2 就是导线的弧垂 f。导线上 A_2、B_2、C_2 点在假定水平面上的投影位置是 A_1、B_1、C_1,在地面上的投影位置是 A、B、C。A_2、B_2、C_2、D 点由假定水平面起算的高程为 H_A、H_B、H_C、H_D。在梯形 $A_2A_1B_1B_2$ 中,因为

$$H_A = \overline{A_2A_1}, \quad H_B = \overline{B_2B_1}, \quad H_C = \overline{C_2C_1}$$

所以

$$H_D = \frac{1}{2}(H_A + H_B)$$

$$f = H_D - H_C = \frac{1}{2}(H_A + H_B) - H_C \tag{7.14}$$

只需测定 A_2、B_2、C_2 三点高程,即可根据式(7.14)求出导线弧垂 f。

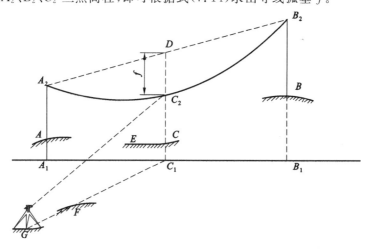

图 7.37　中点高度法观测弧垂示意图

如果用全站仪,如何找到 C_2 点?如何测出 A_2、B_2、C_2 的高程呢?请大家讨论、分析,提出解决方案。

(2)用角度法进行弧垂观测

当导线跨越河流、山丘或因档距较大而使中间点无法投影于地面或不便投影时,可用此法。

如图 7.38 所示:A_2、B_2 为导线的悬挂点,D 为 A_2、B_2 连线中点,过 D 点的铅垂线交导线于 C_2,DC_2 就是导线的弧垂 f。设 P 为导线上一点,过 P 点作导线的切线,与过 A_2、B_2 点铅垂线相交于 A_1、B_1 点,令:

$\overline{A_1A_2} = a$,$\overline{B_1B_2} = b$,则导线弧垂为:

$$f = \left(\frac{\sqrt{a} + \sqrt{b}}{2}\right)^2$$

所以,只要求出 a、b 值,即可以计算 f 值。为了保证观测弧垂的精度,当切点 P 靠近 C_2 点(测出 a、b 均小于 $3f$ 时),才能使用本法。

如何测出 a、b 值呢?请大家讨论、分析。

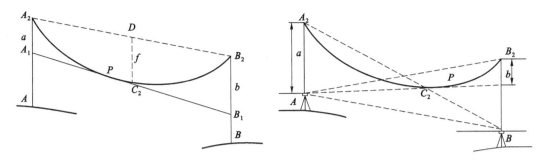

图 7.38　角度法观测弧垂示意图

（3）用解析法进行弧垂观测

解析法观测导线弧垂一般用于地形复杂或大跨越处,特别适用于跨大沟谷、跨河、跨湖处。

解析法观测导线弧垂的基本思想是利用抛物线的方程来解算。如图 7.39 所示,A、B 为导线的悬挂点,C 为导线的中点,A'、B'、C' 为 A、B、C 的投影点。以 $A'A$ 为 y 轴,以 AB 的投影线为 x 轴建立坐标系。则抛物线的方程为:$y = Ax^2 + Bx + C$。

下面直接介绍观测步骤,其基本思想请大家去领会。

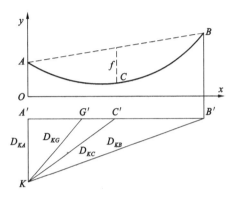

图 7.39　解析法观测导线的弧垂示意图

观测步骤:

① 投影 A、B 于地面得 A'、B',过 A' 点作 $A'B'$ 的垂线用木桩标定为 K。

② 在 K 点安置全站仪,分别测出导线悬挂点的竖直角 α_A、α_B,测量距离 D_{KA}、D_{KB},测出水平角 $\angle AKB = \beta$,计算档距 l 及悬挂点的高程 H_A、H_B。

③ 观测导线上任一点 G 的水平角 β_G 和竖角 α_G,计算水平距离 D_{KG},求得 G 点的高程 H_G。

④ 求抛物线系数。

因 $x_A = 0$,$x_B = l$,$y_A = H_A$,$y_B = H_B$,故有方程组:

$$\begin{cases} y_A = C \\ y_B = A x_B^2 + B x_B + C \\ y_G = A x_G^2 + B x_G + C \end{cases}$$

解得:

$$A = \frac{\begin{vmatrix} y_A - y_B & x_A \\ y_G - y_B & x_G \end{vmatrix}}{\begin{vmatrix} x_A^2 & x_A \\ x_G^2 & x_G \end{vmatrix}} = \frac{\Delta A}{\Delta}$$

$$B = \frac{\begin{vmatrix} x_A^2 & y_A - y_B \\ x_G^2 & y_G - y_B \end{vmatrix}}{\begin{vmatrix} x_A^2 & x_A \\ x_G^2 & x_G \end{vmatrix}} = \frac{\Delta B}{\Delta}$$

⑤ 求最低点高程

$$x_F = -\frac{B}{2A}$$

$$y_F = Ax_F^2 + Bx_F + C$$

再根据 x_F 求水平角：

$$\beta_F = \arctan\frac{x_F}{D_{KA}}$$

根据 β_F 定 F 方向，并切准该方向上的导线，测得 γ_F，则：

$$S_F = \frac{D_{KA}}{\cos\alpha_F}$$

$$y_{F观} = H_{K1} + i + S_F\tan\gamma_F$$

⑥ 求中间点的高程

$$S_C = \frac{D_{KA}}{\cos\alpha_C}$$

$$y_{C观} = H_{K1} + i + S_C\tan\gamma_C$$

$$y_{C计} = Ax_C^2 + Bx_C + C$$

将 $x_{F计}$、$y_{C计}$ 与 $x_{F测}$、$y_{C测}$ 比较，可校核 A、B、C 的正确性。

⑦ 求弧垂：

$$f = y_A - y_F$$

$$f_C = \frac{1}{2}(y_A + y_B) - y_C$$

⑧ 记录观测时的温度和风力。

如果不能将悬挂点投影于地面，我们又该如何用解析法测量导线的弧垂呢？请大家讨论，提出解决方案。

思考题与习题

7.1　在我国，高压输电线路的电压等级是如何划分的？

7.2　什么是导线的弧垂？什么是导线的限距？什么是档距？

7.3　输电线路选线测量和定线测量的主要任务是什么？

7.4　定线测量时，如果相邻转点互不通视，怎样在线路中线上确定直线桩的位置？

7.5　在什么情况下要施测边线断面与风偏断面？如何施测？

7.6　输电线路与电力线交叉时，如何进行交叉跨越测量？

7.7　根据下图和下表观测成果绘制架空送电线路平断面图。（比例尺：平距 $1:2000$，高程 $1:200$。）

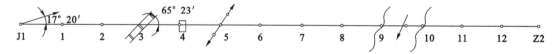

测站	测点		平距(m)	高差(m)	高程(m)	备 注
	点号	点名				
J1	Z1	方向桩	295	+8.7	85.2	HJ₁=76.8 m
	1	断面点	45	−1.8		
	2	断面点	96	−2.4		
	3	轨顶	123	−1.4	75.4	
	4	断面点	169	−0.5		房顶高 2.5 m
	5	断面点	242	+1.2		电力线高 5.6 m(110 kV)
	6	断面点	269	+0.7		
Z1	Z2	方向桩	305	+8.3	93.8	
	7	断面点	56	+3.0		
		右边线		−1.0		
	8	断面点	65	−8.5		
	9	断面点	105	−12.3	73.2	
	10	断面点	160	−12.3		
	11	断面点	201	−6.0		
	12	断面点	252	+1.9		
		左边线		2.4		

7.8 在导线的弧垂测量中,如果导线的悬挂点不能投影在地面上,能否测量出导线的弧垂?如果能测量,试举例说明?若不能测量,试简述其理由。

8 水利工程测量

【学习目标】

1. 了解我国水利工程测量的主要内容;
2. 掌握水闸的施工放样的方法与步骤;
3. 掌握土坝施工放样的方法与步骤;
4. 掌握水库淹没界桩的测设方法。

【技能目标】

1. 能识读水利工程施工图;
2. 能进行水闸的施工放样工作;
3. 能测设水库淹没界桩;
4. 能够计算水库的库容。

8.1 概　　述

水利工程根据其用途可分为防洪工程、航运工程、筑港工程、灌溉工程、水力发电工程及输水工程等。不同的水工建筑物所起的作用不同。不同类型的水工建筑物构成一个完整的综合体,称为水利枢纽。大型水利枢纽一般包括大坝、电站厂房、泄水闸、船闸以及水工隧洞等。

水利工程测量是指水利工程规则设计、施工建设和运营管理各阶段的测量工作,它的主要内容有:工程控制测量(平面、高程)、地形图测绘(包括水下地形测量)、纵横断面测量、定线和放线测量、工程变形观测等。不同阶段测量工作内容不同。

在规划设计阶段的测量工作包括:

为流域综合利用规划、水利枢纽布置、灌区规划等提供小比例尺地形图;为水利枢纽地区、引水、排水、推算洪水以及了解河道冲淤情况等提供大比例尺地形图(包括水下地形图);其他线路测量、纵横断面测量、库区淹没测量、渠系和堤线、管线测量等。

在施工建设阶段的测量工作主要包括:

布设各类施工控制网测量,各种水工构筑物的施工放样测量,各种线路的测设,水利枢纽地区的地壳变形、危崖、滑坡体的安全监测,配合地质测绘、钻孔定位,水工建筑物填筑(或开挖)的收方、验方测量,竣工测量,工程监理测量等。

在运行管理阶段的测量工作内容包括:

水工建筑物投入运行后发生沉降、位移、渗漏、挠曲等变形测量、库区淤积测量,电站尾水泄洪、溢洪的冲刷测量等。

本章主要讲述有代表性的水工建筑物(水闸和土坝)的施工放样测量和水库测量。

8.2　水闸的施工放样

水闸是修建在河道、渠道或湖、海口,利用闸门控制流量和调节水位的水工建筑物,如图8.1所示。

图 8.1　水闸

水闸主要由闸墩、闸门、两边侧墙、闸室、上游连接段和下游连接段组成。闸室是水闸的主体,设有底板、闸门、启闭机、闸墩、胸墙、工作桥、交通桥等。闸门用来挡水和控制过闸流量,闸墩用以分隔闸孔和支撑闸门、胸墙、工作桥、交通桥等。底板是闸室的基础,将闸室上部结构的重量及荷载向地基传递,兼有防渗和防冲的作用。闸室分别与上下游连接段和两岸或其他建筑物连接。上游连接段包括:在两岸设置的翼墙和护坡,在河床设置的防冲槽、护底及铺盖,用以引导水流平顺地进入闸室,保护两岸及河床免遭水流冲刷,并与闸室共同组成足够长度的渗径,确保渗透水流沿两岸和闸基的抗渗稳定性。下游连接段,由护坦、海漫、防冲槽、两岸翼墙、护坡等组成,用以引导出闸水流向下游均匀扩散,减缓流速,消除过闸水流剩余动能,防止水流对河床及两岸的冲刷。

由于水闸一般建筑在土质地基甚至软土质地基上,因此通常以较厚的钢筋混凝土底板作为整体基础,闸墩和翼墙就浇筑在底板上,与底板结成一个整体。放样时,应先放出整体基础开挖线;在基础浇筑时,为了在底板上预留闸墩和翼墙的连接钢筋,应放出闸墩和翼墙的位置。

水闸的施工放样包括:主要轴线的放样、闸底板的放样、闸墩的放样以及下游溢流面的放样等。

8.2.1　水闸主要轴线的放样

水闸主要轴线的放样,就是在施工现场标定轴线端点的位置。图8.2为三孔水闸平面布置示意图。主要轴线放样就是在现场标定出 A、B 和 C、D 点的位置。

标定方法是:

(1)根据水闸的设计图,量取轴线端点 A、B 的坐标。

(2)利用周围的控制点,测设出主轴线 A、B 点的位置,并用木桩或埋石标定。为了便于检查和恢复端点桩,还需在 AB 轴线两端点定出 A'、B' 两个引桩,引桩应位于施工范围之外、地势较高、稳固易保存的位置。

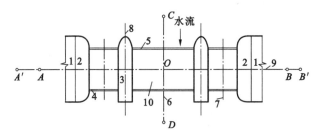

图 8.2　水闸平面布置示意图

1—坝体；2—侧墙；3—闸墩；4—工作闸门；5—检修闸门；6—水闸中心线；

7—闸孔中心线；8—闸墩中心线；9—水闸中心轴线；10—闸室

（3）在 AB 轴线点精确地测定出轴线 AB 与 CD 的交点的位置 O 点（水闸的中心点），并标定之。

（4）在 O 点安置仪器，测设 AB 轴线的垂线 CD，并用木桩或埋石，在施工范围之外、能够保存处标定出 C、D 点。

8.2.2　闸底板的放样

水闸主要轴线测设完成后，即可依据施工图纸中标明的底板尺寸将水闸底板放样出来。如图 8.3 所示，水闸主要轴线 AB、CD 已经测设完成。放样水闸底板的方法很多，比较简单的是采用全站仪测距法。

（1）在 C（或 D）点安置全站仪，后视 D（或 C）点，根据施工图纸的相关数据，在 CD 方向上测设出 M、N 点；

（2）分别在 M、N 点安置全站仪，以 D、C 定向，测设 CD 的两条垂线，分别与水闸边墩中线相交 1、2、3、4（也可以根据水闸底板的尺寸测设水平距离得到 1、2、3、4 点），1、2、3、4 即为水闸底板的 4 个角点。

水闸底板放样还有其他的方法可以实施，请大家讨论分析。

水闸底板的高程、放样底板的设计高程和周边控制点的高程，采用水准测量的方法或全站仪测距三角高程法进行放样。

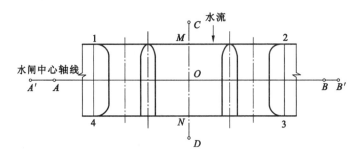

图 8.3　水闸底板放样示意图

8.2.3　闸墩的放样

闸墩的放样，同样先根据主要轴线测设出闸墩中线，再以闸墩中线为依据，测设出闸墩的轮廓线。

在放样前,应根据水闸的基础平面图,获取或计算相关的测设数据。放样时,以水闸的主要轴线 AB、CD 为依据,在现场标定出闸孔中线、闸墩中线、闸墩基础开挖线以及闸底板的边线等。待水闸基础混凝土垫层打好凝固后,在垫层上再精确测设出主要的轴线和闸墩中线等。根据闸墩中线,测设出闸墩的平面位置的轮廓线。

闸墩的平面位置的轮廓线分为直线和曲线两部分。闸墩的下游部分为直线,闸墩的上游部分一般设计成椭圆曲线,如图 8.4 所示。

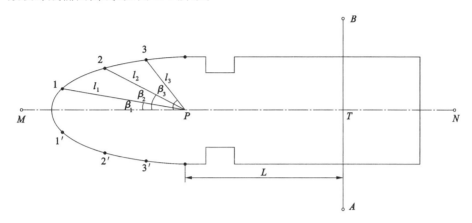

图 8.4 用极坐标法放样闸墩曲线部分示意图

（1）闸墩的直线部分的放样

闸墩的直线部分可根据平面图上设计的有关尺寸,用直角坐标法放样。

（2）闸墩的曲线部分的放样

曲线部分放样前,先根据设计的椭圆方程,计算曲线上相隔一定距离点的坐标,由各点的坐标求出椭圆的对称中心的点 P 到各点的测设数据 β_i 和 l_i。

根据水闸的轴线 AB、闸墩中线 MN 定出两轴线的交点 T,沿闸墩中线测设距离 L 定出 P 点,在 P 点安置全站仪,以 M 点定向,用极坐标法分别放样 1、2、3 等点。同样可放样 PM 对称的曲线上的 $1'$、$2'$、$3'$ 等点。施工人员根据测设的曲线放样线立模。闸墩椭圆部分的模板,如果是预制块并进行预安装,则只要放出曲线上几个点即可满足立模要求。

闸墩的高程放样,可根据场地的高程控制点,按高程放样方法在模板内侧标出高程点。随着墩体的升高,有些部分不能用水准测量的方法进行放样,这时可用钢卷尺从已浇筑的混凝土高程点上直接丈量放出设计高程。

8.2.4 下游溢流面的放样

为了消减水流通过闸室的能量,降低水流对闸室的冲击力,通常将闸室下游溢流面设计成抛物线,如图 8.5 所示。由于溢流面的纵剖面是一条抛物线,因此,纵剖面上各点的设计高程是不同的。放样前,应根据放样的精度要求,利用设计的抛物线方程,计算出不同水平距离对应的纵剖面点的高程。溢流面的放样可依下述步骤进行:

（1）以闸室下游水平方向线为 x 轴,闸室底板下游高程中溢流面的起点 O（称为变坡点）为原点,通过原点 O 的铅垂线方向为 y 轴（即溢流面的起始线）,建立局部坐标系。

（2）根据抛物线方程,每隔一定距离计算抛物线上各点的高程。

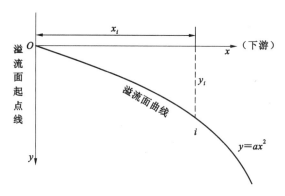

图 8.5　溢流面局部坐标系

$$\left.\begin{array}{l}H_i = H_0 - y_i \\ y_i = \alpha x^2\end{array}\right\} \tag{8.1}$$

式中　H_i——i 点设计高程;

　　　　H_0——下溢流面起始高程,由设计部门给定;

　　　　y_i——与 O 点相距水平距离为 x_i 的 y 值,由图可以看出,y 值就是高差;

　　　　a——抛物线方程系数,一般为 0.006。

(3) 在闸室下游两侧设置垂直的样板架,根据选定的水平距离,在样板架上作垂线,再用水准仪按高程放样方法,在各垂线上标出相应点的位置。

(4) 将各高程标志点连接起来,即为设计的抛物面与样板架的交线,该交线就是抛物线。施工人员根据抛物线安装模板,浇筑混凝土后即为下游溢流面。

8.3　土坝的施工放样

土坝具有施工简单、就地取材等特点。在我国,中小型水坝,常用土坝修筑成。土坝的施工放样就是将图上设计的土坝的形状、大小、位置等,正确地测设到施工场地。土坝的施工放样的主要内容包括坝轴线的测设、坝身控制测量、清基开挖线的放样、坡脚线和坝体边坡的放样以及修坡桩的标定等。

8.3.1　坝轴线的测设

小型土坝的轴线位置,一般由工程设计和有关技术人员,根据坝址的地质和地形情况,在现场直接选定,并用大木桩或混凝土标定轴线的端点。

大、中型土坝或与混凝土连接的土坝(称为副坝),其轴线的位置应根据坝轴线端点的设计坐标,利用坝址附近的控制点,测设出坝轴线端点的位置,并用永久性标志确定端点的位置。

8.3.2　坝身控制测量

坝轴线是土坝施工放样的主要依据,但是,土坝的施工往往是全面展开,在施工相互干扰较大的状况下,进行土坝的坡脚线、坝坡面、马道等坝体各细部的放样,只有一条轴线是不能满足施工需要的,必须在坝轴线确定后,进行坝身控制测量。

8.3.2.1　平面控制测量

坝身控制测量一般以坝轴线为依据，根据需要每隔 5 m、10 m 或 20 m 测设一系列与坝轴线平行和垂直的直线，并用混凝土桩标定。

（1）平行于坝轴线的直线测设

如图 8.6 所示，M、N 是坝轴线的两个端点，M'、N' 是坝轴线的引桩。将经纬仪或全站仪安置在 M 点，照准 N 点，固定照准部，在视线方向上，向河床两岸较平坦处投设 A、B 两点。然后，分别在 A、B 点安置仪器，标出坝轴线的两条垂线 CE 和 DF，在垂线上按建筑物的布置和施工需要，一般每隔 5 m、10 m 或 20 m 测设距离，定出 a、b、c… 和 a_1、b_1、c_1…，aa_1、bb_1、cc_1… 直线就是坝轴线的平行线，为了施工放样，应将 a、b、c… 和 a_1、b_1、c_1… 点投测到河床两岸的山坡上，并用混凝土桩标定。

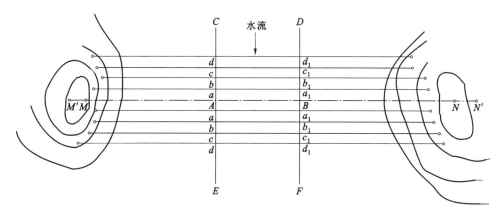

图 8.6　平行于坝轴线的直线测设示意图

（2）垂直于坝轴线的直线测设

通常将与坝轴线上与坝顶高程一致的地面点作为坝轴线里程桩的起点，称为零号桩。从零号桩起，每隔 10～20 m 分别设置一条垂直于坝轴线的直线。垂直线的间距随坝址地形条件而定，地形复杂时，间距要缩小。

零号桩如何测设呢？下面是零号桩测设的一种方法，供同学们参考。

如图 8.7 所示，在坝轴线的 M 点附近安置水准仪，后视水准点上的水准尺，得读数为 a，则前视零号桩上应有的读数为：

$$b=(H_0+a)-H_顶 \tag{8.2}$$

式中　H_0——水准点的高程；

　　　H_0+a——视线高程；

　　　$H_顶$——坝顶的设计高程。

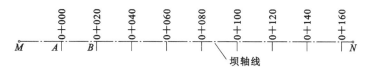

图 8.7　坝轴线里程桩的测设示意图

在坝轴线的另一端 N 点安置经纬仪或全站仪，照准 M 点，固定照准部，扶尺员持水准尺在视线方向上沿山坡上、下移动，当水准仪中丝读数为 b 时，该立尺点即为坝轴线上零号桩的位置。

坝轴线上零号桩测设完成后,沿轴线方向,每隔 10 m 或 20 m 测设需要设置垂线的里程桩的位置,并用木桩标定之。在各里程桩上安置全站仪,照准坝轴线上较远的一个端点 M 或 N,正倒镜测设 90°,即得到一系列与坝轴线垂直的直线,将这些垂线投测到围堰上或山坡上,用木桩或混凝土桩标定各垂线的端点,这些端点是测量横断面以及放样清基开挖线、坝坡面的控制桩。

8.3.2.2　高程控制测量

为了方便地进行坝体的高程放样,除了在施工范围外布设三等或四等精度的永久性水准点外,还应在施工范围内设置临时性的水准点。这些临时性的水准点应布设在坝体附近,以安置 1～2 站能测设出需要的高程点为原则。临时性水准点应与永久性的水准点构成附合或闭合水准路线,按五等精度施测。

8.3.3　清基开挖线的放样

清基开挖线就是坝体与地面的交线。清基的目的是清除坝基自然表面的松散土壤、树根等杂物,使坝体能与地面紧密结合。清基时,为不超量开挖,测量人员应根据设计图,结合地形情况,放样出清基开挖线,以确定施工范围。

放样清基开挖线时,先在施工图上获取放样数据,然后根据控制桩放样出开挖点。如图 8.8 所示,B 点是在坝轴线上里程为(0+060)的控制桩,A、C 为坝体的设计断面与地面上、下游的交点,量取图上 BA、BC 的水平距离 d_1、d_2。放样时,在 B 点安置全站仪,定出横断面方向,分别向上、下游方向测设水平距离 d_1、d_2,标定出清基开挖点 A、C。依此法,定出各断面的清基开挖点。各开挖点的连线即为清基开挖线,如图 8.9 所示。由于清基开挖有一定的坡度和深度,所以,从断面上获取 d_i 时应考虑深度和坡度,加上一定的放坡长度。

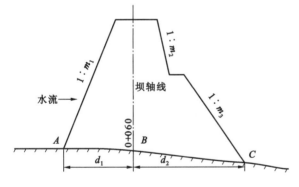

图 8.8　清基开挖点放样数据的获取示意图

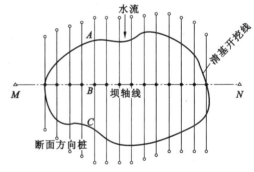

图 8.9　清基开挖线示意图

8.3.4　坡脚线的放样

基础清理完成后,需在清基后的地面上测设坝体与地面的交线,即坝体的坡脚线,以便填筑坝体。坡脚线的放样可用平行线法或趋近法进行。

8.3.4.1　平行线法

坝身控制测量设置的平行坝轴线的直线与坝坡面相交处的高程可按式(8.3)计算。

$$H_i = H_{顶} - \frac{1}{m}\left(d_i - \frac{b}{2}\right) \tag{8.3}$$

式中　H_i——第 i 条平行线与坝坡面相交处的高程；

　　　　d_i——第 i 条平行线与坝轴线之间的水平距离；

　　　　$H_{顶}$——坝顶的设计高程；

　　　　b——坝顶的设计宽度；

　　　　$\frac{1}{m}$——坝坡面的设计坡度。

各条平行线与坝坡面相交处的高程计算后，即可在平行线上，用高程放样的方法测设 H_i 的坡脚点。具体测设方法与测设轴线上零号桩的位置的方法相同。

各坡脚点的连线即为坝体的坡脚线。为确保坡面碾压密实，坡脚处填土的位置应比现场标定的坡脚线范围要稍大些。多余的填土部分称为余坡，余坡的厚度取决于土质及施工方法，一般为 0.3～0.5 m。

8.3.4.2　趋近法

清基完成后，先恢复坝轴线上各进程桩的位置，并测定桩点的地面高程，然后，将全站仪分别安置于各里程桩上，定出各断面方向，根据设计断面预估的水平距离，沿断面方向置棱镜，测定置镜点的水平距离 d' 与高程 H'_A。如图 8.10 所示，图中 A 点到 B 点的轴距为 d，可按下式计算：

$$d = \frac{b}{2} + m(H_{顶} - H'_A) \tag{8.4}$$

式中　H'_A——置镜点 A' 的高程；

　　　　$H_{顶}$——坝顶的设计高程；

　　　　b——坝顶的设计宽度；

　　　　m——坝坡面的设计坡度的分母。

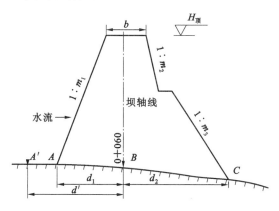

图 8.10　趋近法测设坡脚点示意图

若计算的轴距 d 与实测的不等，说明置镜点 A' 不是该断面设计的坡脚点。应沿断面方向移动立尺点位置，重复上述观测与计算，直至实测的轴距与计算的轴距之差在容许范围为止，这时的立尺点即为设计的坡脚点。按上述方法，施测其他断面的坡脚点，用白灰线连接各坡脚点，即为坝体的坡脚线。

8.3.5　坝体边坡线的放样

坝体边坡线的放样,是在坝体修筑时,在每个断面上标定上料桩的边界。

坝体坡脚线标定后,施工人员就可以在坡脚线范围内填土。为保证土坝修筑密实,在施工时需分层上料,每层填土厚度约为 0.5 m,上料后即进行碾压、夯实。为了保证坝体的边坡符合设计要求,每层碾压后应及时确定上料边界。每个断面上料桩的标定常采用轴距杆法和坡度尺法两种。

8.3.5.1　轴距杆法

根据土坝设计断面图,坝坡面不同高程点到坝轴线的水平距离可通过式(8.4)计算出来,该距离是坝体修筑成的实际轴距。放样上料桩时,应考虑余坡的厚度,在计算的轴距上须加上余坡厚度的水平距离,图 8.11 中所示的虚线为余坡的边线。

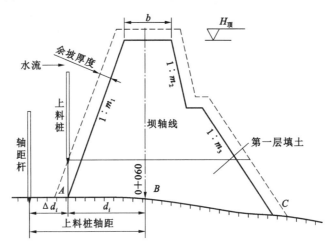

图 8.11　轴距杆法测设上料桩示意图

在土坝施工过程中,坝轴上的里程桩是不便保存的,从里程桩量取轴距来标定上料桩很困难。在实际工作中,一般在各里程桩的横断面的上、下游方向,预先埋设一根标志杆(如竹杆),这些标志杆称为轴距杆。轴距杆到坝轴线的距离常为 5 的倍数,即轴距 $d'_{轴}=5n(n$ 取自然整数),以"米"为单位,其数值依坝坡面距里程桩的远近而定。

放样上料桩时,先测量已填筑的坝体边坡顶的高程,加上待填土的高度即得上料桩的高程 H_i,按式(8.4)计算该断面上料桩的轴距 d_i。然后按式(8.5)计算从轴距杆向坝体方向应测设的距离。

$$\Delta d_i = d' - d_i \tag{8.5}$$

式中　d'——轴距杆至坝轴线的水平距离;

　　　d_i——上料桩至坝轴线的水平距离。

在断面方向上,从轴距杆向坝体内侧测设 Δd_i,即可定出该层上料桩的位置,一般用竹杆标定在已碾压的坝体内,并在杆上涂红油漆标明上料的高度。

8.3.5.2　坡度尺法

坡度尺是根据设计的坝坡面用木板制成的直角三角尺,如图 8.12 所示。例如,坝坡面设计的坡度 $i=1/m$,则坡度尺的一直角边为 1 m,另一直角边长则为 m m,这样就制作成了坡度

$i=1/m$ 的坡度尺。在较长的一条直角边上安装一个水准管,也可在直角边的木板上画一条平行于 AB 的直线 MN,在 M 点钉一小钉,在钉上挂一个垂球。

边坡放样时,用一根细绳作为依据,将细绳的一端系于坡脚桩上,在细绳的另一端竖立标志杆(如竹杆),用坡度尺的斜边紧贴细绳,当水准管气泡水平或垂球线与尺上标志线 MN 重合时,拉紧的细绳倾斜度即为边坡的设计坡度,在标志杆上标明细绳一端的高度,如图 8.13 所示。由于拉紧的细绳影响施工,平时将细绳取下,当需要确定上料坡度时,再把细绳在标志位置拉起来即可。

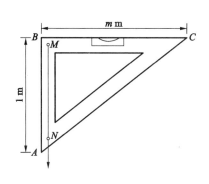

图 8.12 坡度尺示意图

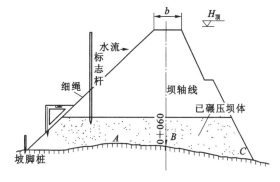

图 8.13 用坡度尺放样边坡示意图

8.3.6 修坡桩的标定

坝体修筑到设计高程后,需对坝坡面进行修整,以达到设计要求。修坡是根据修坡桩进行的。修坡桩可采用水准仪或全站仪测设。

8.3.6.1 水准仪法

用水准仪测设修坡桩的步骤是:

(1)在已填筑的坝坡面上,定出一排排平行于坝轴线的木桩。纵、横木桩之间的间距不宜过大。

(2)用钢卷尺丈量各木桩到坝轴的水平距离,并按式(8.3)计算木桩的坡面设计高程。

(3)用水准仪测定各木桩的坡面高程,各点的坡面高程与各点的设计高程之差即为该点的削坡厚度,在木桩上标明之。

8.3.6.2 全站仪法

使用全站仪测设修坡木桩要比用水准仪方便快捷,已广泛应用于施工测量中。

(1)根据坡面设计坡度,计算出坡面与水平面之间的夹角(坡面倾角)。如坡面设计坡度 $i=1:2$,则坡面倾角为:

$$\alpha = \arctan\left(\frac{1}{2}\right) = 26°33'54''$$

(2)在填筑的坝顶边缘安置全站仪,量取仪器高 i,将望远镜视线向上倾斜 α,固定望远镜,此时视线平行于设计的坡面。

(3)沿视线方向,每隔 $3\sim 5$ m 竖立标尺,如中丝切取的读数为 L,则该尺点的修坡厚度为:

$$\delta = i - L$$

如果安置仪器处的高程与坝顶设计高程不一致时,该如何处理呢?请大家思考。

8.3.7 护坡桩的标定

坝坡面修整后,需要护坡,为此要进行护坡桩的标定。

(1)护坡桩的标定一般从坝脚线开始,沿坝坡面高差每隔 5 m 布设一排,每排木桩之间的间距为 10 m,每排与坝轴线平行,木桩在坝面上构成方格网状。如图 8.14 所示。

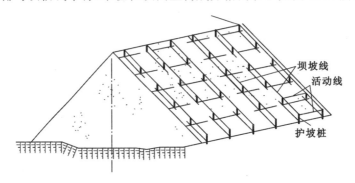

图 8.14 护坡桩标定示意图

(2)将设计高程测设于木桩上,并在设计高程处钉一小钉,称为高程钉。

(3)在大坝横断面方向的高程钉上系一根细绳,以控制坡面的横向坡度。

(4)在平行于坝轴线方向系一活动线,当活动线沿横断面线的细绳上、下移动时,其轨迹就是设计的坝坡面。

(5)活动线是砌筑护坡的依据,如果是草皮护坡,高程钉一般高出坝坡面 5 cm;如果是块石护坡,则应按设计要求预留铺盖块石的厚度。

8.4 水 库 测 量

8.4.1 概述

水库(见图 8.15),一般的解释为"拦洪蓄水和调节水流的水利工程建筑物,可以用来灌溉、发电、防洪和养鱼"。它是指在山沟或河流的狭口处建造拦河坝形成的人工湖泊。水库建成后,可起防洪、蓄水灌溉、供水、发电、养鱼等作用。有时天然湖泊也称为水库(天然水库)。水库规模通常按库容大小划分(见表 8.1)。

表 8.1 水库规模类型的划分

水 库 类 型		总 库 容
小型水库	小(二)型	10 万～100 万 m³
	小(一)型	100 万～1000 万 m³
中型水库	中	1000 万～1 亿 m³
大型水库	大(二)型	1 亿～10 亿 m³
	大(一)型	大于 10 亿 m³

图 8.15 水库

在设计水库时,需确定水库蓄水后淹没的范围、计算水库的汇水面积和水库的库容以及设计库岸加固和防护工程等。为兴修水库而进行的测量工作,称为水库测量。水库测量的内容主要有:库区控制测量、库区地形图测绘、水库淹没线测量、水库库容计算、水库的施工测量以及水库的安全监测等。水库测量目前主要依据的规范是《水利水电工程测量规范(规划设计阶段)》(SL197—97)以及国家、行业测绘有关规定。本节主要介绍水库的淹没界线测量和水库库容计算,其他测量工作内容在其他的课程已经进行了讲述或在其他章节中作了介绍,实施时按有关《规范》执行即可。

8.4.2 水库淹没界线测量

水库在拦河坝已经决定兴建或拦河坝开始兴建时,应根据水库设计的正常高水位对水库蓄满水后的淹没界线进行测量,并埋设各类界桩。具有较高经济价值的地区,或对淹没面积有争议的地区,应施测大比例尺的"土地详查"数字地形图,图上应绘出地类界和以村、镇为单位的行政界线。

水库淹没界线根据用途分为移民线、土地自用线、土地利用线和水库清理线等。测设时应根据用途与使用期限,设立测量界桩。当移民线和征地线通过较大居民地、工矿企业、大片农田及经济价值较大的森林区等时,要埋设能长期保存和便于寻找的永久性水泥界桩。如果界桩只使用到移民、清库等有关工作完成为止,可设临时界桩。

水库淹没界线测量工作由测量人员、水库设计人员配合地方移民等有关单位进行,每测设一个村或乡镇的界桩,即交给地方政府保管。

8.4.2.1 准备工作

在外业测量之前,执行测设任务的单位,应对《水库设计任务书》中有关测量部分进行认真分析。《水库设计任务书》中明确地规定了:应测设的各种界线的高程范围、各类界桩高程表、具体目的和要求等。测量人员应对库区情况进行调查了解,搜集资料并鉴定有关测绘资料的可靠性。

库区调查了解的内容主要包括:

(1)详细了解测量范围、对象、使用仪器和工作的起讫日期;

（2）研究确定测量淹没线的种类、条数和每种淹没线测设的高程、范围以及水库末端的位置；

（3）确定水库中平水段与回水段的分界线，将回水段、平水段各种界线的高程，逐段分别注绘在水库地形图上；

（4）将库区内原有基本高程控制的埋石点展绘在水库地形图上，并确定控制点的位置和等级；

（5）调查库区内有无基本高程控制点，如无基本高程控制点可利用，应拟定基本高程控制的路线位置、等级和埋石点的位置。

在对库区调查了解后，应根据《任务设计书》，结合本单位具体情况编制《技术设计书》，报请主管部门审批后实施。《技术设计书》的内容主要包括：测区概况及地区各类的划分；作业执行的技术规程、规范和技术标准；已有的资料利用情况，特别是高程控制情况；施测界线的地段及其精度要求；工种的进行程序、技术人员组合、工作量估计、经费开支预算、仪器设备供应计划、仪器检验和安全措施等。

8.4.2.2　淹没界桩的测设

（1）淹没界桩的布设

淹没界桩的布设是根据库区沿岸的经济价值和地形坡度进行布设的。水库淹没线通过表8.2所列的地区时，必须在实地布设界桩。水库淹没线通过沼泽地、水洼地、沙漠、露岩、石砾、永久冻土等地区时，可不在实地布设界桩。同种同条淹没线通过平水段时，其界桩应布设在同一高程线上；在回水曲线段，各处界桩高程不同，可用距离内插法求出中间各分段点的高程。在干流、支流、支沟的末端均需测设水位封闭界桩。

界桩布设的密度可在表8.2的范围内选择。

表 8.2　界桩密度

顺序	淹没线通过地区	界桩密度	
		永久桩	临时桩
1	平地和丘陵地区内大片的农田耕地或经济价值较高的林区	100～200 m 设一个桩	50 m 设一个桩
2	城镇、居民地、工矿企业、名胜古迹	两端各设一个，中部按其规模和地形布设	50 m 设一个桩，主要路口处，应在建筑物上作明显标志
3	面积不大的山区耕地、稀疏的独立房屋、林地、荒地、草地	每隔200～500 m 设一个桩	每处不少于2个
4	坍岸、防护地区、浸没区、风景区	相邻界桩互相通视，每处不少于2个	50 m 设一个桩

淹没界桩（或标志）应设置在淹没线通过的地面、建筑物基部和大树的下部。永久界桩可用钢筋混凝土桩、钢管桩或在天然露岩上刻凿标志。埋设的钢筋混凝土桩或钢管桩的长度，均不得短于 0.8 m，并露出地面 0.15 m。

所有永久界桩和临时界桩，均应标绘在水库地形图上。

（2）淹没界桩测设的精度要求

淹没界桩的高程要以淹没线通过的地面或地物上标志高程为准。为便于检测，应测量各类出界桩的平面位置和界桩顶的高程。水库淹没线中各类界桩的高程，对于邻近基本高程控制点的高程中误差不得大于表 8.3 的规定。

表 8.3　淹没界桩的测量精度

界桩类别	界桩测设的地区	界桩高程中误差（m）
Ⅰ类	城镇、居民区、工矿企业、名胜古迹、风景区、铁路、重要建筑物、公路和地面倾斜角小于 2° 的大片耕地	±0.1
Ⅱ类	地面倾斜角为 2°～6° 的耕地和经济价值较大地区，如大片森林、竹林、油茶林、果林、牧场、药物场、木材加工场等	±0.2
Ⅲ类	地面倾斜角大于 6° 的耕地和其他具有一定经济价值的地区，如一般树林、竹林地等	±0.3

注：① 如系测设水库边缘的土地利用线、库底清理线和分期移民线，其高程中误差可按表中相应类别的规定放宽半倍；
　　② 对近期可能开发地区的界桩和地面倾斜角大于 25° 的耕地、梯田、林地可按Ⅲ类的规定放宽半倍。

（3）高程控制测量

界桩测量就是按水库淹没界线的高程范围，根据布设的高程控制点，在实地测设已知高程的界桩。各类界桩的高程系统必须与该工程设计所用水库地形图及纵、横断面图的高程系统一致。界桩测量前，须按规范要求，沿水库布设和测量基本高程控制路线。如过去已有，经检核符合要求应充分利用，并对高程控制点密度不足部分进行补测。高程控制测量的具体要求如下：

① 基本高程控制测量。应根据淹没界线的施测范围和各种水准路线的容许长度确定基本高程控制的等级。通常在二等水准点的基础上，布设三、四等闭合环线或附合水准路线。

② 加密高程控制测量。可在四等以上水准点基础上，布设五等的水准附合路线，允许连续发展三次，线路长度均不超过 30 km。当布设起始于四等或五等的水准支线时，其线路长度不得大于 15 km。

③ 在山区水库测设Ⅲ类界桩和分期利用的土地、清库及近期可能进行经济开发的区域等界线时，允许布设起止五等以上水准点的全站仪三角高程导线的高程，其附合路线长度应小于 5 km，支线长度应小于 1 km，路线高程闭合差应小于 $0.45\sqrt{L}$（m）（L 以 km 计）。

④ 凡在水库淹没线范围以内的国家水准点，应移测到移民线高程以上。为测设界桩方便，可在移民线之上，每隔 1～2 km 利用稳固岩石或地物凿刻临时水准标志，并利用五等水准测量测定其高程。

（4）淹没界桩的测设

淹没界桩的测设，采用的方法有 GPS-RTK 测量法、全站仪测距三角高程法和水准测量法。不论采用何种方法均应测定界桩的平面位置和界桩顶高程及地面高程，实测高程与设计高程的差值不应大于 0.05 m。

GPS-RTK 定位技术是基于载波相位观测值的实时动态定位技术，它能够实时地提供测站点在指定坐标系中的三维定位结果，并达到厘米级精度。RTK 作业具有操作方便、快捷、效率高的特点，是目前工程测量重要的作业手段。GPS-RTK 测量的具体作业方法参见有关规范和作业说明。

下面简单介绍利用全站仪或水准仪测设界桩的方法。

界桩测设的程序为：布设高程作业路线；测定界桩位置；埋设界桩；测定界桩平面位置和高程等。

在高程作业路线上，以任何立尺点为已知高点点，作为后视，用水准仪或全站仪设一测站，测设界桩的高程,称为支站法。超过一测站,应往返测并闭合于原已知高程点上。

由于界桩类别不同,界桩测量精度要求也不同,具体见表 8.4。

表 8.4　测设界桩高程的方法

界桩类别	高程中误差(m)	测设界桩高程的方法
Ⅰ类	±0.1	以图根级高程点作后视,用水准仪、全站仪,以间视法或支站法测设界桩,用全站仪时,边长不宜大于 300 m
Ⅱ类	±0.2	(1)用水准仪时,与Ⅰ类界桩测设方法相同; (2)用全站仪时,边长不宜大于 500 m; (3)距离不小于 100 m,垂直角小于 10°时,允许以图根级高程点作后视,用全站仪或水准仪以支站法测设界桩
Ⅲ类(包括Ⅱ类可放宽 0.5 倍测设的界桩)	±0.3	(1)同Ⅱ类界桩测设方法,用全站仪时,边长不宜大于 800 m; (2)当垂直角小于 10°时,可用全站仪或经纬仪导线高程转站点作后视,间视法或支站法测设界桩
按Ⅲ类放宽 0.5 倍	±0.45	(1)当垂直角小于 15°时,可用全站仪或经纬仪导线高程转站点作后视,以间视法或支站法测设界桩; (2)用全站仪以图根级高程点作后视时,用水准仪、全站仪,以间视法或支站法测设界桩。用间视法或支站法测设界桩,边长不宜大于 1000 m

淹没界桩测设完成后,应测量出界桩的平面位置(x,y)和界桩的桩顶高程及地面高程,并编制成果表。如表 8.5 所示。

表 8.5　长江三峡库区界桩平面、高程成果表

××市××县××镇　　　　　　　　　　　　　　　　　　　　　　　第×页　共××页

界桩类型	界桩标型	界桩号	设计高程(m)	实测高程(m)		界桩点坐标(m)		所在位置	保管人
				桩顶高程	地面高程	x 坐标	y 坐标		
土	混凝土	CS土Ⅱ1	175.50	175.63	175.53	3293774.64	34412843.56	渝州纸厂东北角	
人	刻石	CS人Ⅱ1	177.35	177.44	177.34	3293759.98	34412841.13	渝州纸厂东北角墙上距土际 20 m	
人	混凝土	CS人Ⅱ3	177.35	177.44	177.34	3293861.25	34412883.01	渝州纸厂大门东公路边旱地中	
土	混凝土	CS土Ⅱ3	175.50	175.66	175.56	3293905.12	344112899.15	渝州纸厂大门北约 70 m 的公路边	
人	混凝土	CS人Ⅱ5	177.35	177.51	177.41	3294049.40	34413012.28	渝州纸厂大门北约 170 m 的公路外坎	
土	混凝土	CS土Ⅱ5	175.50	175.62	175.52	3294045.84	34413008.68	渝州纸厂大门北约 170 m 的公路外坎	
人	混凝土	CS人Ⅱ7	177.35	177.45	177.35	3294214.45	34413057.55	永丰村一组瓦罐窑	
土	混凝土	CS人Ⅱ7	175.50	175.57	175.47	3294215.27	34413055.20	永丰村一组瓦罐窑	
人	混凝土	CS人Ⅱ9	177.35	177.53	177.43	3294495.11	34412969.06	永丰村一组瓦罐窑北 80 m 公路坎边	
土	混凝土	CS人Ⅱ9	175.50	175.61	175.51	3294500.85	34412970.51	永丰村一组瓦罐窑北 80 m 公路坎边	

界桩类型	界桩标型	界桩号	设计高程(m)	实测高程(m)		界桩点坐标(m)		所在位置	保管人
				桩顶高程	地面高程	x 坐标	y 坐标		
土	混凝土	CS土Ⅱ11	175.50	175.65	175.55	3294623.37	34413067.04	永丰村一组公路150 m处坎上	
人	混凝土	CS人Ⅰ11	177.35	177.42	177.32	3294624.85	34413070.73	永丰村一组公路150 m处坎上	
土	混凝土	CS土Ⅱ13	175.50	175.62	175.52	3294827.53	34413219.98	永丰村一组距11号标100 m	
人	混凝土	CS人Ⅱ13	177.35	177.55	177.45	3294790.83	34413211.52	永丰村一组距11号标100 m	
土	混凝土	CS人Ⅱ15	175.50	175.61	175.51	3294919.75	34413267.55	永丰村一组白流华知	
人	混凝土	CS人Ⅱ15	177.35	177.52	177.42	3294916.47	34413277.57	永丰村一组白流华知	
人	混凝土	CS人Ⅱ17	177.35	177.44	177.34	3295026.07	34413329.71	永丰村一组刘甫承包地公路坎边	
土	混凝土	CS土Ⅱ17	175.50	175.59	175.49	3295027.69	34413327.91	永丰村一组刘声玉承包地公路坎边	
土	混凝土	CS土Ⅰ19	175.50	175.64	175.54	3295144.03	34413405.72	永丰村一组王书全菜地中	
人	混凝土	CS人Ⅰ19	177.35	177.44	177.34	3295144.18	34413407.84	永丰村一组王书全菜地中	

测量单位:长江委××区工程测量处　　　　　调制人:××　　　　校核者:××　　　　　　××××年××月××日

8.4.3 水库库容的计算

水库库容,是指水库某一水位以下或两水位之间的蓄水容积,是表征水库规模的主要指标。通常均指坝前水位水平面以下的静库容。校核洪水位(关系水库安全的水位)以下的水库容积称总库容;校核洪水位与防洪限制水位(水库在汛期允许兴利蓄水的上限水位)间的水库容积称调洪库容,当汛期内防洪限制水位变化时,指校核洪水位与最低的防洪限制水位间的库容;防洪高水位(下游防护区遭遇设计洪水时,水库达到的最高洪水位)与防洪限制水位间的水库容积称防洪库容,当汛期内防洪限制水位变化时,指防洪高水位与最低的防洪限制水位间的库容;正常蓄水位与死水位(水库在正常运用情况下,允许消落到的最低水位)间的水库容积称兴利库容,又称调节库容,在正常运用情况下,其中的水可用于供水、灌溉、水力发电、航运等兴利用途;正常蓄水位与防洪限制水位之间的水库容积称重叠库容,是防洪库容或调洪库容与兴利库容之间的共用部分;死水位以下的水库容积称死库容,又称垫底库容,它不参加径流调节,只在战备、检修等特殊情况下才允许排放。水位与库容如图8.16所示。

水库的库容值可由地形图量测计算,也可用地形法或断面法进行实地测量,再经计算获得。

计算水库的库容,首先须确定水库的汇水面积。汇水面积指河流支流所流经的区域,是根据一系列的分水线(山脊线)的连线确定的。根据地形图上标出的水库汇水的范围线,可直接量测出汇水面积。水库库容一般由截桩体的体积来推算。在河上筑坝形成水库,水库往往是

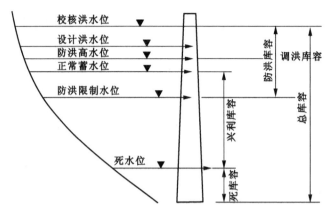

图 8.16　水位与库容示意图

一个狭长的盆地,它的边缘因支流、沟汊形成不规则的形状,但概略地可以将它看成一个椭圆截面体。如果这个锥体的上底面积为 S_1,下底面积为 S_2,两截面之间的高差为 h,则此锥体的体积可由式(8.6)计算

$$V = \frac{S_1 + S_2 + \sqrt{S_1 \cdot S_2}}{3} \cdot h \tag{8.6}$$

有时为了简化计算,也可采用式(8.7),即:

$$V = \frac{S_1 + S_2}{2} \cdot h \tag{8.7}$$

进行水库设计时,如果坝的溢洪道高程已经确定,就可以确定水库的淹没面积,淹没面积以下的蓄水量(体积)即为水库的库容。计算库容一般用等高线法,利用相邻等高线围成的闭合面积及等高距来计算。相邻两等高线之间的库容由式(8.8)计算

$$V_i = \frac{S_i + S_{i+1}}{2} \cdot h \tag{8.8}$$

式中　i——$1,2,3,\cdots$;

　　　S——等高线所围成的面积;

　　　h——相邻等高线间高差。

设水库最低一层等高线所围成的面积为 S_n,该等高线与库底的高差为 h_0,其库容为 $V_n = \frac{S_n}{3} \cdot h_0$。则整个水库的总库容为:

$$V = \sum_{i=0}^{n} V_i = \left(\frac{S_1 + S_2}{2} + \frac{S_2 + S_3}{2} + \cdots + \frac{S_{n-1} + S_n}{2} \right) \cdot h + \frac{S_n}{3} \cdot h_0$$

$$= \left(\frac{S_1 + S_n}{2} + S_2 + S_3 + \cdots + S_{n-1} \right) \cdot h + \frac{S_n}{3} \cdot h_0 \tag{8.9}$$

如果溢洪道高程不等于地形图某一高程时,就要根据溢洪道高程用内插法求出水库淹没线,然后计算库容。此时,水库淹没线与其下的第一根等高线之间的高差不等于等高距。

目前,水库的库容计算,一般利用在 AutoCAD 环境下开发的软件依据数字地形图自动进行,不需要手工来计算。

思考题与习题

8.1　试说明水闸主要轴线测设有哪些方法？如何实施？

8.2　试说明用全站仪放样闸墩及下溢流面的方法与步骤。

8.3　试说明用全站仪进行坝身控制测量的实施步骤。

8.4　如何放样出土坝清基线？

8.5　试说明修坡桩测设有哪些方法？哪种方法更方便些？

8.6　如果使用全站仪来测设淹没界桩，该如何实施？

9　地下工程测量

【学习目标】

1. 了解地下工程特点及地下工程施工概况；
2. 掌握地下工程测量的内容和测量实施方法，地下铁道工程测量的施测方法与步骤；
3. 熟悉地下工程施工测量的组织管理。

【技能目标】

1. 能够进行地下工程施工服务的地面控制测量、地下控制测量、施工放样和贯通误差测定；
2. 会进行地下工程的联系测量与简单的贯通误差预计。

9.1　概　　述

9.1.1　地下工程概述

地下工程是指深入地面以下为开发利用地下空间资源所建造的地下土木工程。按照地下工程的用途和开挖地点的不同可分为：

（1）地下通道工程，例如铁路和公路的山岭隧道、城市地铁、过江和过海隧道、水利工程的输水隧道等；

（2）地下建筑物，如地下厂房、地下仓库、地下商场、地下停车场、人防工程等；

（3）地下采矿工程，主要为开采各种矿产而建设。

由于地下工程的用途不同，开挖地点的地质条件和地层特性不同，距离地表面的深度不同，施工方法可以分为明挖法、凿岩爆破法、盾构法、顶管法 4 种。其中凿岩爆破法是在岩体内开挖隧道、巷道和洞室，一般离地面较深，采用凿岩打孔爆破的方式开挖毛断面，再按要求支护衬砌或喷浆；盾构法采用盾构自动导向系统指导施工，适用于深埋的、软土底层中的城市地铁隧道和过江（河）隧道施工，本章所讲地下工程施测方法主要是针对这两种施工方法。虽然这些地下工程的性质、用途以及结构形式各不相同，但在施工过程中，都是先由地面通过洞口在地下开挖隧道（巷道等线状工程，以后以隧道代指），然后再进行各种地下建筑物及构筑物的施工。

地下工程施工具有施工环境差，施工空间有限，受地下软土层和岩体的地质构造和水文条件影响大等特点，施工难度比地面工程大。此外，地下工程施工还有光线差、灰尘多、噪声大、水汽重、通视距离短、需采取人工通风措施等特点，使得地下工程施工中，作为地下工程施工的眼睛，测量工作显得尤为重要，丝毫不能马虎。

9.1.2　地下工程测量的内容和特点

地下工程施工测量的任务是标定出地下隧道、巷道等线形工程的开挖位置和设计中线的平面位置和高程(坡度)，以指导隧道按照设计位置正确开挖；标定地下洞室的空间位置、形状和大小，放样隧道、洞室衬砌的位置，保证按照设计要求进行开挖和支护衬砌；还要进行地下工程构筑物基础放样、大型设备安装和调校测量等工作。为了完成上述施工测量任务，需要在地下工程施工前进行地面控制测量，在施工中进行联系测量(如有需要)、地下控制测量和施工测量，施工完成后进行竣工验收测量乃至建立地下工程信息系统。

鉴于地下工程施工环境和对象的特点，与地面工程测量相比，地下工程测量具有以下特点：

(1) 由于地下隧道采用独头掘进施工，地下工程的空间条件有限，地下平面控制测量只适合布设成导线形式，支导线会造成误差累计越来越大，出现错误往往不能及时发现；

(2) 地下工程的隧道是随着掘进施工逐渐延伸形成，地下平面和高程控制测量不能预先一次全面布设，而是先布设低等级导线指示隧道掘进，待隧道掘进到一定距离后，再布设长距离高等级导线作为控制，并以此作为指示后面隧道继续掘进的低等级导线的测量起算数据；

(3) 由于地下工程施工和环境的限制，地下测量标志点一般设在隧道的顶板上，测量时需进行点下对中，观测时需要照明，遇到导线边长较短的情况，测量精度难以提高；

(4) 地下工程测量中应采用先进的测量设备：地面控制测量应采用 GPS 进行，联系测量应选择特定的投点设备及选择有利的联系三角形，地下平面测量应采用陀螺经纬仪(全站仪)适当加测定向边，导线测量采用红外测距仪以加大导线边长；

(5) 为保证地下工程施工质量，在工程施工前应进行贯通误差预计，将所允许的竣工误差加以适当分配，并采取严格措施控制横向误差和高程误差。一般来说，地面上的测量条件要比地下好，故进行误差预计时应对地面控制测量的精度要求高一些，将地下测量与放样的精度要求适当降低。

9.1.3　贯通测量与贯通误差

地下工程一般投资大、周期长。为加快施工速度，改善工作条件，在不同地点以两个或两个以上的工作面分段掘进按照设计要求在预定地点正确接通同一隧道(或井筒、巷道，下同)时所进行的各种测量工作称为贯通测量。其主要任务是确定并给出隧道在空间的位置和方向，并经常检查其正确性，以保证所掘隧道符合设计要求。

地下工程中的测量工作与地面测量工作又不相同，如隧道施工的掘进方向在贯通前无法通视，完全依据敷设支导线形式的隧道中心线或地下导线指导施工，若因测量工作的一时疏忽或错误，将引起对向开挖隧道不能正确贯通，就可能造成不可挽回的巨大损失。所以在工作中要十分认真细致，特别注意采取多种措施做好校核工作，避免发生错误。

为了保证贯通工程的质量，贯通工程应遵循两个原则：(1) 要在确定测量方案和测量方法时，保证贯通所必需的精度，既不因精度过低而使隧道不能正确贯通，也不盲目追求过高精度而增加测量工作量和成本；(2) 对所完成的每一步每一项测量工作都应当有客观独立的检查校核，尤其要杜绝粗差。贯通测量的基本方法是测出待贯通隧道两端导线点的平面坐标和高程。

地下工程贯通可能出现下述三种情况：(1) 两个工作面相向掘进贯通的相向贯通[图 9.1(a)]；(2) 两个工作面同向掘进贯通的同向贯通[图 9.1(b)]；(3) 由一个工作面向另一个指定地点掘进贯通的单向贯通[图 9.1(c)]。

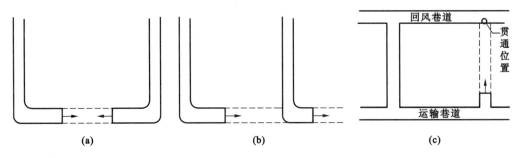

图 9.1　贯通工程种类

由于测量过程中不可避免地带有误差,相向或同向掘进的隧道的施工中线在贯通面上因未准确接通而产生的偏差就称为贯通误差。如果将贯通误差控制在某一限值区间内,使出现的贯通误差不影响隧道的正常使用,则该限值成为贯通允许限差。不同的隧道工程对贯通误差的容许值有各自具体的规定,例如对于地下矿山的井巷贯通误差的允许限差,在矿山测量规程中根据贯通的长度而定;对于铁路隧道的横向贯通误差和高程贯通误差的允许偏差,按《铁路测量技术规则》、《高速铁路工程测量规范(征求意见稿)》根据两开挖洞口间的长度确定。

贯通误差可能发生在空间的 3 个方向上,即沿隧道(巷道)中心线方向的长度偏差(纵向贯通误差)、水平面内垂直于隧道(巷道)中心线方向的左右偏差(横向贯通误差)和垂直面内的高程偏差。纵向贯通误差只对贯通在距离上有影响,对隧道(巷道)质量没有影响,只要能满足铺轨要求即可,因此在表 9.1、表 9.2、表 9.3 中没有规定。横向贯通误差和高程贯通误差对隧道(巷道)有直接影响,所以又称为贯通重要方向的误差。贯通允许限差也是针对贯通重要方向规定的,将贯通重要方向限差严格控制在允许限差范围内是贯通测量中特别值得关注和最重要的问题,也是贯通测量方案设计的主要依据。矿山井巷、铁路隧道、无砟轨道客运专线隧道贯通的允许误差分别如表 9.1、表 9.2、表 9.3 所示。

表 9.1　矿山井巷贯通的允许误差

贯通巷道名称	在贯通面上的允许偏差(mm)	
	两中线之间	两腰线之间
在同一矿井中开掘的倾斜巷道或水平巷道	300	200
在两矿井中开掘的倾斜巷道或水平巷道	500	200
用小断面开挖的竖井井筒	500	—

表 9.2　铁路隧道贯通的允许误差

两开挖洞口间的距离(km)	<4	4~8	8~10	10~13	13~17	17~20
横向贯通允许误差(mm)	100	150	200	300	400	500
高程贯通允许误差(mm)	50					

表 9.3 无砟轨道客运专线隧道贯通的允许误差

开挖隧道长度(km)	<4	4～7	7～10	10～13	13～16	16～19	19～20
横向贯通允许误差(mm)	100	130	160	200	250	320	360
高程贯通允许误差(mm)	50						

注:① 本表不适用于利用竖井贯通的隧道;
　② 相向开挖长度大于 20 km 的隧道应作特殊设计。

贯通测量一般包括地面控制测量、地下控制测量和施工放样测量。当通过竖井或斜井进行开挖时,还需要进行竖井、斜井联系测量,以下章节将分别探讨这些内容。

9.2　地面控制测量

隧道洞外控制测量(又称地面控制测量)应在隧道(巷道)开挖前完成。地面控制测量包括平面控制测量和高程控制测量。平面控制测量应结合隧道长度、平面形状、辅助坑道位置以及线路通过地区的地形和环境条件等进行设计布设。过去常用三角测量(边角测量)、导线测量等综合测量方法,现在由于全站仪的普及应用和 GPS 测量技术的应用,GPS 测量控制网或 GPS 网与全站仪导线结合成为隧道平面控制测量的主要方式。中线法因精度低而很少被采用,此处不再赘述。高程控制测量仍采用水准测量,仅在斜井和地形陡峭的山区地段可考虑采用全站仪三角高程测量。

9.2.1　地面控制测量的基准与布设

隧道工程控制测量的作用是保证隧道按照设计规定的精度能够正确贯通,并使地下各种建(构)筑物按照设计位置定位安装或铺设。平面控制测量的主要任务是测定各洞口控制点的三维坐标和进洞开挖的方向,或是用以确定洞口点、竖井的近井点和方向照准点之间的相对位置,作为地下洞内控制测量的起始数据。为此,隧道线路上各洞口的进、出口点,竖井附近的近井点,以及各洞口和竖井附近布设的 3 个以上的定向点都要纳入地面控制网中作为控制点布设,目的是使各洞口点、竖井的近井点和各定向点的坐标都在同一坐标系统内。

一般铁路、无砟轨道铁路的隧道和城市地铁的平面控制网坐标系宜采用以隧道平均高程面为基准面,以隧道长直线或曲线隧道切线(或公切线)为坐标轴的施工独立坐标系,坐标轴的选取应方便施工使用。长大隧道中间一般为长直线,其坐标系的建立宜以隧道长直线为 x 轴,里程增加方向为 x 轴正方向,x 坐标即为相应的线路里程;曲线隧道当隧道内夹直线较长时,宜以夹直线为 x 轴;隧道主要在曲线上时,可选取其中的一条切线为 x 轴。位于 x 轴上的直线段的中线坐标成果可以直观地反映施工的里程及偏离中线的距离。高程系统应与线路高程系统相同。

地面测量控制网的布设过程同其他地面测量控制网的布设一样,都要经过收集所需图纸资料和测区已有的测量控制点资料、现场踏勘、选点埋石等环节。值得注意的是各洞口点、竖井的近井点要和定向点通视,以便于与洞外控制点联测以及向洞内测设导线,洞口点的布设位置还应便于施工中线的放样。

在每个洞口应测设不少于 3 个平面控制点(包括洞口投点及其相联系的三角点或导线

点)、2个高程控制点。直线隧道上,两端洞口应各确定一个中线控制桩,以两桩连线作为隧道的中线;在曲线隧道上,应在两端洞口的切线上各确定两个间距不小于 200 m 的中线控制桩,以两条切线的交角和曲线要素为依据,来确定隧道中线的位置。

9.2.2 地面导线测量

全站仪导线已成为隧道(巷道)贯通测量和地面平面控制测量的一种主要布网方式。导线的布设形式有附合导线、闭合导线、直伸多环导线锁和环形导线网等。在隧道进、出口之间,沿勘测设计阶段所标定的中线或离开中线一定距离布设导线,采用精密测量的方法测定各导线点和隧道两端控制点的点位。

在进行导线点的布设时,除应满足导线选点的一般要求外,导线宜采用长边,且尽量以直伸形式布设,这样可以减少转折角的个数,以减弱边长误差和测角误差对隧道横向贯通误差的影响。为了增加检核条件和提高测角精度评定的可行性,导线应组成多边形导线闭合环或具有多个闭合环的闭合导线网,《测规》规定,在一个控制网中,导线环的个数不宜少于 4 个;每个环的边数宜为 4~6 条。导线可以是独立的,也可以与国家高等级控制点相连。导线水平角的观测,宜采用方向观测法。控制网观测应选择在成像清晰稳定的时间内进行。在地形和地面条件复杂、旁折光影响较大的地方,应选择最有利的观测时间观测。

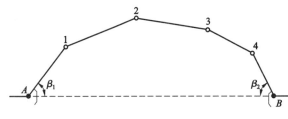

图 9.2 隧道的导线控制网

如图 9.2 所示为一个简单的隧道导线控制网,A、B 分别为隧道的进口点和出口点,1、2、3、4 为导线点。图中地面导线和地下隧道的中心线构成一闭合图形,因此可确定隧道进口点 A 和出口点 B 的相对位置关系。

导线环(网)的平差计算一般采用条件平差或间接平差。当导线精度要求不高时,亦可采用近似平差。用导线法进行平面控制比较灵活、方便,对地形的适应性强。我国长达 14.3 km 的大瑶山隧道和 8 km 多的军都山隧道,采用光电测距仪导线网作控制测量,均取得了很好的效果。

导线测量、水平角方向观测的技术要求见表 9.4、表 9.5。

表 9.4 导线测量的技术要求

等级	测角中误差(″)	测距相对中误差	方位角闭合差(″)	导线全长相对闭合差	测 回 数			
					0.5″级仪器	1″级仪器	2″级仪器	6″级仪器
二等	1.0	1/250000	±2.0$\sqrt{n}$	1/100000	6	9	—	—
隧道二等	1.3	1/250000	±2.6$\sqrt{n}$	1/100000	6	9	—	—
三等	1.8	1/150000	±3.6$\sqrt{n}$	1/55000	4		10	
四等	2.5	1/80000	±5$\sqrt{n}$	1/40000	3	4	6	
一级	4.0	1/40000	±8$\sqrt{n}$	1/20000	—	2	2	
二级	7.5	1/20000	±15$\sqrt{n}$	1/12000	—		1	3

注:表中 n 为测站数。

表 9.5　水平角方向观测法的技术要求

等级	仪器等级	半测回归零差(″)	一测回内 $2c$ 互差(″)	同一方向值各测回互差(″)
四等及以上	0.5″级仪器	4	8	4
	1″级仪器	6	9	6
	2″级仪器	8	13	9
一级及以下	2″级仪器	12	18	12
	6″级仪器	18	—	24

9.2.3　GPS 控制测量

利用 GPS 定位系统建立洞外的隧道施工控制网,由于无需通视,故不受地形限制,只需考虑选点环境适合于作 GPS 观测,因此选点布网灵活,减少了工作量,提高了速度,降低了费用,并能保证施工控制网的精度。

隧道平面控制网宜优先采用 GPS 测量。隧道洞口布设 GPS 特别困难时,可以只布设一条 GPS 定向联系边,用于向洞内传递洞外测量成果。但为满足施工测量需要,洞口不能少于三个平面控制点,在这种情况下,可以选布并增设两个导线点,与 GPS 定向联系边一起构成洞施工控制网,GPS 与常规测量则为综合测量。当用 GPS 控制网作为隧道工程首级控制网,且综合运用其他测量方法加密时,应每隔 5 km 设置一对相互通视的 GPS 点;若将 GPS 首级控制网作为施工控制网时,每个 GPS 点应至少与一个相邻点通视。

一、二级 GPS 控制网采用网连式、边连式布网,三、四级 GPS 控制网宜采用点连式布网,即整个 GPS 网由若干个独立的异步环构成,网中不应出现自由基线,每个点上最好至少有 3 条独立基线通过,每个点最好至少设站观测 2 个时段。

GPS 控制网应同附近等级高的国家平面控制网联测,联测点数应不少于 3 个。隧道路线附近有高等级的 GPS 点时,应予以联测。若同一隧道工程的 GPS 控制网分为 2 个投影带时,在分带界附近应与国家平面控制点联测。

GPS 控制网的技术要求见表 9.6,GPS 控制网闭合环或附合线路边数的规定见表 9.7。

表 9.6　GPS 控制网的技术要求

等级	平均距离(km)	固定误差 a(mm)	比例误差 b($10^{-6}D$)	最弱边相对中误差
CORS	40	≤2	≤1	1/800000
二	9	≤10	≤2	1/120000
三	5	≤10	≤5	1/80000
四	2	≤10	≤10	1/45000
一级	1	≤10	≤10	1/20000
二级	<1	≤15	≤20	1/10000

注:当边长小于 200 m 时,以边长中误差小于 20 mm 来衡量。

表 9.7　GPS 控制网闭合环或附合线路边数的规定

等　级	二等	三等	四等	一级	二级
闭合环或附合路线的边数	≤6	≤8	≤10	≤10	≤10

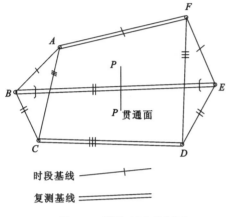

时段基线

复测基线

图 9.3　隧道 GPS 控制网

如图 9.3 所示为只有一个贯通面 P 的直线隧道 GPS 控制网布网方案,图中两点间连线为独立基线,方案中每个点均有 3 条独立基线相连,其可靠性较好。假设该网中采用 4 台接收机作业,只需观测 3 个时段;3 个时段共有 9 个同步环,每个时段选 3 条独立基线,共 9 条独立基线构成 4 个独立的异步环(其中有 3 条基线复测)。

我国 20 世纪 90 年代以前,主要是采用狭长的三角网(锁)、边角混合网做地下线形工程的地面控制测量,现在由于全站仪和 GPS 测量技术的普及应用,已经很少采用三角网(锁)、边角混合网作控制测量了,此处不再赘述。

9.2.4　地面高程控制测量

隧道高程控制测量的任务,是按照规定的精度,施测隧道洞口附近 2~3 个水准点的高程,由洞口点向洞内或井下传递高程,建立洞内或地下统一的高程系统。根据两洞口点间的高差和距离,可以确定隧道底面的设计坡度,并按设计坡度控制隧道底面开挖的高程。高程控制测量的方法一般在平坦地区和丘陵地区用等级水准测量,在山区用全站仪三角高程测量。

水准点应埋设在坚实、稳定和避开施工干扰之处。每个洞口至少应埋设 2 个水准点,水准路线应选择在连接两端洞口最平坦和最短的地段,并尽量直接经过辅助坑道附近,以期达到设站少、观测快、减少联测工作、精度高的要求。

两个水准点间的高差,以能安置一次水准仪即可联测为宜,两端洞口之间的距离大于 1 km 时,应在中间增设临时水准点,水准点间距以不大于 1 km 为宜。洞外高程控制通常采用三、四等水准测量方法,往返观测或组成闭合水准路线进行施测。

在复杂地区可采用三角高程与地面导线测量联合作业代替三、四等水准测量,经大量研究和工程实践验证是完全可行的。

对于高速铁路建设中的水准测量,《客运专线无砟轨道铁路工程测量技术暂行规定》有如表 9.8 和表 9.9 的规定。

表 9.8　精密水准测量精度要求表(mm)

水准测量等级	每千米水准测量偶然中误差 ΔM	每千米水准测量全中误差 M_W	限　差			
			检测已测段高差之差	往返测不符值	附合路线或环线闭合差	左右路线高差不符值
精密水准	≤2.0	≤4.0	$12\sqrt{L}$	$8\sqrt{L}$	$8\sqrt{L}$	$4\sqrt{L}$

注:表中 L 为往返测段、附合或环线的水准路线长度,单位为 km。

表 9.9　精密水准测量的主要技术标准

等级	每千米高差全中误差（mm）	路线长度（km）	水准尺	观测次数		往返较差或闭合差（mm）
				与已知点联测	附合或环线	
精密水准	4	2	因瓦	往返	往返	$8\sqrt{L}$

注:① 结点之间或结点与高级点之间,其路线的长度,不应大于表中规定的 0.7 倍。
　　② L 为往返测段、附合或环线的水准路线长度,单位为 km。

9.3　地下控制测量

在隧道(巷道)施工中,随着开挖的延伸进展,需要不断给出隧道的掘进方向。为了正确完成施工放样,防止误差积累,保证最后的准确贯通,应进行洞内控制测量。此项工作是在洞外控制测量和洞内外联系测量的基础上展开的,包括洞内平面控制测量和洞内高程控制测量。洞内平面控制测量是随着隧道(巷道)向前掘进延伸而采用逐步布设导线的方式进行,地下高程控制测量方法主要有水准测量和三角高程测量。

9.3.1　地下导线测量

地下导线测量的任务是以必要的精度,建立地下工程平面控制测量系统。根据地下导线坐标可以放样出隧道(巷道)设计中线及其衬砌位置,从而指示隧道(巷道)的掘进方向及衬砌施工、地下构筑物施工放样和竣工测量。

9.3.1.1　地下导线测量的特点

隧道(巷道)洞内导线与洞外导线相比,具有以下特点:洞内导线是随着隧道的开挖而向前延伸,因此只能敷设支导线或狭长形导线环,而不可能将贯穿洞内的全部导线一次测完;测量工作间歇时间取决于开挖面的进展速度;导线的形状(直伸或曲折)完全取决于坑道的形状和施工方法;支导线或狭长形导线环只能用重复观测的方法进行检核,定期进行精确复测,以保证控制测量的精度;洞内导线点不宜保存,观测条件差,标石顶面最好比洞内地面低 20～30 cm,上面加设坚固护盖,然后填平地面。注意护盖不要和标石顶点接触,以免在洞内运输或施工中遭受破坏。

9.3.1.2　地下导线的布设

(1) 施工导线:在开挖面向前推进时,用以进行放样且指导开挖的导线测量。施工导线的边长一般为 25～50 m。

(2) 基本控制导线:当掘进长度达 100～300 m 以后,为了检查隧道的方向是否与设计相符合,并提高导线精度,选择一部分施工导线点布设边长较长、精度较高的基本控制导线。基本控制导线的边长一般为 50～100 m。

(3) 主要导线:当隧道掘进大于 2 km 时,可选择一部分基本导线点敷设主要导线。主要导线的边长一般为 150～800 m(用测距仪测边)。

地下导线的导线点见图 9.4,地点导线(施工)控制网见图 9.5。

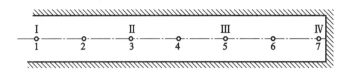

图 9.4　地下导线的导线点

1,2,3,…,6,7—基本导线点；Ⅰ,Ⅱ,Ⅲ,Ⅳ—主要导线点

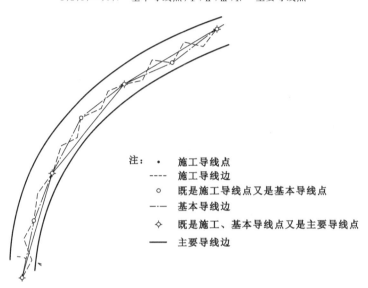

图 9.5　地下导线(施工)控制网

9.3.1.3　地下导线的外业

(1) 选点。隧道中的导线点要选在避免施工干扰、稳固可靠的地板或顶板上,应便于观测,易于安置仪器,通视较好;边长要大致相等,一般大于 20 m。每次建立新点,都必须检测前一个旧点的稳定性,确认旧点没有发生位移,才能用来发展新点。导线点应布设在避免施工干扰、稳固可靠的地段,尽量形成闭合环。

(2) 测角。隧道中的导线点如果在顶板上,就需点下对中(又称镜上对中),要求经纬仪有镜上中心。地下导线一般用测回法、复测法,观测时要严格进行对中,瞄准目标或垂球线上的标志。测角时,必须经过通风排烟,使空气澄清以后,在能见度恢复时进行。根据测量的精度要求确定使用仪器的类型和测回数。

(3) 量边。一般是悬空丈量。如果是倾斜巷道,又是点下对中,还要测出竖直角。洞内边长丈量,用钢尺丈量时,钢尺需经过检定;当使用光电测距仪测边时,应注意洞内排烟和漏水地段测距的状况,准确进行各项改正。

9.3.2　地下高程控制测量

地下高程控制测量的任务是测定地下隧道(巷道)中高程点的高程,建立一个与地面统一的地下高程系统,作为隧道(巷道)掘进中坡度控制和竖直面内施工放样的依据。地下高程控制测量一般分为地下水准测量和地下三角高程测量。

地下水准测量分两级布设,其技术要求符合规范要求:Ⅰ级水准路线作为地下首级控制,从地下导入高程的起始水准点开始,沿主要隧道布设,可将永久导线点作为水准点,并且每三个一组,便于检查水准点是否变动;Ⅱ级水准点以Ⅰ级水准点作为起始点,均为临时水准点,可用Ⅱ级导线点作为水准点。隧道贯通之前,洞内水准路线属于水准支线,故需往返多次观测进行检核,若有条件尽量闭合或附合。洞内应每隔 $200\sim500$ m 设立一对高程控制点以便检核。为了施工便利,应在导坑内拱部边墙至少每 100 m 设立一个临时水准点。

测量方法与地面基本相同。若水准点在顶板上,用 1.5 m 的水准尺倒立于点下,高差的计算与地面相同,只是读数的符号不同而已,如图 9.6 所示。无论是哪种情况,高差 h_i 的计算公式都是 $h_i=b_i-a_i$(即水准标尺后视读数减去前视读数),只是当高程点(水准点)埋设在顶板上时,应在水准标尺读数前加"$-$"号再计算高差。如图 9.6 中:

$$h_{AB}=(-b_1)-a_1, \quad h_{BC}=b_2-a_2, \quad h_{CD}=b_3-(-a_3), \quad h_{DE}=(-b_4)-(-a_4)$$

地下三角高程测量与地面三角高程测量相同。计算高差时,i 和 l 的符号以点上和点下不同而异。

$$h=L\sin\delta\pm i\pm l \tag{9.1}$$

其中,当高程点设在顶板时,仪器高 i 和觇标高 l 应用负号代入公式进行计算。

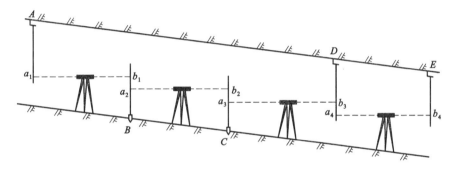

图 9.6　测定相邻两点高差的四种方法

9.4　联　系　测　量

在地下工程施工中,可以通过开挖平硐、斜井、竖井的方式来增加工作面、加快开挖进度。为了保证地下工程按设计方向掘进,保证各相向掘进的工作面在预定地点能正确贯通,就必须将地面的平面坐标系统和高程系统通过平硐、斜井及竖井传递到地下,这些传递工作称为联系测量。因此联系测量的任务就是通过联系测量使地下和地面测量有一个统一的平面坐标系统和高程系统,同时也为地下测量提供坐标、方位角和高程的起算数据。

9.4.1　竖井联系测量

竖井联系测量分为平面联系测量和高程联系测量,其中传递坐标和方位角的联系测量称为平面联系测量,亦称为竖井的定向测量;传递高程的联系测量称为高程联系测量,简称导入高程。

地下导线起算边的坐标方位角误差将使地下导线各边的方位角偏转同一个误差值,由此引起的导线各点的点位误差将随着导线伸长而增大。设导线终点为 K,起算边的坐标方位角误差为 m_0,引起 K 点的位置中误差为:

$$m_K=\frac{m_0}{\rho}\cdot R_1 \tag{9.2}$$

式中　R_1——导线终点到起算点的直线距离。

若设 $m_0 = \pm 3'$，$R_1 = 3000$ m，则计算得 $m_K \approx \pm 2.6$ m。

由此可见，对沿隧道布设的近似直伸形的导线，由竖井定向确定的导线起算边坐标方位角误差对导线终点位置的影响是很大的，竖井定向的坐标传递误差对导线各点位置的影响为一常数，它只使导线点位发生平移，其影响不随导线的伸长而累积，它相对于坐标方位角误差的影响而言就非常小了。因此说竖井联系测量确定地下导线起算边方位角比确定起算点坐标更重要，精度要求更高，故通常将竖井平面联系测量简称竖井定向。

竖井定向方法可分为两类：第一类是从几何原理出发的所谓几何定向（包括一井定向、两井定向）；第二类是以物理特性为基础的所谓陀螺经纬仪定向。本节介绍几何定向和高程联系测量，后面章节将介绍陀螺经纬仪定向。

9.4.2　一井定向

一井定向是在一个竖井内悬挂两根吊锤线，将地面点的坐标和地面边的坐标方位角传递到井下的测量工作。一井定向测量工作分为在井筒内下放吊锤线投点和连接测量两个部分。

9.4.2.1　投点与连接测量

投点是以井筒中悬挂的两根钢丝形成的竖直面将井上的点位和方向角传递到井下。连接测量分为地面连接测量和井下连接测量两部分。地面连接测量是在地面测定两钢丝的坐标及其连线的方位角；井下连接测量是两钢丝传递到井下的坐标及其连线的方位角确定井下导线起始点的坐标与起始边的方位角。

投点工作的设备布置如图 9.7 所示，吊锤线选用细直径抗拉强度高的优质碳质弹性钢丝，吊锤的重量与钢丝的直径随井深而不同，例如当井深为 100 m 时，锤重为 60 kg，钢丝直径为 0.7 mm。投点时，先在钢丝上挂上小重锤，用绞车将钢丝放入井中，当小重锤达到定向水平后，在井底换上作业重锤，并将其放入盛有油类液体的桶中，重锤线不得与井中任何物体和桶壁（底）接触，并要检查重锤线是否自由悬挂。可在地面用三个带有环扣的小钢圈依次套在重锤线上，让其自由落下。地下工作人员看到 3 个信号圈依次落下，说明重锤线无缠绕。由地面向地下定向水平投点时，由于井筒内气流、滴水等影响，致使井下锤球线偏离地面上的位置，该线量偏差 e 称为投点误差，由此引起的锤球线连线的方向误差 θ 叫作投向误差，用下式计算：

$$\theta = \pm \rho \frac{e}{c} \tag{9.3}$$

式中　c——两钢丝间距；

　　　ρ——206265″。

当两钢丝间距 $c = 3$ m、$e = 1$ mm 时，$\theta = \pm 68.8''$。可见，投点误差对定向精度的影响是非常大的。因此在投点时必须采取有效措施减小投点误差。

连接测量常采用连接三角形法（见图 9.8 和图 9.9）。C 与 C' 为井上下的连接点，A、B 点为两锤球线点，当投点误差在很小范围内时，可认为在井上、井下构成了以 AB 为公共边的三角形 ABC 和 ABC'。连接三角形法应满足的条件：

① 点 C 与 D 及点 C' 与 D' 要彼此通视，且 CD 与 $C'D'$ 的边长要大于 20 m；

② 两个三角形的锐角 γ 和 γ' 要小于 2°，构成最有利的延伸三角形；

③ 点 C 和 C' 尽量靠近最近的锤球线，使 a/c 与 a'/c'（c' 为 A、B 两钢丝井下间距）的值要

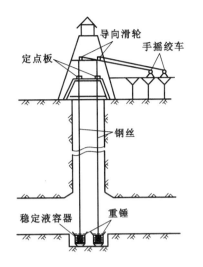

图 9.7　一井定向投点工作设备布置图

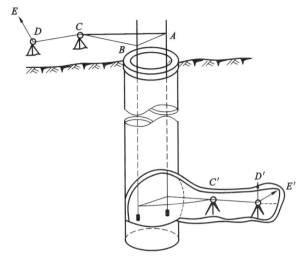

图 9.8　连接三角形井上下设备示意图

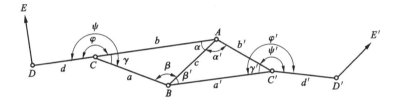

图 9.9　连接三角形示意图

尽量小一些,一般应小于 1.5。

　　地面连接测量是在 C 点安置仪器用测回法测量出 ψ、φ 和 γ 三个角度,并丈量 a、b、c 三条边的边长。同样,地下连接测量是在 C' 点安置仪器测量出 ψ'、φ' 和 γ' 三个角度,并丈量 a'、b'、c' 三条边的边长。测角时仪器应对中 3 次,每次对中应将照准部(或基座)位置变换 $120°$,量边应用检验过的钢尺并施加一定的拉力、测记温度。在锤球线稳定情况下,应用钢尺的不同起点丈量 6 次,读数估读到 0.1 mm。同一边各次观测值的互差不得大于 2 mm,取平均值作为丈量结果。井上下量得两锤球线间距离的互差不应超过 2 mm。

　　9.4.2.2　连接三角形的解算

　　(1)运用正弦定理,解算出 α、β、α'、β'

$$\left.\begin{array}{l}\sin\alpha=\dfrac{a\sin\gamma}{c}\\[2mm]\sin\beta=\dfrac{b\sin\gamma}{c}\\[2mm]\sin\alpha'=\dfrac{a'\sin\gamma'}{c'}\\[2mm]\sin\beta'=\dfrac{b'\sin\gamma'}{c'}\end{array}\right\} \qquad (9.4)$$

　　(2)检查测量和计算成果。

　　首先,连接三角形的三个内角 α、β、γ 以及 α'、β'、γ' 的和均应为 $180°$。若有少量残差可平均分配到 α、β,或 α'、β' 上。

其次,井上丈量所得的两钢丝间的距离 $c_丈$ 与按余弦定理计算出的距离 $c_计$ 相差不大于 2 mm;井下丈量所得的两钢丝间的距离 $c'_丈$ 与计算出的距离 $c'_计$ 相差应不大于 4 mm。若符合上述要求可在丈量的 a、b、c,以及 a'、b'、c' 中加入改正数 V_a、V_b、V_c 及 V'_a、V'_b、V'_c:

$$
\left.
\begin{aligned}
V_a &= V_c = -\frac{c_丈 - c_计}{3} \\
V_b &= \frac{c_丈 - c_计}{3} \\
V_{a'} &= V_{c'} = -\frac{c'_丈 - c'_计}{3} \\
V_{b'} &= \frac{c'_丈 - c'_计}{3}
\end{aligned}
\right\}
\tag{9.5}
$$

(3) 将井上、井下连接图形视为一条导线,如 $D—C—A—B—C'—D'$,按照导线的计算方法求出井下起始点 C' 的坐标及井下起始边 $C'D'$ 的方位角。

9.4.2.3 一井定向误差分析

由图 9.9 可知 $C'D'$ 的方位角 $\alpha_{C'D'} = \alpha_{CD} + \varphi - \alpha + \beta' + \varphi' \pm n \cdot 180°$,根据误差传播律可知地下定向连接边的方位角中误差为

$$
\sigma_{\alpha_{C'D'}}^2 = \sigma_{\alpha_{CD}}^2 + \sigma_\varphi^2 + \sigma_\alpha^2 + \sigma_\beta^2 + \sigma_{\varphi'}^2 + \theta^2
\tag{9.6}
$$

不加分析地给出地面和地下定向水平的连接三角形中 α、β 以及 α'、β' 的中误差 $\sigma_\alpha(\sigma_{a'})$、$\sigma_\beta(\sigma_{\beta'})$ 分别为:

$$
\sigma_\alpha = \pm \sqrt{\rho^2 \tan^2 \alpha \left(\frac{\sigma_a^2}{a^2} + \frac{\sigma_c^2}{c^2} - \frac{\sigma_\gamma^2}{\rho^2} \right) + \frac{a^2}{c^2 \cos^2 \alpha} \sigma_\gamma^2}
\tag{9.7}
$$

$$
\sigma_\beta = \pm \sqrt{\rho^2 \tan^2 \beta \left(\frac{\sigma_b^2}{b^2} + \frac{\sigma_c^2}{c^2} - \frac{\sigma_\gamma^2}{\rho^2} \right) + \frac{b^2}{c^2 \cos^2 \beta} \sigma_\gamma^2}
\tag{9.8}
$$

在式(9.7)和式(9.8)中,如果 $\alpha \approx 0°$,$\beta \approx 180°$(或 $\alpha \approx 180°$,$\beta \approx 0°$),则 $\tan \alpha \approx 0$,$\tan \beta \approx 0$;$\cos \alpha \approx 1$,$\cos \beta \approx -1$。此时各测量元素的误差对于锤球线 A、B 处的计算角 α、β 以及 α'、β' 的精度影响最小。式(9.7)和式(9.8)可简化为

$$
\sigma_\alpha = \pm \frac{a}{c} \sigma_\gamma
\tag{9.9}
$$

$$
\sigma_\beta = \pm \frac{b}{c} \sigma_\gamma
\tag{9.10}
$$

分析上述误差公式可得出如下结论:

(1) 连接三角形最有利的形状为锐角不大于 2° 的延伸三角形。

(2) 在连接测量时,应尽量使连接点 C 和 C' 靠近最近的锤球线并精确地测量角度 γ。

(3) 两锤球线间的距离 c 越大,则计算角的误差越小。

(4) 在延伸三角形中,量边误差对定向精度的影响较小。

在 C 点处测连接角 φ 的误差对连接精度的影响 σ_φ 可由下式计算:

$$
\sigma_\varphi = \pm \sqrt{\sigma_i^2 + \left(\frac{e_C}{\sqrt{2}d} \right)^2 + \left(\frac{e_D}{\sqrt{2}d} \right)^2 \rho^2}
\tag{9.11}
$$

式中 σ_i——测量方法误差;

　　　d——连接边 CD 的边长;

e_C、e_D——分别为经纬仪在连接点 C 上对中的线量误差和 D 点上觇标对中的线量误差。

由此可知,欲减少测量连接角的误差影响,主要应使连接边 d 尽可能长些,并提高仪器及觇标的对中精度。上述公式对估算井下连接测量连接角 φ' 的误差同样适用。

9.4.3　两井定向

9.4.3.1　两井定向测量方法

当两相邻竖井间开挖的隧道在地下已贯通,就具备条件采用两井定向。两井定向是在两个竖井内各悬挂一根吊锤线,在地面和地下用导线将它们连接起来,从而把地面坐标系统中的平面坐标和方向传递到地下,如图 9.10 所示。

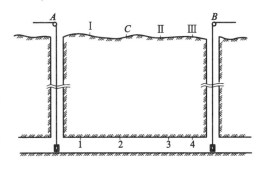

两井定向的外业测量也包括投点、地面和地下连接测量两个部分工作。与一井定向相比,两井定向时每个竖井中只悬挂一根吊锤线,这就使投点工作更为方便且缩短了占用井筒的时间,有条件时吊锤线可挂在靠近井壁的设备管道之间,

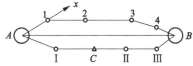

图 9.10　两井定向设备布置图

使竖井能照常进行生产。由于两吊锤线间的距离大大增加了,从而使投向误差显著减少,有利于提高地下导线定向的精度。

投点的方法和要求与一井定向相同。对地面、地下布设的导线事先要做误差预计。根据使用的仪器、采用的测量方法、导线布设的方案,估算一次定向测量的中误差,若不超过 $\pm20''$,这个方案才能使用。在连接测量时必须测出地面、地下连接导线各边的边长及其水平角。

9.4.3.2　两井定向的内业计算

(1)根据地面连接测量的成果,按照导线的计算方法,计算出地面两吊锤线的坐标 x_A、x_B、y_A、y_B。

(2)计算两吊锤线 A、B 连线在地面坐标系统中的坐标方位角和长度

$$\alpha_{AB} = \arctan \frac{y_B - y_A}{x_B - x_A} \tag{9.12}$$

$$c_{AB} = \sqrt{\Delta x_{AB}^2 + \Delta y_{AB}^2} \tag{9.13}$$

(3)因地下连接导线为无定向导线,为此,计算时先采用假定坐标系。如图 9.10 所示,设 A' 为假定坐标系的原点,$A'1$ 边为假定坐标系纵轴 x' 方向,计算地下连接导线各点在此假定坐标系中的平面坐标。设 B 点的假定坐标为 x'_B、y'_B,可计算出 A、B 连线在假定坐标系中的坐标方位角和长度:

$$\alpha'_{AB} = \arctan \frac{y'_B - y'_A}{x'_B - x'_A} = \arctan \frac{y'_B}{x'_B} \tag{9.14}$$

$$c'_{AB} = \sqrt{\Delta x'^2_{AB} + \Delta y'^2_{AB}} = \sqrt{(x'_B)^2 + (y'_B)^2} \tag{9.15}$$

当竖井较深时,要对 c'_{AB} 进行海平面投影改正,将其化算到地面 A、B 两点的平均高程面上,此时理论上

$$c'_{AB} + \frac{h}{R}c'_{AB} = c_{AB} \tag{9.16}$$

式中　h——竖井的深度；

　　　R——地球的平均曲率半径，取 6371 km。

但是由于测角量边误差的影响，实际上 c'_{AB} 加上海平面投影改正后并不等于 c_{AB}，设其差值为 f_c，有

$$f_c = c_{AB} - \left(c'_{AB} + \frac{H}{R}c'_{AB} \right) \tag{9.17}$$

f_c 不应大于 2 倍连接测量的中误差，否则需检查测量数据和计算过程是否有误，然后再考虑导线的设计方案。

（4）计算地下连接导线起始边在地面坐标系统中的坐标方位角

$$\alpha_{A1} = \alpha_{AB} - \alpha'_{AB} \tag{9.18}$$

（5）根据 A 点的坐标和计算出 $A1$ 边的坐标方位角，计算地下连接导线各点在地面坐标系统中的坐标和坐标方位角。由于测量误差的存在，地下求得的 B 点坐标与地面测出的 B 点坐标存在差值，如果其相对闭合差符合所采用的地下连接导线的精度要求，则认为地下连接导线的测量是正确的，可将坐标增量闭合差按边长比例反号分配给地下导线各坐标增量上，计算出地下各导线点的坐标。

$$\left. \begin{aligned} f_x &= \sum_A^B \Delta_x - (x_B - x_A) \\ f_y &= \sum_A^B \Delta_y - (y_B - y_A) \end{aligned} \right\} \tag{9.19}$$

$$f_s = \sqrt{f_x^2 + f_y^2} \tag{9.20}$$

9.4.3.3　两井定向的误差分析

两井定向起始边的方位角误差来源于投点误差 θ、地面连接误差 $\sigma_{\perp}$ 及地下连接误差 σ_{F}。为研究方便，假定 AB 连线为 y 轴，垂直于 AB 的方向为 x 轴。首先分析地面连接误差，两井定向时，地面连接误差主要是由于连接导线的测量误差引起。如图 9.10 所示，当由控制点向两锤球线敷设连接导线时，地面连接误差为

$$\sigma_{\perp} = \pm \sqrt{\frac{\rho^2}{c^2}(\sigma_{x_A}^2 + \sigma_{x_B}^2) + n\sigma_{\beta}^2} \tag{9.21}$$

式中　c——两锤球线 A、B 间的距离；

　　　σ_{x_A}——由节点Ⅲ到锤球线 A 所测设的支导线终点在 x 轴方向上的位置误差；

　　　σ_{x_B}——由节点Ⅲ到锤球线 B 所测设的支导线终点在 x 轴方向上的位置误差；

　　　n——由地面控制点到节点Ⅲ间的导线测量角数；

　　　σ_{β}——由地面控制点到节点Ⅲ间的导线测角中误差。

地下连接误差主要是由地下测角误差和量边误差所引起，因此 σ_{F} 可由下式计算

$$\sigma_{\mathrm{F}}^2 = \sigma_{\alpha_{i\beta}}^2 + \sigma_{\alpha_{il}}^2 = \sum_1^n \left(\frac{\partial \alpha}{\partial \beta} \right)^2 \sigma_{\beta_i}^2 + \sum_1^n \left(\frac{\partial \alpha}{\partial l_i} \right)^2 \rho^2 \sigma_{l_i}^2 \tag{9.22}$$

最后得到两井定向的地下导线边坐标方位角中误差的计算公式为

$$\sigma_{\alpha_i}^2 = \pm \sqrt{\sigma_{\perp}^2 \sigma_{i\beta}^2 + \sigma_{\alpha_{il}}^2 + \theta^2} \tag{9.23}$$

上面推导的两井定向地下连接导线边坐标方位角中误差适用于任何形状的导线,若地下连接导线为直伸形时,因各边均与锤球线的连线 AB 重合,即 $\varphi_i = 0$,亦即 $\sigma_{\alpha_{ij}} = 0$,表明地下导线边误差对各导线边的坐标方位角没有影响,只剩下测角误差对各导线边坐标方位角的影响。从而可通过分析得出:两井定向地下连接导线中间导线边的坐标方位角中误差最小,并依次逐渐向两端锤球线方向增大,坐标方位角中误差随连接导线的边数增加而增大。因此,在两井定向中,地下连接导线要选择最短路径、导线边数应尽可能减少,有条件时尽可能沿两锤球连线方向布设。而且以两井定向的地下连接导线边作起始边布设地下导线时,要尽可能选在坐标方位角中误差最小的两井定向连接导线的中间边作起始边进行联测。

9.4.4　高程联系测量

为了使地面和地下建立统一的高程系统,应通过平硐、斜井和竖井将地面高程传递到地下隧道中,作为地下高程测量的起始高程,这项工作称为高程联系测量。通过平硐、斜井的高程联系测量可直接从地面用水准测量或三角高程测量直接导入,此处不再赘述。这里仅介绍通过竖井导入高程的方法。

通过竖井导入高程的方法有长钢尺法、长钢丝法和光电测距仪铅直测距法。

9.4.4.1　长钢尺法导入高程

目前在国内外使用的长钢尺有 500 m、800 m、1000 m 等几种。如图 9.11 所示,钢尺通过井盖放入井下,到达井底后,挂上一个垂球,以拉直钢尺,使之居于自由悬挂位置。垂球不宜太重,一般以 10 kg 为宜。下放钢尺的同时,在地面及井下安平水准仪,分别在 A、B 两点水准尺上取读数 a 与 b,然后将水准仪照准钢尺。当钢尺挂好后,井上、下同时取读数 m 和 n。同时读数可避免钢尺移动所产生的误差。最后再在 A、B 水准尺上读数,以检查仪器高度是否发生变动。还应用点温计测定井上、下的温度 t_1、t_2。则 B 点高程为

$$H_B = H_A - \left[(m - n) + (b - a) + \sum \Delta l \right] \quad (9.24)$$

式中　Δl——钢尺改正数的综合,包括尺长改正、温度改正、钢尺自重伸长改正等。

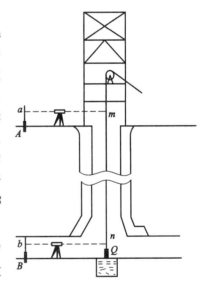

图 9.11　长钢尺法导入高程示意图

导入高程均需独立进行两次,也就是说在第一次进行完毕后,改变其井上下水准仪的高度并移动钢尺,用同样的方法再做一次。加入各种改正数后,前后两次之差,按《煤矿测量规程》规定不得超过 $l/8000$(l 为井上、下水准仪视线间的钢尺长度)。

9.4.4.2　钢丝法导入高程

没有长钢尺时,可采用钢丝法导入高程。如图 9.12 所示,用钢丝导入高程时,因为钢丝本身不像钢尺一样有刻划,所以不能直接量出长度,须在井口设一临时比长台来丈量,以间接求出长度值。观测的基本作业程序跟长钢尺法导入高程一样,只是需要在钢丝上做出地面和地下水准尺视线对应的记号,然后在比长台上丈量两记号间的长度,并加入各项改正。若水准仪

视线在地面水准点 A 和地下水准点 B 处所立标尺上的读数分别为 a 和 b,丈量出水准仪视线
在钢丝上两记号间的长度为 L,则地下水准点 B 点的高程为:

$$H_B = H_A - \left[L + (b - a) + \sum \Delta l \right] \qquad (9.25)$$

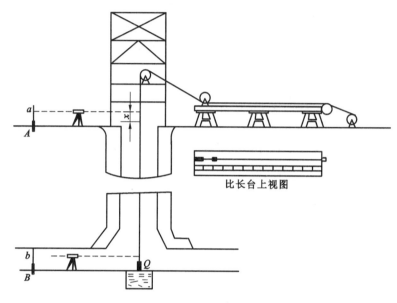

图 9.12　钢丝法导入高程

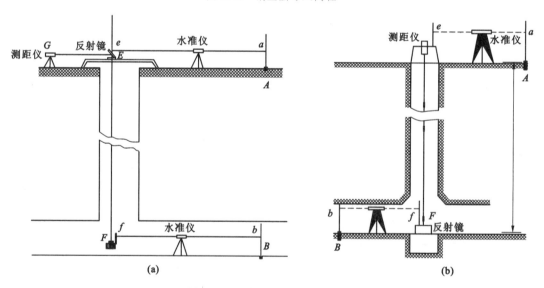

(a)　　　　　　　　　　　　　　　　　　　(b)

图 9.13　用光电测距仪导入高程

9.4.4.3　光电测距仪导入高程

如图 9.13(a)所示,光电测距仪导入高程的基本方法是:在井口附近的地面上安置光电测
距仪,在井口和井底的中部,分别安置反射镜,井上的反射镜与水平面成 45° 夹角,井下反射镜
处于水平状态,通过光电测距仪分别测量出仪器中心至井上和井下反射镜的距离 l、s,从而计
算出井上和井下反射中心间的铅垂距离 h

$$h = s - l + \Delta l \qquad (9.26)$$

然后,分别在井上和井下安置水准仪,测量出井上反射镜中心与地面水准基点间的高差 h_{AE} 和井下反射镜中心与井下水准基点间的高差 h_{FB}

$$h_{AE}=a-e \atop h_{FB}=f-b \} \tag{9.27}$$

式中 a,b,e,f——分别为井上、井下水准基点和井上、井下反射镜处水准尺的读数。

最后可按下式计算出井下水准基点 B 的高程 H_B:

$$H_B=H_A+h_{AE}+h_{FB}-h \tag{9.28}$$

如果测距仪可以竖直测距,也可用图 9.13(b)的方法,基本与上述方法相同,此处不再赘述。总之,用光电测距仪测井深比悬挂钢尺的传统方法快捷、精确,大大减轻了劳动强度,提高了工效。

9.5 贯通测量误差预计

贯通测量误差预计是在贯通测量工程施工前根据所选定的测量方案、测量精度和测量方法预先估计贯通相遇点的误差。

一般贯通工程都要做测量误差预计。如铁路隧道长度大于 1500 m 时,应根据横向贯通误差进行平面控制网设计,估算洞外控制测量产生的横向贯通误差影响值,并进行洞内测量设计。水准路线长度大于 5000 m 时,应根据高程贯通中误差进行高程控制网设计。

如果估算出来的误差大于贯通误差设计规定的容许偏差时,要对选定的测量方案和精度进行调整,直到估算的贯通误差在设计规定的容许偏差范围内,则按最终确定的测量方案、方法和测量精度进行施测,以保证在预定地点准确贯通。

9.5.1 贯通测量方案设计

贯通测量包括平面测量和高程测量两个部分。

贯通测量方案设计中,主要考虑贯通重要方向,即水平面内垂直于贯通中心线的横向贯通误差在设计规定的容许范围内,以确保贯通质量。因此,贯通误差预计也是针对该横向贯通误差进行估算。

一般来说,考虑到地面测量条件要优于地下,故对地面控制测量的精度要求可高一些,因此,将地面控制测量误差对贯通的影响作为一个独立的因素,将地下两端相向掘进的隧道中导线测量的误差对贯通的影响各作为一个独立因素。设隧道设计的贯通横向误差为 Δ,根据测量中的等影响原则,则各独立因素测量误差的允许值为

$$\Delta_q=\frac{\Delta}{\sqrt{3}} \tag{9.29}$$

如果隧道两端都用竖井与地面连通,然后在地下相向贯通隧道,此时,在两端竖井作联系测量的误差对贯通的影响也要各作为一个独立的因素来考虑,同样可得:

$$\Delta_q=\frac{\Delta}{\sqrt{5}} \tag{9.30}$$

同理,假若是通过一个竖井和一个平峒口相向开挖贯通时,则

$$\Delta_q = \frac{\Delta}{\sqrt{4}} \tag{9.31}$$

对于直线隧道,量边误差对横向贯通误差的影响完全可以忽略不计。实际上,两个洞口间的隧道一般都是直线形或半径很大的曲线形这种形状,因此,地面、地下导线有条件时应尽量布设成等边直伸形长边导线,地下导线只要在洞内具有长边通视条件,就可在基本导线基础上布设由长边组成的主要控制导线来指示长距离隧道(4 km以上)的掘进施工。

贯通测量方案设计时,可根据隧道的设计长度、走向、线路经过地段的地形和地质水文情况、设计的线路等级和用途、贯通点允许偏差以及测量误差预计的结果,参考针对铁路、交通、城市、矿山等制定的相关测量规程,选定所采用的测量等级、精度要求和有关技术指标,必要时还通过优化设计,最终确定符合工程设计要求、保证贯通质量的贯通测量方案。

9.5.2 平面贯通测量误差预计方法

9.5.2.1 地面平面控制测量对横向贯通误差影响的估算方法

地面控制测量对横向贯通误差的影响主要是由进、出口的洞口点坐标误差和定向边的坐标方位角所引起,因此,无论地面采用何种平面控制测量方式,误差估计就是计算两端洞口点的坐标误差和定向边的坐标方位角误差对横向贯通误差的影响值。

按方向间接平差时,用求平差未知数函数精度的方法估算横向贯通误差。设未知数的函数和其线性化的权函数式为

$$F = F(\hat{X}), \quad \mathrm{d}F = f^T \mathrm{d}\hat{x} \tag{9.32}$$

由误差传播定律,贯通点的横向偏差的权倒数为

$$\frac{1}{P_F} = f^T Q_{xx} f \tag{9.33}$$

式中 Q_{xx}——观测值的协因素阵。

求得权倒数 $\frac{1}{P_F}$ 后,可按下式计算未知数函数的中误差

$$m_q = \pm \frac{m_d}{\rho} \sqrt{\frac{1}{P_F}} \tag{9.34}$$

式中 m_d——设计方向的观测中误差。

横向贯通误差与洞口控制点和定向点的位置和精度有关,选择不同的定向点,其横向贯通误差则不同。

9.5.2.2 地下控制测量误差对横向贯通误差影响的估算方法

地下平面控制测量一般采用敷设导线的方法进行。对于长距离贯通隧道,地下导线布设成多边形闭合导线或主副导线环,采用严密平差方法进行平差计算时,横向贯通误差估算同地面控制测量对横向贯通误差影响值的估算方法一样,用严密估算方法进行估算。

对于短的隧道和矿山巷道的贯通,地下平面控制测量采用复测支导线形式时,可用下式进行横向贯通误差近似估算:

$$m_{q_F} = \pm \sqrt{m_{y_{\beta_F}}^2 + m_{y_{l_F}}^2} = \pm \sqrt{\left(\frac{m_{\beta_F}}{\rho}\right) \sum R_{x_F}^2 + \left(\frac{m_{l_F}}{l}\right)^2 \sum d_{y_F}^2} \tag{9.35}$$

式中 $m_{y_{\beta_F}}$、$m_{y_{l_F}}$——地下测角、量边所引起的横向贯通误差;

$m_{\beta_\text{下}}$——地下导线的测角中误差；

$\dfrac{m_{l_\text{下}}}{l}$——地下导线的量边相对中误差；

$\sum R^2_{x_\text{下}}$——各导线点至贯通面的垂直距离平方的总和；

$\sum d^2_{y_\text{下}}$——各导线边在贯通面上的投影长度平方的总和。

9.5.2.3 竖井联系测量误差对横向贯通误差影响的估算方法

如果有通过竖井联系测量由地面向地下传递坐标方位角和坐标的情况时，设坐标方位角传递误差（定向误差）为 σ_{α_0}，则坐标方位角传递误差引起的横向贯通误差可用下式计算：

$$\sigma_k = \frac{\sigma_{\alpha_0}}{\rho} R_k \qquad (9.36)$$

式中 R_k——竖井至贯通面的垂直距离。

至于坐标传递的误差，因为对贯通的影响很小，可以忽略不计。那么总的横向贯通中误差为：

$$\sigma = \pm \sqrt{\sigma^2_{q_\text{上}} + \sigma^2_{q_\text{下}} + \sigma^2_k} \qquad (9.37)$$

如果各项测量工作均独立进行两次，两次测量结果的较差符合规程规定的限差要求时，取两次测量结果的平均值作为最终观测值进行计算，这时估算的横向贯通中误差应为：

$$M = \frac{\sigma}{\sqrt{2}} \qquad (9.38)$$

一般用两倍中误差作为贯通预计误差，用 $M_\text{预}$ 表示，则 $M_\text{预} = 2\sigma$。

贯通预计误差与贯通允许偏差 $M_\text{允}$ 比较，若 $M_\text{预} \leqslant M_\text{允}$，则所选用的平面贯通测量方案和方法是可行的，能保证贯通质量。

9.5.3 高程贯通测量误差预计方法

地面和地下高程控制测量主要是采用水准测量方法。水准测量误差对隧道高程贯通误差的影响，可用下式计算

$$\sigma_h = \sigma_\Delta \sqrt{L} \qquad (9.39)$$

式中 L——洞内外高程线路总长，km；

σ_Δ——每千米高差中数的偶然中误差。

同平面控制测量一样，若高程测量工作独立进行两次，取平均值作为最终观测值进行计算，用 2 倍中误差作为贯通预计误差，那么预计的高程贯通误差为

$$M_{h_\text{预}} = \frac{2\sigma_h}{\sqrt{2}} \qquad (9.40)$$

而且要求 $M_{h_\text{预}} \leqslant M_{h_\text{允}}$。

需要指出的是，若采用光电测距三角高程测量时，L 取导线的长度。若洞内外高程控制测量精度不相同时，则应分别进行计算。如果有通过竖井由地面往地下导入高程时，还应考虑竖井导入高程误差对高程贯通误差的影响。

9.6　地下工程施工测量与竣工测量

地下工程施工测量的主要任务是洞口开挖位置及其附近地段施工中线放样,在施工过程中指示平面和竖直面内的开挖掘进方向,定期测量检查掘进工程进度及计算所完成的土石方量,及时将已掘成的隧道、硐室位置测绘到平面图上。地下工程竣工后,还要进行竣工测量。

9.6.1　洞口开挖位置和进洞方向的标定

地下工程开始施工时,首先要在地面标定平硐口、斜井口、竖井口的开挖位置和进洞方向,以指导开挖施工。标定时先要检查和熟悉设计图纸,弄清地面控制测量布设的洞口点和附近控制点与设计的中线点及中线方向的几何位置关系,同时核对地面平面控制点和水准点的测量坐标值和高程值,检查核对设计图上的设计数据,所用的测量数据和设计数据必须准确无误。

然后根据地面控制测量所得的洞口点坐标和它与其他控制点的连线方向,以及设计的隧道开挖点和中线方向,用坐标反算公式计算出所需的标定数据,用全站仪极坐标法标定洞口开挖位置和进洞方向,同时根据洞口所设高程控制点的高程值,确定洞口开挖点在竖直面内的高程位置。如若控制网和线路中线两者的坐标系不一致,应首先把洞外控制点和中线控制桩的坐标纳入同一坐标系统内,即必须先进行坐标转换。一般在直线隧道以线路中线作为 x 轴;曲线隧道上以一条切线方向作为 x 轴,建立施工坐标系。把中线引进洞内,可按直线隧道进洞或曲线隧道进洞的方法进行。

图 9.14　直线隧道进洞示意图

9.6.1.1　直线隧道进洞

直线隧道进洞计算比较简单,常采用拨角法。如图 9.14 所示,A、D 为隧道的洞口投点,位于线路中线上,当以 AD 为坐标纵轴方向时,可根据洞外控制测量确定的 A、B 和 C、D 点坐标进行坐标反算,分别计算放样角 β_1 和 β_2。测设放样时,仪器分别安置在 A 点,后视 B 点;安置在 D 点,后视 C 点,相应地拨角 β_1 和 β_2,就得到隧道口的进洞方向。

9.6.1.2　曲线隧道进洞

曲线隧道每端洞口切线上的两个投点的坐标在平面控制测量中已计算出,根据四个投点的坐标可算出两切线间的偏角 α,α 值与原来定测时所测得的偏角值可能不相符,应按此时所得 α 值和设计所采用曲线半径 R 和缓和曲线长 l_0,重新计算曲线要素和各主点的坐标。曲线进洞测量方法有以下两种:

(1)洞口投点移桩法

即计算定测时原投点偏离中线(理论中线)的偏移量和移桩夹角,并将它移到正确的中线上,再计算出移桩后该点的隧道施工里程和切线方向,于该点安置仪器,就可按第 4 章的曲线测设方法,测设洞门位置或洞门内的其他中线点。

(2)洞口控制点与曲线上任一点关系计算法

将洞口控制点坐标和整个曲线转换为同一施工坐标系。无论待测设点位于切线、缓和曲线还是圆曲线上,都可根据其里程计算出施工坐标,在洞口控制点上安置仪器用极坐标法测设洞口待定点。

9.6.2   隧道掘进时的测量工作

隧道洞内施工,是以中线为依据来进行。当洞内敷设导线之后,导线点不一定恰好在线路中线上,更不可能恰好在隧道的结构中线上(即隧道轴线上)。而隧道衬砌后两个边墙间隔的中心即为隧道中心,在直线部分则与线路中线重合;曲线部分由于隧道衬砌断面的内外侧加宽不同,所以线路中心线就不是隧道中心线,如图 9.15 所示。

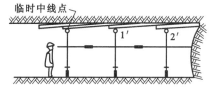

图 9.15   隧道中线示意图

隧道是边开挖、边衬砌,为保证开挖方向正确、开挖断面尺寸符合设计要求,施工测量工作必须要紧紧跟上,同时要保证测量成果的正确性。

9.6.2.1   隧(巷)道中线的标定

根据隧道洞口中线控制桩和中线方向桩,在洞口开挖面上测设开挖中线,并逐步往洞内引测中线上的里程桩。隧(巷)道中线的作用是指示隧(巷)道水平前进方向,中线方位角由隧(巷)道设计给定。隧道中线测设主要工作为:先测设临时中线指示隧(巷)道掘进,当隧(巷)道掘进 20 m 左右距离时,对临时中线点进行重新标定检核,符合要求后,再测设永久中线。隧(巷)道掘进一段距离后应及时延伸导线以对中线进行控制和检核。

直线型隧(巷)道中线测量主要使用经纬仪正倒镜法和激光指向仪导向法,如图 9.16 所示。

当导坑从最前面一个临时中线点继续向前掘进时,在直线上延伸不超过 30 m,曲线上不超过 20 m 的范围内,可采用"串线法"延伸中线。用串线法延伸中线时,应在临时中线点前或后用仪器再设置两个中线点,如图 9.17 所示。

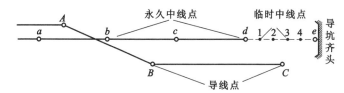

图 9.16   直线隧(巷)道中线测设

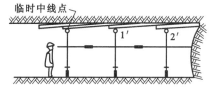

图 9.17   串线法延伸中线

隧道的开挖掘进过程中,洞内工作面狭小,光线暗淡。因此,在隧道掘进的定向工作中,经常使用激光准直经纬仪或激光指向仪,以指示中线和腰线方向。激光束穿过前面的中线垂球线给出巷道掘进方向,激光束在掘进迎头形成一个圆形光斑(在 40 m 内,光斑直径≥40 mm)。它具有直观、对其他工序影响小、便于实现自动控制等优点。采用机械化掘进设备,用固定在一定位置上的激光指向仪,配以装在掘进机上的光电接收靶,当掘进机向前推进中,方向如果偏离了指向仪发出的激光束,则光电接收靶会自动指出偏移方向及偏移值,为掘进机提供自动控制的信息。

(1) 先用经纬仪在隧(巷)道中测设两组中线点,图中 A、B 是后一组中线点中的两个,C 是向前延伸的另一组中线点中的一个,B、C 间距为 30~50 m,测设中线点同时在中线点的垂球线上标出腰线位置。

(2) 选择中线点 A、B 间的适当位置安置指向仪,在安置位置的顶板以中线为对称线,安置与指向仪悬挂装置尺寸相配的四根螺丝杆,再将带有长孔的两根角钢安在螺丝杆上。

（3）将仪器的悬挂装置与螺丝杆连接，根据 A、B 示出的中线移动仪器，使之处于中线方向上，然后用螺栓固紧。

（4）接通电源，激光束射出，利用水平调节钮使光斑中心对准前方的 B、C 两个中线点上的垂球线，再上下调整光束，使光线斑中心与 B、C 两垂球线的交点至两垂球线上的腰线标志的垂距 d 相等，这时红色激光束给出的是一条与腰线平行的隧(巷)道中线，如图 9.18 所示。

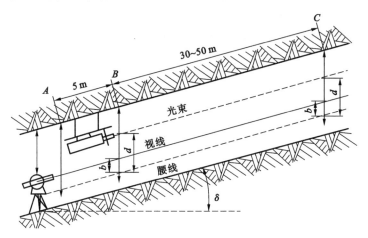

图 9.18　激光束的使用

激光指向仪一般只在隧(巷)道直线段使用，在使用时要注意防爆，并将指向仪于离掘进面 70 m 以上的距离安置。

曲线隧(巷)道中线有圆曲线和综合曲线等形式，实际测设曲线隧(巷)道中线时是将曲线用一系列折线代替，用折线配合大样图来指示曲线隧(巷)道掘进。曲线测设有弦线法、切线支距法和短弦法等多种方法，在第 4 章已有介绍，此处不再赘述。

在有的施工情况下，将线路中线侧移某一距离 S，用设置边线的方式来指示隧道(巷道)掘进施工。中线平行侧移后，中线的功能应保持不变。为此，要求平行侧移后的中线与原中线保持下列关系：在直线段严格平行；在圆曲线段按同心圆关系严格平行；在缓和曲线地段近似平行。如图 9.19 所示，中线侧移后两切线(直线段)平行且间距为 S；两圆曲线为同心圆，原半径 R_1 和侧移后圆曲线半径 R_2 之差为 S，即 $R_2 = R_1 + S$，向外侧移时 S 取"＋"号，向内侧移时 S

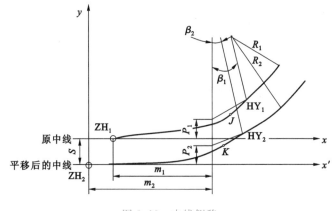

图 9.19　中线侧移

取"一"号;缓和曲线段的切线间距和半径之差均为 S,在两 P 值相等的前提下,两缓和曲线各要素间有如下关系:

(1) 两缓和曲线长度之比等于两圆曲线半径平方根之比

$$\frac{l_1}{l_2}=\sqrt{\frac{R_1}{R_2}}=\sqrt{\frac{R_1}{R_1+S}} \tag{9.41}$$

(2) 缓和曲线角之比与圆曲线半径的平方根成反比

$$\frac{\beta_1}{\beta_2}=\sqrt{\frac{R_2}{R_1}}=\sqrt{\frac{R_1+S}{R_1}} \tag{9.42}$$

(3) 切线增长值之比与圆曲线半径的平方根成正比

$$\frac{m_1}{m_2}=\sqrt{\frac{R_1}{R_2}}=\sqrt{\frac{R_1}{R_1+S}} \tag{9.43}$$

原中线为直线,侧移距为 S 时,可在原中线桩上作原中线之垂线,在垂线上测设距离 S 定侧移中线点。圆曲线侧移后为同心圆,间距为 S,同一圆心角所对应的弧长有下列关系:

$$C_2=\frac{R_2C_1}{R_1} \tag{9.44}$$

缓和曲线侧移后,缓和曲线的长度和 β 角均有改变,此处不再详述。

9.6.2.2　隧(巷)道腰线的标定

在隧道施工中,为了控制施工的标高和隧道横断面的放样,在隧道岩壁上,每隔一定距离 $5\sim10$ m 测设出比洞底设计地坪高出 1 m 的标高线,称为腰线。腰线可成组设置,每组不得少于 3 个点,各相邻点的间距应大于 2 m;也可每隔 $30\sim40$ m 设置 1 个,在隧道两壁上用红油漆画出腰线,腰线距底板或轨面的高度应为某一固定值。由于隧道的纵断面有一定的设计坡度,因此,腰线的高程按设计坡度随中线的里程而变化,它与隧道的设计地坪高程线是平行的。

腰线可用水准仪、经纬仪(全站仪)、斜面仪来标定,水平隧道(巷道)中,常用水准仪来标定腰线,在倾斜隧道(巷道)中则用经纬仪(全站仪)、斜面仪来标定腰线。这里介绍用经纬仪(全站仪)进行中线点兼作腰线点的标定方法。这个方法的特点,是在中线点的垂球线上作出腰线的标志。同时量腰线标志到中线点的距离,以便随时根据中线点恢复腰线的位置。如图 9.20 所示,1、2、3 点为一组已标设腰线点位置的中线点,4、5、6 点为待设腰线点标志的一组中线点。

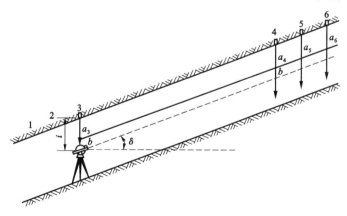

图 9.20　中线点兼作腰线点的标定

标设时经纬仪安置于 3 点,量仪器高 i,用正镜瞄准中线,使竖盘读数对准巷道设计的倾角 δ,此时望远镜视线与巷道腰线平行。在中线点 4、5、6 的垂球线上用大头针标出视线位置,用倒镜测其倾角作为检查。已知中线点 3 到腰线位置的垂距 a_3，则仪器视线到腰线点的垂距 b 为：

$$b=i-a_3 \tag{9.45}$$

式中，i 和 a_3 均从中线点向下量取(i 和 a_3 值均取正号)。求出的 b 值为正时，腰线在视线之上；b 值为负时，则在视线之下。从三个垂球线上标出的视线记号起，根据 b 的符号用小钢尺向上或向下量取长度 b，即可得到腰线点的位置。在中线上找出腰线位置后，拉水平线将腰线点标设在隧道(巷道)帮上，以便掘进人员掌握施工。

9.6.2.3 开挖断面测量

在隧道施工过程中，为了随时掌握所完成的土石方工程量，检查隧道开挖断面是否合乎设计要求，测量人员还需要随时测定隧道的断面，以便开挖人员及时对断面进行修补。隧道开挖断面形状的测定，传统的方法是采用断面支距法。

以中线点和水准点为依据，控制其平面位置和高程。对于采用全断面开挖法开挖的隧道，其测量过程与先挖导坑后扩大成型开挖的隧道基本一样，不同的是对临时中线点、临时水准点的测设精度要求较高，或者是直接测设正式中线点、正式水准点。

9.6.2.4 隧道内各部位结构物的放样

隧道内各部位的衬砌和结构物施工，都是根据线路中线、起拱线和轨顶高程，按照断面的设计尺寸和各结构物的平面设计位置和高程进行的。因此在施工前，必须检查复核要利用的中线点的平面位置和高程，检查要用的水准点高程以及设立的轨顶高程标志，确认无误后才能用来进行施工放样。放样建筑物的部位分别有边墙角、边墙基础、边墙身线、起拱线等位置。拱顶内沿、拱脚、边墙脚等设计高程均应用水准仪放出，并加以标注。

边墙衬砌的施工放样，若为直墙式衬砌，从校准的中线按规定尺寸放出支距，即可安装模板；若为曲墙式衬砌，则从中线按计算好的支距安设带有曲面的模板，并加以支撑固定，即可开始衬砌施工。

9.6.3 隧道竣工测量

隧道竣工后，为检查主要结构物及线路位置是否符合设计要求，并测绘竣工图，应进行竣工测量。该项工作包括隧道净空断面测量、永久中线点及水准点的测设。

隧道净空断面测量时，应在直线地段每 50 m，曲线地段每 20 m 或需要加测断面处测绘隧道的实际净空。测量时均以线路中线为准，包括测量隧道的拱顶高程、起拱线宽度、轨顶水平宽度、铺底或仰拱高程。

隧道竣工测量后，应对隧道的永久性中线点用混凝土包埋金属标志。在采用地下导线测量的隧道内，可利用原有中线点或根据调整后的线路中心点埋设。直线上的永久性中线点，曲线上应在缓和曲线的起点、终点各埋设一个，在曲线中部，可根据通视条件适当地增加。在隧道边墙上要画出永久性中线点的标志。洞内水准点应每千米埋设一个，并在边墙上画出标记。

竣工时还要进行隧道纵断面和横断面测量。纵断面应沿中垂线方向测定底板和拱顶高，每隔 10~20 m 测一点，并绘出纵断面图，在图上套画设计坡度线进行比较。直线隧道每隔 10 m，曲线隧道每隔 5 m 测一个横断面。横断面测量可用直角坐标法或极坐标法。

图 9.21(a) 为直角坐标法测量横断面，测量时是以横断面上的中垂线为纵轴，以起拱线为横轴，分别量出起拱线至拱顶的纵距 x_i 和横距 y_i，还需要量出起拱线至底板的高度 x' 等，依此绘出横断面图。

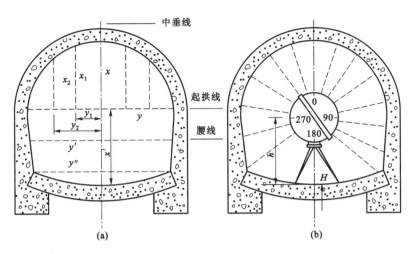

图 9.21　隧道横断面测量

图 9.21(b)为极坐标法,是用一个 0°~360°刻度的圆盘,将圆盘上 0°与 180°刻划的连线方向放在横断面中垂线位置上,圆盘中心的高程($H+h$)用水准仪测出。用长竹杆挑一皮尺零端,并使皮尺紧贴圆盘。当竹杆一端沿隧道横断面转动至某一位置时,读出尺端至圆盘中心的长度,同时读出尺方向与圆盘零线间的夹角。这样,在一个横断面上测定若干特征点,就能绘出横断面图。

地下工程竣工之后,测量工作者应提供有关施工中测量的各种数据和图表资料,如地面控制测量外业资料和计算成果、地面和地下高程成果、地下导线成果、贯通误差及调整资料、施工测量中重大问题的记录、地下工程竣工平面图、纵断面图、横断面图以及技术总结等。

9.7　贯通误差的测定与调整

隧道(巷道)贯通后实际偏差的测定是一项重要的工作,贯通后要及时地测定实际的横向、纵向和竖向贯通误差,用实际数据检查测量工作的成果,对贯通结果作出最后的评定,验证贯通测量误差预计的正确程度,以丰富贯通测量的理论和经验。若贯通偏差在设计允许范围之内,则认为贯通测量工作成功地达到了预期目的;若存在着贯通偏差,将影响隧道断面的修整、扩大和轨道铺设工作的进行。因此,应该采用适当方法对贯通后的偏差进行调整。

另外,通过贯通后的联测,可使两端原来没有闭合或附合条件的地下测量控制网有了可靠的检核和进行平差与精度评定,并以此作为巷道中腰线最后调整的依据。

9.7.1　水平面内横向贯通偏差的测定

9.7.1.1　中线法

隧道贯通后,用经纬仪将两端隧道的中线延伸到贯通面上,量出两中线间的距离 d,其大小即为贯通隧道在水平面内垂直于中线方向的横向实际贯通偏差,见图9.22。

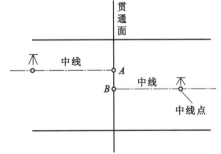

图 9.22　中线法测定贯通误差

9.7.1.2　联测法

用经纬仪将贯通隧道两端的中线点联测,使其闭合,同时丈量某一端中线点到贯通相遇点的距离 l,根据贯通中线方向的偏角 $\Delta\beta$,可计算出贯通点在垂直于隧道中线方向的横向贯通偏差。

9.7.1.3　坐标法

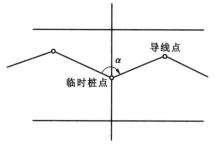

图 9.23　坐标法测定贯通误差

由进洞的任一方向,在贯通面附近钉设一临时桩点,然后由相向的两个方向对该点进行测角和量距,各自计算临时桩点的坐标。这样可以测得两组不同的坐标值,其 y 坐标的差数即为实际的横向贯通误差,其 x 坐标之差为实际的纵向贯通误差。在临时桩点上安置经纬仪测出角度,以便求得导线的角度闭合差(也称方位角贯通误差),见图9.23。

9.7.2　竖直内高程贯通偏差的测定

用水准仪测出或直接量出贯通接合面上两端腰线点的高差,即为竖直面内高程贯通实际偏差。用水准仪联测两端隧道中的已知高程点,其高程闭合差即为贯通点在竖直面内的贯通实际偏差。

9.7.3　贯通偏差的调整

测定贯通隧道的实际偏差后,须对中线和腰线进行调整。

9.7.3.1　中线的调整

隧道贯通后,如果实际偏差在设计允许范围之内,可用贯通相遇点一端的中线点与另一端的中线点的连线代替原来的中线,作为衬砌和铺轨的依据。而且应该尽量在隧道未衬砌地段内进行调整,不牵动已衬砌地段的中线,见图9.24。

当贯通面位于圆曲线上,调整贯通误差的地段又全部在圆曲线上时,可由曲线的两端向贯通面按长度比例调整中线,也可用调整偏角法进行调整。也就是说,在贯通面两侧每 20 m 弦长的中线点上,增加或减小 $10''\sim60''$ 的切线偏角值,然后在隧道内重新放样曲线,见图9.25。

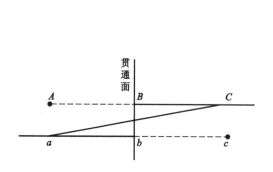

图 9.24　直线段中线的调整

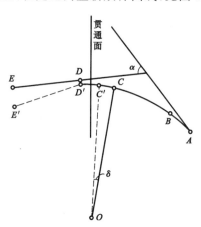

图 9.25　曲线段中线的调整

9.7.3.2 腰线的调整

实际测得隧道两端腰线点的高差后,可按实测高差和距离算出坡度。在水平隧道中,如果算出的坡度与原设计坡度相差在允许范围内,则按实际算出的坡度调整腰线;如果坡度相差超过规定的允许范围时,则应延长调整坡度的距离,直到调整后的坡度与设计坡度相差在允许范围内为止,如图 9.26 所示。

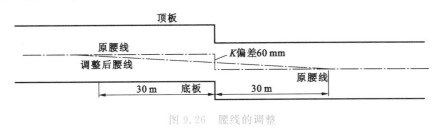

图 9.26　腰线的调整

9.8　陀螺定向

没有任何外力作用,并具有三个自由度的陀螺仪称为自由陀螺仪。自由陀螺仪在高速旋转时具有两个重要特性:

(1) 陀螺仪自转轴在无外力矩作用时,始终指向其初始恒定方向,该特性称为定轴性。

(2) 陀螺仪自转轴受到外力矩作用时,将按一定的规律产生进动,该特性称为进动性。

9.8.1　陀螺经纬仪的基本用途与类型划分

陀螺经纬仪是一种将陀螺仪和经纬仪结合在一起的仪器。它利用陀螺仪本身的物理特性及地球自转的影响,实现自动寻找真北方向从而测定地面和地下工程中任意测站的大地方位角。这一工作称为陀螺经纬仪定向观测。

依仪器结构可将陀螺经纬仪划分为下架悬挂式和上架悬挂式两种类型。下架悬挂式陀螺经纬仪是利用金属悬挂带把陀螺房悬挂在经纬仪空心轴下,悬挂带上端与经纬仪的壳体相固连,采用导流丝直接供电,附有携带式蓄电池组合晶体变流器。上架式陀螺经纬仪是用金属丝悬挂带把陀螺转子悬挂在灵敏部的顶端,灵敏部可稳定地连接在经纬仪横轴顶端的金属桥形支架上,不用时可取下,也就是说,灵敏部实际上相当于经纬仪的一个附件。

陀螺经纬仪及其构造如图 9.27 所示。

9.8.2　上架式陀螺经纬仪的结构组成

一套完整的上架式陀螺经纬仪由经纬仪、陀螺仪、经纬仪与陀螺仪连接装置以及电源箱等四部分构成。经纬仪与普通测量中所使用的完全一样,只是需在其上部安装一个专用的桥形支架,以用于陀螺仪的安置。

一般来说,上架式陀螺仪的结构均可划分为灵敏部、光学观测系统、锁紧限幅机构以及机体外壳等四部分。

9.8.2.1　灵敏部

灵敏部为陀螺仪的核心部分,其作用是利用高速旋转的陀螺寻找子午面,它包括悬挂带、导流丝、陀螺马达、陀螺房及反光镜等部件。

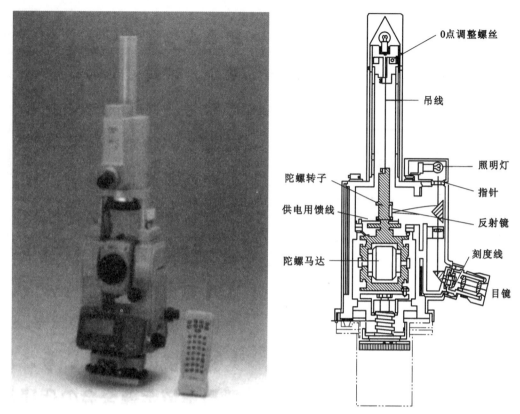

图 9.27　陀螺经纬仪及其构造

9.8.2.2　光学观测系统

在光源照射下,光标线经反光棱镜、反光镜反射后,通过物镜成像在目镜分划板上。由于光线反射的具体情况,我们在目镜看到的光标线影像的摆动方向与陀螺轴的实际摆动方向正好相反,所以,分划板的刻划为左"＋"右"－"。

9.8.2.3　锁紧限幅机构

转动仪器外部的手轮,通过凸轮带动锁紧限幅机构的升降,可使陀螺灵敏部拖起或下放。该机构的作用一是拖放,一是限幅。拖起灵敏部的目的是保护悬挂带不受折损,因此要求陀螺经纬仪在搬运途中,或者在启动以及制动过程中,灵敏部必须处于拖起状态。灵敏部下放的快慢直接影响着陀螺摆幅的大小,从而可实现限幅的功能。另外,该部分还配有减震、阻尼装置。

9.8.2.4　机体外壳

机体外壳由陀螺支柱、套筒、防磁层、电缆插头等组成。机体外壳要有一定的隔热、防磁作用。

9.8.3　陀螺经纬仪定向方法

当陀螺仪中自由悬挂的转子高速旋转时,因受地球自转的影响产生一个重力矩,使转子的轴指向子午线方向(真北方向),在经纬仪的水平度盘上读取真北方向的读数;当经纬仪转向瞄准其他任一方向时,再读取水平度盘读数,即可算得该方向的方位角。

应用陀螺经纬仪进行定向的操作过程可以概括为以下几个步骤:

（1）在地面已知边上测定仪器常数

由于陀螺仪轴衰减微弱的摆动系数保持不变,故其摆动的平均位置可以认为是假想的稳定位置。实际上,陀螺仪轴与望远镜光轴及观测目镜分划板零线代表的光轴通常不在同一竖直面中,该假想的陀螺仪轴的稳定位置通常不与地理子午线重合。二者的夹角称为仪器常数,一般用 Δ 表示。陀螺仪子午线位于地理子午线的东边,Δ 为正;反之,则为负,如图 9.28 所示。

（2）在待定边上测定陀螺方位角

地下待测边的长度应大于 50 m,仪器安置在 C' 点上,可测出 $C'D'$ 边的陀螺方位角 α_T,如图 9.29 所示,则定向边的地理方位角 A 为:

$$A = \alpha_{T'} + \Delta \tag{9.46}$$

测定定向边陀螺方位角应独立进行两次,其互差对 GAK-1、JT15 型仪器应小于 $40''$。

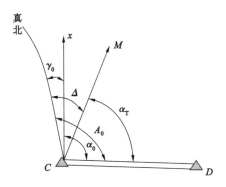

图 9.28　地面已知边上测定仪器常数

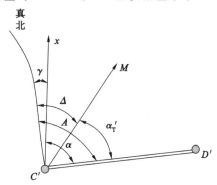

图 9.29　测待定边的坐标方位角

（3）在地面上重新测定仪器常数

仪器搬到地面后,应在已知边上重新测定仪器常数 2~3 次。前后两次测定的仪器常数,其中任意两个仪器常数的互差对 GAK-1、JT15 型仪器应小于 $40''$。然后求出仪器常数的最或是值,并按白塞尔公式来评定一次测定中误差。

（4）求算子午线收敛角和待定边的坐标方位角

一般地面 GPS 基线或精密导线边已知的是坐标方位角 α_0,需要求算的井下定向边,也是要求出其坐标方位角 α,而不是地理方位角 A。因此还需要求算子午线收敛角 γ。地理方位角和坐标方位角的关系为:

$$A_0 = \alpha_0 + \gamma_0 \tag{9.47}$$

子午线收敛角 γ_0 的符号可由安置仪器点的位置来确定,即在中央子午线以东为正,以西为负;其值可根据安置仪器点的高斯平面坐标求得。

由图 9.28、图 9.29 及以上公式可知仪器常数为:

$$\Delta = A_0 - \alpha_T = \alpha_0 + \gamma_0 - \alpha_T \tag{9.48}$$

地下待定边的坐标方位角则为:

$$\alpha = A - \gamma = \alpha_{T'} + \Delta_{\text{平}} - \gamma \tag{9.49}$$

式中　$\Delta_{\text{平}}$——仪器常数的平均值。

9.8.3.1　一次测定陀螺方位角的作业过程

（1）在测站上整平对中陀螺经纬仪,以一个测回测定待定边或已知边的方向值,然后将仪器大致对正北方。

（2）粗略定向锁紧灵敏部，启动陀螺马达，待达到额定转速后，下放陀螺灵敏部，用粗略定向的方法测定近似北方向。完毕后制动陀螺并托起锁紧，将望远镜视准轴转到近似北方向位置，固定照准部。

（3）测前悬带零位观测。打开陀螺照明，下放陀螺灵敏部，进行测前悬带零位观测。同时用秒表记录自摆周期 T。零位观测完毕，托起并锁紧灵敏部。

（4）精密定向（精密测定陀螺北）。采用有扭观测方法（如逆转点法等）或无扭观测方法（如中天法、时差法、摆幅法等）精密测定已知边或待定边的陀螺方位角。

（5）测后悬带零位观测。

（6）以一个测回测定待定边或已知边的方向值，测前测后两次观测的方向值的互差对 J_2 和 J_6 级经纬仪分别不得超过 $10''$ 和 $25''$。取测前测后观测值的平均值作为测线方向值。

9.8.3.2 精密定向(逆转点法)

精密定向是精确测定已知边和定向边的陀螺方位角。其方法可分为两大类：一类是仪器照准部处于跟踪状态，即多年来国内外都采用的逆转点法；另一类是仪器照准部固定不动，其方法很多，如中天法、时差法、摆幅法等。

逆转点法精密定向操作程序如下：

（1）严格整置经纬仪，架上陀螺仪，在一个测回测定待定或已知测线的方向值，然后将仪器大致对正北方。

（2）锁紧摆动系统，启动陀螺马达，待到达额定转速后，下放陀螺灵敏部，进行粗略定向。制动陀螺并托起锁紧，将望远镜视准轴调到近似北方位置，固定照准部。把水平微动螺旋调整到行程范围的中间位置。

（3）打开陀螺照明，下放陀螺灵敏部，进行测前悬带零位观测，同时用秒表记录自摆周期。零位观测完毕，托起并锁紧灵敏部。

（4）启动陀螺马达，达到额定转速后，缓慢地下放灵敏部到半脱离位置，稍停数秒钟，再全部下放。如果光标像移动过快，再使用半脱离阻尼限幅，使摆幅大约在 $1\sim3$ 范围为宜。用水平微动螺旋微动照准部，让光标像与分划板零刻线随时重合，即跟踪。跟踪要做到平稳和连续，切忌跟踪不及时，例如时而落后于灵敏部的摆动，时而又很快赶上或超前很多，因为这些情况都会影响结果的精度。在摆动到达逆转点时，连续读取 5 个逆转点读数。然后锁紧灵敏部，制动陀螺马达。

（5）测后零位观测模拟，方法同测前零位观测。

（6）以一测回测定待定或已知测线的方向值，前后两次观测结果的互差对 J_2 和 J_6 级经纬仪分别不得超过 $10''$ 和 $24''$。取测前测后两测回的平均值作为测线方向值。

9.8.4 全自动陀螺经纬仪简介

光学陀螺经纬仪为了精确测定真北方向，一般采用逆转点法或中天法进行。而人工观测，对观测员的操作技术要求较高，并且存在效率低、劳动强度大、易出错等缺陷。随着科学技术的发展，20 世纪 80 年代以来，世界上开始研制并使用全自动的陀螺经纬仪。

经纬仪与陀螺仪配合使用，成为陀螺经纬仪。目前，自动化陀螺经纬仪的主要产品有德国威斯特发伦采矿联合公司的 Gyromat 2000 和日本索佳公司（SOKKIA）的 AGP1 等。Gyromat 2000 陀螺经纬仪的自动定向主要是依靠步进测量（概略寻北）和自动积分测量系统实现。步进测量的目的是减小陀螺在静态摆动下的摆幅,使摆动的信号处于光电检测元件的感光区内,同时在陀螺启动状态下也使摆动平衡位置最终接近于北。

全自动陀螺经纬仪测量步骤主要为:① 将仪器安置到三脚架上并精确对中、整平;② 连接陀螺仪与经纬仪之间的数据通信电缆;③ 经纬仪开机,陀螺仪开机;④ 启动测量程序进行定向测量;⑤ 经纬仪照准测线目标,盘左、盘右观测两回,将结果输入到陀螺仪中,即可计算并显示测线方位角。

9.9　地下铁道测量要点

9.9.1　概述

作为城市公共交通的重要形式,地下铁道(简称地铁)是包括地下、地面、高架三种方式的轨道工程体系。在城区它埋设在地下,在郊区它是地面或高架构筑物。城市地铁沿线高楼林立、车水马龙、能见度差、隧道埋深浅,须采用直接穿越障碍物且不破坏现状结构的盾构法开掘隧道。

地铁隧道施工单位多,开工、竣工时间一不致,施工工艺复杂,隧道限界裕量小,与地面既有建筑结合紧密,各测量体和线路联结密切,地面、地下测量工作要保证万无一失。为保证全线准确贯通,测量精度要求很高,除了要进行施工放样、贯通测量以外,还要进行变形监测等项工作。地铁测量工作不仅要考虑全局,也要顾及局部,既要沿每条线路独立布设控制网,又要在线路交叉处有一定数量控制点重合,以保证各相关线路准确衔接。

地下铁道测量包括规划设计、施工设计、施工、竣工和运营阶段全部测绘工作。地下铁道测量工作除了提供各种比例尺地形图与地形数字资料满足规划、设计需要外,还要按设计要求标定地铁线路位置,指导施工,保证所有建(构)筑物位置正确并不侵入限界,以及在施工和运营期间对线路、建筑结构、周围环境的稳定状况进行变形监测等。与普通的工程测量相比,地铁隧道测量工作有以下特点:

(1) 地铁工程有严格限界规定,为降低工程成本,施工误差裕量已很小,对施工测量精度有较高的要求;

(2) 测量空间狭窄、光照不理想、测量条件差,并有烟尘、滴水、人和机械干扰的可能;

(3) 隧道及车站内的控制点数量多、使用频繁,应做好标志,加强维护,为地铁不同阶段施工及后期测量工作提供基础点位及资料;

(4) 测量的网型受地下条件限制,成果的可靠性主要依靠重复测量来保证;

(5) 地铁隧道内轨道结构采用整体道床,铺轨基标测量精度要求高;

(6) 环境监测任务重,地铁工程盾构掘进会对城市周围环境产生影响,其中至少要对工程正上方及邻近地表建筑物的沉陷、倾斜或位移进行观测。

9.9.2　地面控制测量

在地铁工程建设中,应沿线路独立布设平面控制网,控制网一般分为两级,首级为 GPS 控制网,二级为精密导线网。控制网的坐标系统可采用高斯正形投影 3°带或任意平面直角坐标系统,也可沿用符合要求的城市坐标系统。在满足规范前提下,平面控制网点还应布设合理、灵活,满足工程实际需要。在施工阶段,应按原测精度对控制网进行定期全面复测和不定期局部复测,确保网形结构的连续、稳固和使用。因此,点位的选埋和维护是地面测量工作的难点和要点。

9.9.2.1　GPS 控制网的建立

地铁平面控制测量中 GPS 控制网的主要技术指标为平均边长 2 km,最弱点的点位中误差小于±12 mm,相邻点的相对点位中误差小于±10 mm,最弱边的相对中误差小于 1/90000。布设应遵守以下原则:

(1) GPS 控制网内应重合(联测)3~5 个原有城市二等控制点或在城市里的国家一、二等控制点。除对 GPS 控制网内短边未知点构网观测外,还应包括重合点在内,对控制网内构成长边图形观测。这种长边图形,宜为重叠的大地四边形或中点多边形。

(2) 隧道洞口、竖井和车站附近应布设控制点,相邻控制点应有两个以上的方向通视,其他位置的控制点间应至少有一个方向通视。

(3) GPS 控制网必须由异步独立观测边构成闭合环或附合线路(按长边和短边分别连接),每个闭合环和附合线路中的边数≤6。

9.9.2.2　精密导线网的建立

在首级 GPS 控制网的基础上,布设二级精密导线网,精密导线应沿线路方向布设,形成"挂"在 GPS 点上的附合导线、多边形闭合导线或结点网。选点和观测是控制精密导线质量的两个重要因素,工作的重点是精密导线的选点和观测,难点是选点工作。精密导线选点时应符合以下要求:

(1) 相邻边长不宜相差过大,个别边长不宜短于 100 m;

(2) 精密导线点的位置应选在地铁、轻轨工程施工沉降变形区域以外,避开地下管线和地下建筑物;

(3) GPS 控制点与相邻精密导线点间的垂直角不应大于 30°,相邻点之间的视线距障碍物的距离以不受旁折光影响为宜;

(4) 应充分利用城市导线点,前、后期两条线路相交叉的地方设置共用的导线点。

在地铁设计线路的交汇处,新建的地面控制网必须与原网进行联测,会出现同一个点在不同时期的控制网下有不同的坐标的情况,处理坐标较差方法为:高等级起算控制点位尽量选择一致,以减少系统误差。当较差较小时,既有线采用原坐标,新线采用新坐标。而对施工加密点、隧道洞内控制点进行强制平差;当较差较大时(不能大于 50 mm 的规范规定),实测交叉部位处既有线路在新线控制网下的中线坐标提交设计进行解决,使设计和施工在同一坐标系下,从而解决控制点较差问题。

9.9.2.3　地面高程控制测量

地下铁道、轻轨交通工程测区采用统一的高程系统,并与城市原有高程系统一致。地面高程控制网是在城市二等水准点下沿工程线路布设的精密水准网。使用精密水准仪配合因瓦尺进行施测,并在施工前、施工中和进洞前分三次复核。

9.9.3　地铁盾构施工技术与地下控制测量

测量作为盾构施工中的一部分,是盾构施工的关键技术之一,直接关系到整个工程的成败。测量的主要目的就是确保隧道能按照预定路线施工,进而确保其能正确贯通,顺利完成隧道的建设。

9.9.3.1　盾构施工技术简介

盾构是一种钢制活动防护装置或活动支撑,是通过软弱含水层,特别是海底、河底以及城市中心区修建隧道的一种机械。盾构法是根据穿越土层的工程水文地质特点辅以其他施工技术措施,在地面下暗挖隧道的一种施工方法。构成盾构法的主要内容是:先在隧道某段的一端建造竖井或基坑,以供盾构安装就位。盾构从竖井或基坑的墙壁开孔处出发,在地层中沿着设计轴线,向另一竖井或基坑的设计孔洞推进。

现在的盾构机都装备有先进的自动导向系统。因此,在盾构法施工过程中的测量工作主要是对盾构机自动导向系统进行姿态定位测量,以及使用测量的方法来检核自动导向系统的准确性。盾构机上的自动导向系统(以德国 VMT 公司的 SLS-T 系统为例),主要由以下四部分组成:

(1) 具有自动照准目标的全站仪。主要用于测量(水平和垂直的)角度和距离、发射激光束。

(2) ELS(电子激光系统),亦称为标板或激光靶板(一种智能型传感器)。ELS 接收全站仪发出的激光束,测定水平方向和垂直方向的入射点。坡度和旋转也由该系统内的倾斜仪测量,偏角由 ELS 上激光器的入射角确认。ELS 固定在盾构机的机身内,在安装时要确定其相对于盾构机轴线的关系和参数。

(3) 计算机及隧道掘进软件。SLS-T 软件是自动导向系统的核心,它从全站仪和 ELS 等通信设备接收数据,盾构机的位置在该软件中计算,并以数字和图形的形式显示在计算机的屏幕上。操作系统采用 Windows 2000,确保用户操作简便。

(4) 电源箱。它主要给全站仪供电,保证计算机和全站仪之间的通信和数据传输。

9.9.3.2　地下控制测量

地下控制测量包括平面和高程测量,用于指导盾构开挖的方向,在盾构推进中承担了极为重要的任务。

由于地下平面控制的特殊性,导线分为施工导线和施工控制导线两种。施工导线是隧道施工中为了方便进行放样和指导盾构推进而布设的一种导线,它的边长一般仅 30～50 m 左右,以准确地指导盾构推进的方向。而施工控制导线是为准确指导盾构推进、保证地铁隧道正确贯通而布设的精度较高的导线。控制导线在直线段平均边长为 150 m,在特殊情况下,不应小于 100 m,在曲线段一般边长不应小于 60 m。施工导线的一部分点可作为布设的控制导线点。由于地下导线在施工期间只能布设成支导线的形式,为加强检核,保证隧道的贯通精度,导线测量中应采用往、返观测。并且在隧道开挖时,由于种种原因,会使导线点发生变化,因此在每次延伸施工控制导线测量前,应对已有的施工控制导线前三个点进行检测,如有变动,应选择另外稳定的施工控制导线点进行施工控制导线延伸测量。

地下高程测量包括地下施工水准测量和地下控制水准测量。地下施工水准测量可采用 S_3 水准仪和 3 m 木制水准尺按照四等水准测量进行。地下控制水准测量的方法和精度要求与地面精密水准测量相同,在隧道贯通前应独立进行三次,并与地面向地下传递高程同步。

9.9.4　施工测量控制重点

隧道施工测量的主要工作是标定隧道的设计线路中线、里程和高程,指导隧道施工导向。

应用盾构法掘进的隧道施工测量包括盾构井测量、盾构拼装测量、盾构姿态测量和衬砌环片测量。隧道贯通后,应利用贯通面两侧平面和高程控制点进行贯通误差测量。

9.9.4.1　竖井联系测量方法及其特点

(1)铅锤仪、陀螺仪经纬联合定向法。适用于各种平面联系测量,具有定向精度高、占用竖井时间少、劳动量和强度小等特点,是一种先进的方法,应用广泛。

(2)联系三角形定向法。适用比较广泛,但对竖井的大小有要求,作业时占用竖井时间长,劳动量和劳动强度大。

(3)导线定向测量法。采用全站仪进行导线测量的方法进行定向。垂直角不大于$30°$。对使用的仪器、设备等均有较高的要求,因盾构井较大,比较适用于盾构法施工的隧道。

(4)两井定向钻孔投点法。具有定向精度高、操作简便、占用井口时间少、劳动量和强度小的特点,非常适合矿山法施工的隧道,但需要在地面钻孔,审批手续繁杂,钻孔成本较高。

9.9.4.2　竖井联系测量注意事项

(1)在趋近导线测量中,尽量使用高等级控制点起算,有条件时宜采用多条起算边,布设的导线点应组成闭合或附合导线形式。尽量减少地面控制测量对横向贯通误差的影响。

(2)作业前需对使用的设备仪器进行一次严格的常规检查,作业过程中最好采用三联脚架、增加测回数、测量时停工等方法提高测角精度。

(3)严格按照规范要求进行竖井联系测量,隧道施工中,贯通面一侧的隧道长度约1000 m时联系测量应做三次,一般应在隧道掘进 50 m、100～150 m,距贯通面150～200 m时分别进行一次,取三次的加权平均值指导隧道施工。贯通面一侧的隧道长度大于 1000 m 时可以采取在距离贯通面 1/2 处通过钻孔投点或加测陀螺方位角的方法来提高定向精度(参照《地下铁道、轻轨交通工程测量规范》第 9 章第 9.1.5 条)。

9.9.4.3　地下平面控制网平差(贯通后)

(1)以两站一区间为单位进行

原则上以区间两端车站的施工控制导线点为依据,通过区间施工控制中线点或导线点组成附合导线,即"车站控制边—区间控制中线点或导线点—车站控制边"。当区间很长,有条件可分段进行。区间控制点间的距离在满足通视的条件下应尽量长,直线段如条件允许可达200 m,曲线段导线点间距不宜小于 60 m。平差的新成果将作为断面测量、调整中线、测设铺轨基标及进行变形监测的起始数据。

(2)导线联测时超限处理

① 首先对导线重新测量,导线联测不宜出现短边,直线段导线点间距约 150 m,曲线地段宜大于 60 m。确认导线闭合差不超限后联测无误。

② 可以合理改变起算点坐标,即起算边的方位,使导线闭合差满足规范要求。基本思路是通过比较由此引起区间内导线点坐标值和施工期间坐标差值,以差值尽量小为原则。

9.9.4.4　铺轨控制基标测量

如对基标认识不够,对其测设过程不十分清楚或缺乏经验,造成基标测量满足不了规范要求,将会严重影响到铺轨质量和进度,因此提前做好铺轨基标特别是控制基标就显得非常重要。

(1)铺轨控制基标与导线点的区别

导线点是先埋设点位,然后通过测量求算该点的理论坐标。而控制基标是已知该点的设计坐标,然后将坐标测设到实际位置。二者的测量过程恰恰是一个相反的过程。

（2）铺轨基标测量作业原则

铺轨基标精度要求详见地铁测量规范。由于精度要求高,因此在作业过程中要遵循"先控制、后加密,先平面、后高程"的原则,先调出控制基标的大概位置,然后根据理论值的边角关系,在相邻基标间准确调整,随后用精密仪器实测基标点间的夹角和边长。理论值进行比较,如满足要求后进行点位埋设,如不满足则需要反复调整,直到满足要求为止。

思考题与习题

9.1　地下工程与地下工程测量各有何特点?

9.2　什么叫贯通误差? 什么是贯通测量的重要方向?

9.3　地下工程测量的主要内容有哪些?

9.4　地下工程的联系测量方法有哪些,如何进行?

9.5　与地面测量相比,地下导线测量有何特点?

9.6　简述地下工程测量中测定地下某待定边方位角的方法和步骤。

9.7　简述地铁隧道施工测量的内容。

10　工程建筑物变形观测

【学习目标】

1. 了解变形测量的特点、内容、方法；
2. 掌握建筑物变形观测的内容、等级、精度；掌握沉降观测基准点与观测点的设置要求，掌握观测的周期与时间，掌握沉降成果处理的方法；
3. 熟悉水准仪等仪器的使用方法。

【技能目标】

1. 能够利用相关仪器进行建筑物变形观测；
2. 会使用相关方法对变形观测的数据进行分析、整理。

10.1　概　　述

随着我国经济的迅速发展，各种大型的水利枢纽工程、工业建筑物、桥梁隧道也随之大量兴建。在建设及使用过程中，建筑物的基础和地基随着建筑物的修建从而承受的荷载越来越大，基础及其周边的地层发生变形。由于基础和地基的变形导致建筑物本身也随之发生变形。各种物体的变形在一定的范围内，我们认定是正常现象，如果超过某一个限定值，则会在一定程度上影响建筑物的使用，更严重的还会危及建筑物的安全，进而引发灾害。为了解变形，研究变形发生的原因、变形特征及其随空间与时间的变化规律，以便预报变形发展的状况、避免或尽可能减少损失，必须进行变形观测。

10.1.1　工程建筑物变形观测的目的和意义

10.1.1.1　变形观测及其分类

变形观测又称为变形监测或变形测量，就是利用高精度的测量与专用仪器，采用专业的测量方法对被监测的对象或物体（简称变形体）进行测量，确定其空间位置及内部形态随时间的变化特征。变形体可以大到整个地球，小到一个工程建筑物的个体，它包括自然和人工的构筑物。在变形观测中，根据变形观测的研究对象，可以将变形体划分为以下三部分：

(1) 全球性变形研究：如大陆板块运动、地极移动、地球自转速率变化等；

(2) 区域性变形研究：如地壳形变监测、地下水水位观测、城市地面沉降等；

(3) 工程和局部性变形研究：如监测工程建筑物的沉降、大坝的沉降和位移、桥梁的变形、高层建筑物的挠度监测等。

变形监测按采用的手段相对于变形体的空间位置分为外部变形监测和内部变形监测。

(1) 外部变形监测主要是测量变形体在空间三维几何形态上的变化，普遍使用的是常规测量仪器和摄影测量设备，这种测量手段技术成熟，通用性好，精度高，能提供变形体整体的变形信息,但野外工作量大,不容易实现连续监测。

(2)内部变形监测主要是采用各种专用仪器,对变形体结构内部的应变、应力、温度、渗压、土压力、孔隙压力以及伸缩缝开合等项目进行观测,这种测量手段容易实现连续、自动的监测,长距离遥控遥测,精度也高,但只能提供局部的变形信息。

10.1.1.2　变形观测的目的和意义

如何提高安全预报的准确性,对于建筑物的正常运行有很重要的意义。因此变形观测的工作越来越重要。对建筑物进行变形观测的主要目的有:

(1)安全监测——分析和评价建筑物的安全状态

由于无法精确测定工程的工作条件和承载能力,工程在运行过程中可能发生某些不安全的变形。这些变形的结果表现为建筑物发生沉降、倾斜、扭曲和裂缝等。例如,矿产资源在开采过程中需要对其进行提取等措施,故而许多大型的矿山都修建了尾矿坝。由于是长时间不间断运行,故而许多大坝都存在着一定的安全隐患,这些安全隐患不但限制了大坝的使用,同时严重威胁着下游的安全。例如,2008年山西省襄汾县突发溃坝事故,导致128人遇难;2010年9月广东省紫金矿业溃坝事故,导致下游水域被严重污染,直接经济损失达2000万元。因此,在工程建筑物的施工和运营期间,必须进行变形观测,通过对变形观测的数据进行严密的分析,从而评价建筑物的安全状态,保证整个工程的顺利建设和运营。

(2)积累数据——验证设计参数及施工质量

由于人类对自然的认识还不够全面,不可能对影响建筑物的各种因素都进行精确、精密的计算,设计过程中经常会采用一些统计数据或者经验公式。而变形观测工作的进行,能随时发现工程中存在的问题,对其中不合理的数据进行修正,从而保证整个工程的建设。例如,在大坝修建过程中,利用变形观测结果可以进行反演分析,从而对初期设计的时效位移分量、渗透扩散率等数据进行验证。

在施工过程中,对于具体的建筑进行变形监测,根据变形监测的结果,判定其施工的具体质量问题,也是变形观测的一项工作内容。

(3)为科学实验服务——进行变形预报

通过研究相关建筑物的变形数据,对变形数据进行系统性的研究,建立变形模型,掌握建筑物变形的基本规律和特征,从而准确地预报建筑物的变形,为建筑物的安全运营提供有用的信息。

变形监测的意义主要表现为两个方面:一是实用上的意义,通过施工建设期间和运营管理期间的变形观测,可以获得变形体的空间状态和时间特性,并据此指导施工和运营,可及时发现问题并采取工程措施,以确保施工质量和运营安全。二是科学上的意义,通过对变形观测资料进行严密的数据处理,做出变形体变形的几何分析和物理解释,更好地理解变形机理,可验证有关的工程设计理论和变形体变形的模型假设,以改进现行的工程设计理论,建立、健全科学的变形预报理论和方法。

10.1.1.3　变形观测的特点

由于作业目的的不同,变形观测工作与常规测量有着明显的不同,总体上来讲,变形观测的工作模式要比常规测量严格、精密,它具有以下特点:

(1)精度要求高

为了能准确地反映变形体的变性特征和变形量,变形观测工作需要准确测量变形体上特征点的空间位置,从而对变形观测工作的精度有更精确的要求。在正常的工作过程中,变形观测的精度要求在±1 mm 左右;对于用于研究性质的变形观测,则其精度要求更高。

(2)重复观测

变形观测的工作模式是周期性地对观测点进行重复性观测,根据其所观测的数据进行分析,进而获取变形的特征。在这里,周期性的观测时间是固定的,不能因为天气等外界因素更改;而重复性指的是观测的基本条件、方法及模式要相同。为了保证在作业过程中能够获取到真实的变形数据,减小仪器、人员及外业条件所引起的系统误差,一般要求每次观测所用的仪器、人员、作业条件、路线、观测模式必须要固定。同时为了提高观测精度,一般要求每次观测测站的位置最好固定。例如每个人的观测方式都不一样,如果在观测过程中随意更换人员,则会使得观测数据中人为地加入了个人的视差。为了提高观测精度,则要求每次都是固定人员进行观测。

(3)严密地进行数据处理

变形体的变形一般都较小,有的与测量误差有相同的数量级,故要采取一些办法从含有观测误差的观测值中分离出变形信息。在变形观测数据处理的论著中,有许多关于变形观测中含有粗差和系统差的鉴别、检验等论述。

(4)责任重大

由于变形量都是微观变化,更应从带有观测误差的观测值中,找出变形规律的蛛丝马迹,及时正确预报危害变形,使人们避免灾害,减少损失。所以变形观测责任重大,它需要认真工作,才能圆满完成观测任务。

10.1.1.4　变形观测的主要技术方法

随着科技的发展,测绘仪器也发生着日新月异的变化,而变形观测技术的发展主要体现在满足作业要求的前提下利用相关仪器进行工作。变形观测的技术方法有以下几种:

(1)精密高程测量

国家三等以上的高程测量看作是精密高程测量,主要用精密水准仪进行。精密水准测量也一直是垂直位移观测的主要方法。它具有精度高,稳定可靠,技术成熟等优点;但劳动强度大,速度慢,山区系统误差大。光电测距三角高程也可以代替精密水准测量,提高速度和减轻测量工作者的劳动强度。一些实验表明,每千米偶然中误差可达到±1 mm 的精度,但是它具有不稳定性,故一般情况下,还不能单独将光电测距三角高程应用于需精密测量的垂直变形观测中。

(2)全自动跟踪全站仪

全自动跟踪全站仪(RTS,Robotic Total Station)即测量机器人。它是一种能代替人进行自动搜索、跟踪、辨识和精确照准目标并获取角度、距离、三维坐标等信息的智能型电子全站仪。测量机器人通过 CCD 影像传感器和其他传感器对现实测量世界中的"目标"进行识别,进行分析、判断与推理,实现自我控制。测量机器人可进行全天候、全方位的无人值守测量。如著名的 Laika TCA2003,其精密模式测量距离精度可以达到 1 mm+2 ppm,完全满足一般变形观测作业的精度要求。

(3)GPS 的应用

随着 GPS 技术的发展,GPS 卫星定位和导航技术与现代通信技术相结合,在空间定位技术方面引起了革命性的变化。用 GPS 同时测定三维坐标的方法将测绘定位技术绝对和相对精度扩展到米级、厘米级乃至亚毫米级,从而大大拓宽了它的应用范围和在各行各业中的作用。

GPS 在变形观测过程中有着独特的优点,它可以进行高精度、全天候的实时观测,同时又能使监测工作过程自动化。而且在观测过程中由于观测条件影响小,可以保证数据的完整性和连续性。

(4)摄影测量方法

在其他的变形观测过程中,由于观测条件的限制,使得观测的点位相对比较少,难以反映变形体变形的细节。为了增加观测信息,方便点位的数据采集,我们可以利用摄影测量方法进行变形观测。这种方法具有快速、直观、全面的特点,适用于大面积的滑坡治理。但是这种方法有明显的缺点,就是测量的精度相对于其他方法比较低,故而这种技术还需要提高。

10.1.2　建筑物变形观测的精度和频率

10.1.2.1　变形观测的精度

变形观测的精度决定了变形观测数据的合理性,同时也反映了变形的具体大小。经过国内外学者的多次讨论,形成了一个明确的认识:变形观测的精度取决于变形观测的目的。为检查施工变形,其观测精度要求较低,以能反映施工变形大小为度;为确保建筑物安全的变形观测则精度要求较高,而为了某些科学研究目的则精度要求更高。

国际测量工作者联合会(FIG)第十三届会议(1971 年)工程测量组提出:"如果观测的目的是为了使变形值不超过某一允许的数值而确保建筑物的安全,则其观测的中误差应小于允许变形值的 1/10～1/20;如果观测的目的是为了研究其变形的过程,则其中误差应比这个数值小得多。"

这表明,不同的目的所要求的观测精度不同。但是,在多数情况下,设计人员总希望把精度要求提高一些,以便能及时发现问题;而测量人员则希望把精度要求降低一点,以便能顺利完成测量任务,从而在精度上出现判定矛盾。为了明确测量精度,便于指导测量工作,对于重要的工程,人们还是愿意以当时能够达到的最高精度为标准进行观测。我们选择大坝作为研究对象,由于大坝安全监测极其重要,所以要求"以当时能够达到的最高精度为标准进行变形观测",而我国《混凝土大坝安全监测技术规范》中对变形观测的精度有详细的规定,如表 10.1 所示。

表 10.1　混凝土大坝安全监测的精度要求

项　　目			位移中误差限值
水平位移	坝体	重力坝、支墩坝	±1.0 mm
		拱坝　径向	±2.0 mm
		拱坝　切向	±1.0 mm
	坝基	重力坝、支墩坝	±0.3 mm
		拱坝　径向	±0.3 mm
		拱坝　切向	±0.3 mm

项　目			位移中误差限值
倾斜	坝体		±5.0″
	坝基		±1.0″
垂直位移	坝体		±1.0 mm
	坝基		±0.3 mm
坝体表面接缝与裂缝			±0.2 mm
近坝区岩体	水平位移		±2.0 mm
	垂直位移	坝下游	±1.5 mm
		库区	±2.0 mm
滑坡体和高边坡	水平位移		±3.0 mm
	垂直位移		±3.0 mm
	裂缝		±1.0 mm

明确变形观测的精度要求后,再参照表 10.2 选择对应的观测等级。当存在多个变形观测精度要求时,应根据其中最高精度选择相应的精度等级;当要求精度低于《规范》最低精度要求时,宜采用《规范》中规定的最低精度。

表 10.2　建筑物变形观测等级及精度

变形观测等级	沉降观测	位移观测	适　用　范　围
	观测点测站高差中误差(m)	观测点坐标中误差(m)	
特级	≤0.05	≤0.3	特高精度要求的特种精密工程和重要科研项目变形观测
一级	≤0.10	≤1.0	高精度要求的大型建筑物和科研项目变形观测
二级	≤0.50	≤3.0	中等精度要求的建筑物和科研项目变形观测;重要建筑物主体倾斜观测、场地滑坡观测
三级	≤1.50	≤10.0	低精度要求的建筑物变形观测;一般建筑物主体倾斜观测、场地滑坡观测

10.1.2.2　变形观测的频率

变形监测的频率取决于变形的大小、速度以及观测的目的。变形监测频率的大小应能反映出变形体的变形规律,并可随单位时间内变形量的大小而定。观测过程中,应该根据变形的速度和外界条件的变化及时调整变形观测的频率,以便能反映变形速度。

通常,在工程建筑物建成初期,变形的速度比较快,因此观测频率也要高一些。经过一段时间后,建筑物趋于稳定可以减少观测,但要坚持定期观测。对于周期性的变形,在一个变形周期内至少应该观测 2 次。如瑞士的 Zeuzier 拱坝在正常运营 20 多年后才出现异常,如果没有坚持定期观测,就无法发现,就会发生灾害。下面以大坝作为典型例子,将变形观测的频率概括在表 10.3 中。

表 10.3   大坝变形监测频率表

变形种类		水库蓄水前 时间/次	水库蓄水 时间/次	水库蓄水后 2～3 年 时间/次	正常运营 时间/次
沉陷		1 个月	1 个月	3～6 个月	半年
混凝 土坝	相对水平位移	半个月	1 周	半个月	1 个月
	绝对水平位移	0.5～1 个月	1 季度	1 季度	6～12 个月
土石坝	沉陷、水平位移	1 季度	1 个月	1 季度	半年

在施工期间,若遇暴雨、洪水、地震等特殊情况,应该增加观测频率进行观测。

变形观测的首次观测(零周期)应进行两次独立观测,并取观测中数作为变形观测的初始值。变形观测的实践性很强,应反映某一时刻变形体相对于基点的变形程度或者变形趋势,因此首次观测值是整个变形观测的基础数据,应认真观测、仔细复核、增加观测量、进行两次同精度独立观测,以保证首次观测成果数据有足够的精度和可靠性。

10.2   工程建筑物变形观测的内容和布置方案

10.2.1   变形观测的内容

变形观测的内容,应根据变形体的类型和性质以及设站观测的目的的不同而不同。要求有明确的针对性,既要有重点,又要作全面考虑,以便能正确反映出建筑物的变化情况,达到监视建筑物的安全运营、了解其变形规律之目的。以下是几种不同变形体的观测内容:

(1)工业与民用建筑物:对于建筑物本身主要是倾斜与裂缝观测。基础主要观测内容是均匀沉陷与不均匀沉陷,从而计算绝对沉陷值、平均沉陷值、相对弯曲、相对倾斜、平均沉陷速度以及绘制沉陷分布图。对于工业企业、科学试验设施与军事设施中的各种工艺设备、导轨等,其主要观测内容是水平位移和垂直位移。对于高大的塔式建筑物和高层房屋,还应观测其瞬时变形、可逆变形和扭转(即动态变形)。

(2)土工建筑物:以土坝为例,其观测项目主要为水平位移、垂直位移、渗透(浸润线)以及裂缝观测。对混凝土重力坝,主要有垂直位移、水平位移、伸缩缝及应力观测等。

(3)钢筋混凝土建筑物:以混凝土重力坝为例,其主要观测项目为垂直位移(从而可以求得基础与坝体的转动)、水平位移(从而可以求得坝体的挠曲)以及伸缩缝的观测。以上内容通常称为外部变形观测,也就是说用测量的方法求出建筑物外形在空间位置方面的变化。此外,由于混凝土坝是一种大型水工建筑物,其安危影响很大,设计理论也比较复杂,除了观测其外形的变化之外,还要了解其结构内部的情况。例如混凝土应力、钢筋应力、温度等,这些内容通常称为内部观测。外部观测与内部观测之间有着密切的联系,应该同时进行,以便在资料分析时可以互相补充,互相验证。本篇所讨论的内容仅限于外部变形观测。

(4)地表沉降:对于建立在江河下游冲积层上的城市,由于工业用水需要大量地吸取地下水,影响地下土层的结构,将使地面发生沉降。例如,我国某城市地表沉降观测的结果表明地表有时沉降,有时回升,这与季节性地吸取地下水有关。对于地下采矿地区,由于在地下大量的采掘,也会使地表发生沉降。这种沉降现象严重的城市和地区,暴雨以后将发生大面积的积水,影响仓库的使用与居民的生活。有时甚至造成地下管线的破坏,危及建筑物安全。因此,必须定期地进行观测,掌握其沉降与回升的规律,以便采取防护措施。为了更全面地了解影响工程建筑物变形的原因及其规律,以及有些特种工程建筑物的要求,有时在其勘测阶段要进行地表形变观测,以研究地层的稳定性。

10.2.2 变形观测的布置方案

10.2.2.1 变形观测方案设计

变形观测网的设计是变形观测的基础,变形观测网的设计是否合理是保证建筑物安全运营的根本。通过变形观测网的实际使用,能够及时地发现异常,同时经过分析处理,防止重大事故和灾害的发生。

(1)设计原则

① 针对性:设计人员根据监测工程的性质和要求,在收集和阅读工程地质勘查报告、施工组织计划的基础上,根据施工场地周围的环境确定变形监测的内容。在设计方案时,必须做到目的明确、实用性强、突出重点。不但对重要工程和影响建筑物安全的因素作为重点监测对象,而且要对监测系统进行优化,以最小的投入取得最好的监测效果。

② 完整性:观测方案的完整程度。方案以监测建筑物安全为主,观测项目和测站点的布设必须要满足资料分析的需要,同时还需要能验证设计过程中的数据引用等问题,以达到提高设计水平的目的。

③ 先进性:设计的方案尽量采用先进的技术,兼顾自身所具备的仪器设备选用合适的检测方法,可根据实际情况选择观测系统进行自动化的观测和数据传输,从而能完整地提供建筑物变形的有关信息。

④ 可靠性:可靠性是指控制网探测观测值粗差和抵抗残存粗差对平差结果影响的能力。为了更深入地检查变形观测方案的可靠性,必须加入多余观测量,加入越多,则发现粗差的能力也就越强。

⑤ 经济性:观测项目要在满足精度要求的前提下,方案目的明确、测站点布设位置合理、施工安装方便,从而做到变形观测既能满足精度要求,又能做到经济合理,节省经费。

(2)变形监测方案设计的主要内容

对于任何一个变形监测方案,在设计过程中必须要考虑以下内容:

① 技术设计书:明确观测所应该遵循的具体测量规范和行业规范;确定观测目的、测区概况;说明合同双方的责任和义务。

② 有关建筑物自然条件和工艺生产过程的概述:主要说明对各个部分进行观测的重要性以及对观测过程中出现的一些特殊现象的说明。

③ 观测点原则方案:说明变形观测工作的重要性、观测目的、观测要求、观测所能达到的具体条件等等。

④ 控制点及监测点的布置方案:说明整个观测网络布设的布设方案、布网的测量精度和测量的各种点位的埋设要求。

⑤ 测量的必要精度论证:对整个观测网的精度、观测方法进行严密的精度论证,同时加注观测的注意事项。

⑥ 测量的方法和仪器:说明测量的具体思路及测量方法,介绍仪器的种类、数量、型号及

精度等级等。

　　⑦ 成果的整理方法：说明《规范》所要求的成果整理方法。

　　⑧ 观测进度计划表：主要说明观测的周期、频率，需要详细地规划到某一天甚至某一个时间段。

　　⑨ 观测人员的编制及预算：对观测人员的从业资格、职称等加以说明，介绍预算情况。

10.2.2.2　变形观测点位设计

　　变形观测要设置变形观测点（简称为观测点）和建立变形监测网（简称为监测网）。观测点设在被观测的目标上，为对观测点实施观测还需建立基准点。基准点分为稳定的基准点和工作基点。埋设在变形影响范围以外或基岩上的稳定不动的测量控制点为稳定的基准点。基准点离被观测目标远，工作不方便，观测误差大；埋得近了，又不稳定。所以在测区范围较大时采用两级控制。将设在离观测点较近对观测点进行观测时所依据的基准点称为工作基点。这样，由稳定的基准点和工作基点组成了变形监测网。由于工作基点离观测点较近，可能在变形区内（不稳定），其位移量是通过对整个监测网的重复观测来确定。由工作基点对观测点观测，测得观测点相对于工作基点的位移量，再根据工作基点相对于基准点的位移量来修正观测点相对于工作基点的位移值。当测区范围较小时，不需要布设工作基点，只布设基准点。为使观测点正确反映建（构）筑物变形，在布设观测点与监测网之前应做好如下工作：

　　收集和了解作业区的地质、水文等资料，工程设计图纸及说明书，稳定地层位置、深度、水位、水的酸碱性、冻土深度；根据设计图纸及说明书了解建（构）筑物位置、大小、高度、结构、基础类型、深度；了解建（构）筑物安全等级；了解设计对变形允许值大小的要求；了解施工组织方式与进度等。

　　所有变形观测点位应该满足这些要求：平面基准点及工作基点要采用强制归心装置的观测墩。水平位移观测点采用具有强制归心的觇牌；高程基准点埋设在变形区域以外的基岩或者坚硬土层上，基准点和工作基点的标石按相关要求埋设；变形观测点根据变形观测的对象和现场条件，在变形体上埋设固定标志代替埋石；对于永久性变形观测点，必须埋设金属标志。

　　（1）基准点

　　基准点是整个变形监测过程的基础，是进行变形观测的基本依据。故而基准点的稳固关系到整个网络的稳定性。基准点一般要求埋设在稳固的基岩上或者变形区域以外，尽可能长期保存，一般要求每个工程埋设基准点不得少于 3 个，以便定期观测相互检验基准点的稳定性。

　　垂直位移观测基准点的标志采用混凝土桩，或钢管加筋桩，如图 10.1 所示。对于高层建筑物或大型建筑物，基准点应钻孔至基岩。待基准点埋设完成并达到一定强度后，按沉降观测设计方案对基准网实施首次测量；基准点间应构成闭合环，并具备一定数量的多余观测值，以便及时发现相关基准点的变形问题。

　　沉降观测的基准点由于需要检验基准点的稳定性，所以一般成组设置。每一个测区的水准基点不应少于 3 个。对于小测区，在基准点可靠前提下，与工作基点合计不得少于 2 个。在建筑区内，点位与邻近建筑物距离应大于建筑物基础最大宽度的 2 倍，标石的埋设深度应该大于邻近建筑物基础的深度。

　　水平位移观测基准点在布设过程中，为了保证变形监测的精度，每个测区的基准点不应少于 2 个，每个测区的工作基点不应少于 2 个。基准点、工作基点应根据实际情况构成一定的网形，并按《规范》规定的精度定期进行检测，水平位移基准点的埋设应符合下列要求：

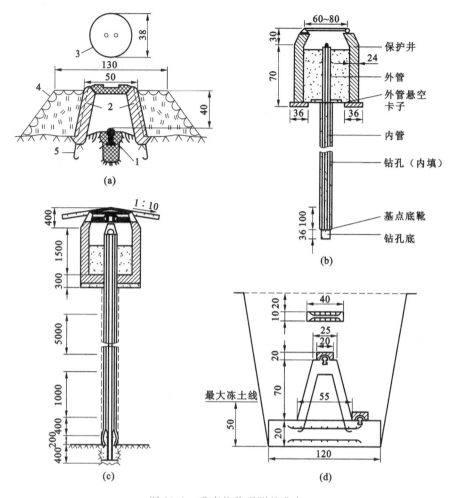

图 10.1　垂直位移观测基准点

(a) 基岩水准基点标石(单位:cm);(b) 深埋钢管水准基点标石(单位:cm);

(c) 深埋双金属管水准基点标石(单位:mm);(d) 混凝土基本水准标石(单位:cm)

1—抗蚀的金属标志;2—钢筋混凝土井圈;3—井盖;4—砌石土丘;5—井圈保护层

① 对于基准点,应建造观测墩或埋设专门观测标石,并根据使用仪器和照准标志的类型、观测精度要求,配备强制对中装置。强制对中装置的对中误差最大不应超过±0.1 mm,整平误差应小于 $4'$。强制对中装置如图 10.2 所示。

② 照准标志应具有明显的几何中心或轴线,并应符合图像反差大、图案对称、相位差小及本身不变形等特点。为了保证水平位移观测的基准点能长期保存,应将基准点建立在稳固的基岩上;当地表覆盖层较厚时,可开挖或钻孔至基岩;当条件困难时,可埋设土层混凝土标,但是要求此时的标墩的基础适当加大,同时要开挖到冻土层以下。具体埋设要求如图 10.3 所示。

图 10.2　强制对中装置

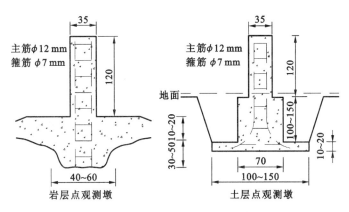

图 10.3　水准位移观测基准点

（2）工作基点

工作基点埋设在被研究对象的附近,其点位稳定性则由基准点定期检验。工作基点位置与邻近建筑物的距离不得小于建筑物基础深度的 $1.5\sim2.0$ 倍。工作基点与联系点也可设置在稳定的永久性建筑物墙体或基础上。工作基点的表示,可根据实际情况,参照基准点的要求建立。水准工作基点一般要求在埋设后 15 天稳定,只有稳定后才能进行相关观测,其示意图如图 10.4 所示。

（3）变形观测点

变形观测点指的是直接埋设在变形体上能反映建筑物变性特征的测量点,点位布设一般由测量单位、设计单位、甲方监理共同确定,由施工单位负责埋设,如图 10.5 所示。埋设标志应结合施工图纸,使其既能便于立尺进行观测,又便于保护标志不被后续施工掩埋或破坏。同时,标石埋设后,应该等其稳定后才可开始观测,稳定期根据观测要求与测区的地质条件确定,一般不宜少于 15 天。

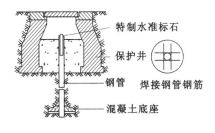

图 10.4　浅埋钢管水准标石

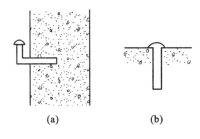

图 10.5　水准工作基点
（a）窨井式标志；（b）盒式标志

沉降观测点应设置在能够反映建筑物、构筑物变形特征和变形明显的部位。标志应稳固、明显、结构合理,不影响建筑物、构筑物的美观和使用。点位应避开障碍物,便于观测和长期保存,同时观测点数必须足够多。工业与民用建（构）筑物沉降观测点应布设在建（构）筑物的下列部位：

① 建筑物的四角、大转角处及沿外墙每 $10\sim15$ m 处或每隔 $2\sim3$ 根柱基上。

② 高层建筑、新旧建筑物、纵横墙等交接处的两侧。

③ 建筑物裂缝和沉降缝两侧、基础埋深相差悬殊、人工与天然地基接壤、不同结构分界及填挖方分界处。

④ 宽度≥15 m 或<15 m 而地质复杂以及膨胀土地区的建筑物,在承重内隔墙中部设内墙点,在室内地面中心及四周设地面点。

⑤ 邻近堆置重物处、受震动有显著影响的部位及基础下的暗浜(沟)处。

⑥ 框架结构建筑物每个或部分柱基上或沿纵横轴线设点。

⑦ 片筏基础、箱形基础底板或接近基础的结构部分之四角处及其中部位置。

⑧ 重型设备基础和动力设备基础的四角、基础形式或埋深改变处以及地质条件变化处两侧。

⑨ 电视塔、烟囱、水塔、油罐、炼油塔、高炉等高耸建筑物,沿周边在与基础轴线相交的对称位置上布点,点数不少于 4 个。

工业与民用建(构)筑物水平位移测量的变形观测点应布设在建(构)筑物的下列部位:建筑物的主要墙角和柱基上以及建筑沉降缝的顶部和底部,当有建筑裂缝时还应布设在裂缝的两边,大型构筑物的顶部、中部和下部。观测标志宜采用发射棱镜、发射片、照准觇标或变径垂直照准杆。

10.2.2.3　变形观测网布设

变形观测网一般分为绝对网和相对网。如图 10.6(a)所示,绝对网指的是有一部分位于变形体上(变形观测点),而另外一部分位于变形体外(基准点和工作基点)形成的监测网;如图

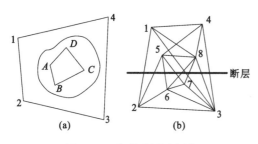

图 10.6　变形观测网布设
(a) 绝对网;(b) 相对网

10.6(b)所示,相对网指的是网的全部点位都位于变形体上形成的监测网。在绝对网中,由于基准点在变形体外,故而由变形体上的观测点测定的位移就是绝对位移。当变形体范围较小时采用绝对网的形式,而变形区域过大或者变形范围难以确定时,采用相对网形式。在相对网中,由于无法确定变形区域,所以如果某些点相对于其他点位发生位移,就能确定该点发生了变形,进而推导出整个变形区域。

在建筑物的垂直位移观测过程中,主要应用水准测量方法。在建筑物较少的测区,水准点连同观测点按单一层次布设;在建筑物较多且分散的大测区,宜按两个层次布网,即由水准点组成高程控制网、观测点与所联测的水准点组成扩展网。高程控制网应布设为闭合环、结点网或附合高程路线。

水准测量的等级划分为特级、一级、二级和三级。其限差和具体要求见表 10.4 和表 10.5。

表 10.4　水准观测限差

等　　级		基铺分划(黑红面)读数之差	基铺分划(黑红面)所测高差之差	往返较差及附合或环线闭合差	单程双测站所测高差较差	检测已测测段高差之差
特级		0.15	0.2	$\leqslant 0.1\sqrt{n}$	$\leqslant 0.07\sqrt{n}$	$0.15\leqslant\sqrt{n}$
一级		0.3	0.5	$\leqslant 0.3\sqrt{n}$	$\leqslant 0.2\sqrt{n}$	$\leqslant 0.45\sqrt{n}$
二级		0.5	0.7	$\leqslant 1.0\sqrt{n}$	$\leqslant 0.7\sqrt{n}$	$\leqslant 1.5\sqrt{n}$
三级	光学测微器法	1.0	1.5	$\leqslant 3.0\sqrt{n}$	$\leqslant 2.0\sqrt{n}$	$\leqslant 4.5\sqrt{n}$
	中丝读数法	2.0	3.0			

表 10.5　水准观测的视线长度、前后视距差、视线高度(m)

等级	视线长度	前后视距差	前后视距累积差	视线高度	观测仪器
特级	≤10	≤0.3	≤0.5	≥0.5	DSZ05 或 DS05
一级	≤30	≤0.7	≤1.0	≥0.3	
二级	≤50	≤2.0	≤3.0	≥0.2	DS1 或 DS05
三级	≤75	≤5.0	≤8.0	三丝能读数	DS3 或 DS1,DS05

测定观测点沉陷的水准路线大多敷设成两工作基点之间的附合路线。每次观测值均要加标尺长度改正。根据视线短、每千米线路测站数很多的特点,对附合线路闭合差采取按测段的测站数多少进行分配的方法。然后,根据工作基点的高程推算各沉陷观测点的高程。而对于钢管标点还要加钢管温度改正(即由该次观测时温度改正到首次观测时的温度),将本次计算的各观测点高程与各点首次观测的高程比较,即可求得各观测点相对于本点首次观测的沉陷量(其符号规定:下沉为正;上升为负)。还需指出,工作基点本身逐年也会有些下沉,但各次沉陷观测点高程仍以工作基点的首次高程作为起算高程,而将工作基点各年的下沉量视为一常数,在分析资料时一并考虑。

在建筑物的水平位移观测过程中,如果变形区域较小,则将控制点连同观测点按单一层次布设;如果变形区域比较大,必须按两个层次布设,主要是由控制点以及观测点、联测的控制点组成。其中控制点组成控制网,而观测点和联测的控制点组成扩展网。在网形布设形式上,控制网可用测角网、测边网、边角网或导线网。扩展网和单一层次布网可采用角交会、边交会、边角交会、基准线或附合导线等形式。必须注意的是,布网应考虑网形强度,长短边不宜差距过大,以免人为地降低控制网的灵敏度。在水平网的布设及测量过程中具体要求见表 10.6、表 10.7、表 10.8、表 10.9、表 10.10。

表 10.6　光电测距的技术要求

等级	仪器精度档次(mm)	每边最少测回数		一测回读数间较差限值 (mm)	单程测回间较差限值 (mm)	气象数据测定的最小读数		往返或时段间较差限值
		往	返			温度(℃)	气压(mmHg)	
一级	≤1	4	4	1	1.4	0.1	0.1	$\sqrt{2}(a+b\times D\times 10^{-6})$
二级	≤3	4	4	3	4.0	0.2	0.5	
三级	≤5	2	2	5	7.0	0.2	0.5	
	≤10	4	4	10	14.0	0.2	0.5	

表 10.7　测角控制网技术要求

等级	最弱边边长中误差(mm)	平均边长(m)	测角中误差(″)	最弱边边长相对中误差
一级	±1.0	200	±1.0	1/200000
二级	±3.0	300	±1.5	1/100000
三级	±10.0	500	±2.5	1/50000

表 10.8　测边控制网技术要求

等级	测距中误差(mm)	平均边长(m)	测距相对中误差
一级	±1.0	200	1/200000
二级	±3.0	300	1/100000

表 10.9　导线测量技术要求

等级	导线最弱点点位中误差(mm)	导线长度(m)	平均边长(m)	测边中误差(mm)	测角中误差(″)	最弱边边长相对中误差
一级	±1.4	$750C_1$	150	$±0.6C_2$	±1.0	1/100000
二级	±4.2	$1000C_1$	200	$±2.0C_2$	±2.0	1/45000
三级	±14.0	$1250C_1$	250	$±6.0C_2$	±5.0	1/17000

注:C_1、C_2 为导线类别系数。对附合导线,$C_1=C_2=1$;对独立单一导线,$C_1=1.2$,$C_2=1$;对导线网,导线长度系指附合点与结点或结点间的导线长度,取 $C_1≤0.7$,$C_2=1$。

表 10.10　水平角观测技术要求

仪器类别	两次照准目标读数差(″)	半测回归零差(″)	一测回内 $2c$ 互差(″)	同一方向值各测回互差(″)
DJ_1	4	5	8	5
DJ_2	6	8	13	8
DJ_3	—	18	—	20

10.3　垂直位移观测

垂直位移观测是建筑物变形监测的一项重要的监测内容,《工程测量规范》和《混凝土大坝安全检测技术规范》等使用的是"垂直位移观测",而《建筑变形测量规程》中使用的是"沉降监测"。垂直位移观测,就是定期地测量观测点的相对于水准点的高差以求得观测点的高程,并将不同时期所得的高程加以比较,得出建筑物的垂直位移情况的资料。从实际情况讲,在各种不同的条件下和不同的监测时期,变形体在垂直方向上的高程变化情况可能不同,故而垂直位移观测比较贴近实际意义。目前垂直位移观测中最常采用的是水准测量方法、液体静力水准测量方法和精密三角高程测量方法(精密三角高程测量虽然能替代水准测量,同时降低劳动强度,提高工作效率,但是由于其稳定性还需要进一步加强,故而这里不做介绍)。对于中、小型厂房和土工建筑物沉陷观测可采用普通水准测量;而对于高大重要的混凝土建筑物,例如大型工业厂房、高层建筑物以及混凝土坝,要求其沉陷观测的中误差大于 1 mm,因而,就得采用精密水准测量的方法。

建筑物的沉降与建筑物基础的荷载有直接的关系。建筑物在施工过程中,由于建筑物的重量在不断增加,荷载也就不断增加,对基础下的土层就进行压缩,基础的垂直位移也就越明显。但是基础的荷载对基础下的土层的压缩是逐步完成的,故而荷载的快速增加并不意味着沉降量的短期迅速变化,而且荷载的停止增加也不见得沉降量会立即停止。通过研究我们得出了一个结论:建筑在沙土类土层上的建筑物,其沉降在荷载基本稳定后已大部分完成,沉降趋于稳定;而在黏土类土层上的建筑物,其沉降在施工期间仅完成了一部分,在随后的一段时间内仍会有一定的沉降变化。

故而准确、定期地对变形体进行垂直位移观测,通过研究变形体上观测点的累积沉降量、位移速度及位移量,对观测点的垂直位移进行分析和预报;通过对变形体上多个观测点的沉降研究分析,获取到整个变形体的垂直位移趋势和垂直位移速度。

10.3.1　精密水准测量

10.3.1.1　自动安平水准仪介绍

根据国家有关测量规范以及《建筑变形测量规范》,由于不同等级、不同类型、同一种建筑物不同施工阶段的垂直位移观测,其精度要求不同,故而如何选择满足精度要求的水准仪,采用正确的测量方法,国家有明确的要求;对特级、一级垂直位移观测,应使用 DSZ05 或者 DS05 型水准仪配合因瓦合金标尺;对二级垂直位移观测,应使用 DS1 或 DS05 型水准仪配合因瓦合金标尺;对三级垂直位移观测,应使用 DS3 水准仪配合木质标尺或者 DS1 型水准仪配合因瓦合金标尺。而上述型号的仪器中,自动安平水准仪简单方便,是目前主流应用的水准仪。

徕卡 DNA03(如图 10.7 所示),是目前主流应用的自动安平水准仪。它具有较强的磁阻尼补偿器,同时精度也完全满足变形观测的需求,使用因瓦合金标

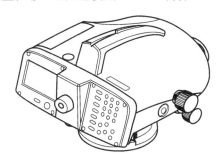

图 10.7　徕卡 DNA03 自动安平水准仪

尺,每千米往返标准可以达到 0.3 mm,而使用标准标尺也能达到1.0 mm。

10.3.1.2　仪器检核

在水准测量工作开展前,按照测量规范要求,必须要对水准标尺进行检验和对仪器进行 i 角误差检验。

《国家一、二等水准测量规范》规定,如果一根标尺的每米真长偏差大于 0.1 mm,这根标尺不能使用于工程中;如果一对标尺的平均每米真长偏差大于 0.05 mm,必须对观测高差进行改正。

检验时,在平坦地面的一直线上选定 J_1、A、B、J_2 四点,点间距均为 20.6 m,如图 10.8 所示。J_1 和 J_2 点用小木桩或测钎作标志,A 和 B 点安置尺垫。水准仪先安置于 J_1 点,精平仪器后分别读取 A、B 点上水准尺的读数 a_1、b_1。如果 $i=0$,视线水平,在 A、B 点上水准尺的读数应为 a_1'、b_1',由 i 角引起的读数误差分别为 Δ 和 2Δ。然后把仪器搬至 J_2 点,精平仪器,分别读取 A、B 点上水准尺的读数 a_2、b_2。视线水平时的正确读数应为 a_2'、b_2',读数误差分别为 2Δ 和 Δ。在 J_1 点和 J_2 点测得的正确高差分别为:

$$\left.\begin{aligned}h_1'&=a_1'-b_1'=(a_1-\Delta)-(b_1-2\Delta)=a_1-b_1+\Delta\\h_2'&=a_2'-b_2'=(a_2-\Delta)-(b_2-2\Delta)=a_2-b_2-\Delta\end{aligned}\right\} \tag{10.1}$$

如果不顾及其他误差,则 $h_1'=h_2'$,由此得到

$$2\Delta=(a_2-b_2)-(a_1-b_1)=h_2-h_1 \tag{10.2}$$

$$\Delta=\frac{1}{2}(h_2-h_1) \tag{10.3}$$

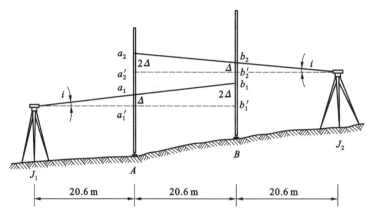

图 10.8　水准仪 i 角

由于 Δ 由 i 角引起,最后得到:

$$i''=\frac{\rho''}{S}\Delta=\frac{\rho''}{2S}(h_2-h_1) \tag{10.4}$$

校正:对于 DS1 级 $\Delta=\frac{S}{\rho}i''$ 水准仪,当 $i>15''$ 时,需要进行水准管轴平行于视准轴的校正。

10.3.1.3　注意事项

为了保证测量精度和数据的准确性,削弱仪器的 i 角误差对作业精度的影响,最有效的方法就是避免日光直接照射,同时采用改变观测程序的方法,能在一定程度上削弱、消除其影响,故而有了以下规定:往测奇数站的观测顺序是"后前前后"、偶数站是"前后后前";而返测的观测顺序则交替改变。另外在观测过程中需要注意以下几点:

(1) 严格按照测量规范的要求施测。

(2) 每次观测前,仪器、标尺应晾置 30 min 以上。

(3) 每次观测必须按照固定的线路进行,前后视最好用同一副水准尺。

(4) 观测时尽量让观测环境基本一致。

(5) 在雨季前后需要联测,检查水准点的标高是否有变动。

(6) 当建筑物每天(24 h)连续沉降量超过 1 mm 应该停止施工,采取急救施施。

10.3.2　液体静力水准测量

10.3.2.1　液体静力水准仪原理

如图 10.9 所示,在两个完全相同的连通容器中充满液体,当液体完全静止后,两个连通管容器内的液面位于同一大地水准面上。容器底部的 A 点和 B 点的高差为:

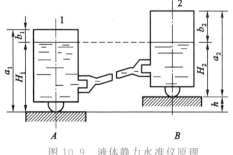

图 10.9　液体静力水准仪原理

$$h=H_1-H_2=(a_1-a_2)-(b_1-b_2) \tag{10.5}$$

式中　a_1、a_2——容器的底面或读数零点相对于工作地面的高度;

　　　b_1、b_2——容器中液面位置的读数或读数零点到液面的距离。

要直接精密地量测出液面离容器底部的高度 H_1 和 H_2 之值是不容易的。在实际工作中利用传感器来进行此项测量,工作极为方便且精度很高。假定传感器 1 和 2 的零位距离容器底部分别为 a_1 和 a_2,传感器测得两容器内液面的高度分别为 b_1 和 b_2,则 A 点和 B 点之间的高差就可以写成:

$$h = (a_1 - b_1) - (a_2 - b_2) \tag{10.6}$$

10.3.2.2 误差来源

虽然液体静力水准测量的原理非常简单,但是要在实际使用过程中满足变形观测精度的需要,则必须注意以下几点影响:

(1)仪器自身误差:系统误差,主要是仪器在制造过程中产生的设备误差,通过仪器在出厂时的严格检校,可以将这个误差限制在很小的范围里。

(2)温度和气压:由于温度不均匀会导致两个液体柱的高度出现误差,通过研究表明,当水温在 20 ℃时,由于温度的增加,对于水柱的高度影响最大可达到 0.07 mm,为此为了降低温度的影响,应尽量保证液体柱的高度不超过 50 mm。而由于气压的影响最大可出现 0.0136 mm 的误差,因此必须保证各个区域的气压相等。

(3)传感器:利用光学机械式探测器或者线形差动位移传感器进行液面高度变化的量测,能够实现静力水准仪的自动观测工作,同时线形差动位移传感器价格低廉、操作方便、精度高,使得其在静力水准仪的观测中普遍使用。但是传感器的工作环境要求比较高,在某些恶劣环境下工作容易出现问题。

(4)液体柱:液体柱一般采用玻璃容器,由于液体对玻璃的湿润作用,会让液面中央形成下凹的曲面,同时液体自动升高。为此,液体柱的半径误差不能超过 0.002 mm,同时,内壁必须做严格的抛光处理。

10.3.2.3 技术要求及注意事项

液体静力水准测量的优点是精度高,可遥测实现自动化,在危险之处仍可测量等;缺点是仪器须固定,操作不灵活,作业效率低。《建筑变形测量规范》技术要求见表 10.11。

表 10.11 静水水准观测技术要求

等 级	特级	一级	二级	三级
仪器类型	封闭式	封闭式、敞口式	敞口式	敞口式
读数方式	接触式	接触式	目视式	目视式
二次观测高差较差	±0.1	±0.3	±1.0	±3.0
环线及附合路线闭合差	$±0.1\sqrt{n}$	$±0.3\sqrt{n}$	$±1.0\sqrt{n}$	$±3.0\sqrt{n}$

为了提高仪器的作业效率,提升仪器的观测精度,需要做好以下事项:

(1)观测前向连通管内充水时,不得将空气带入,可采用自然压力排气充水法或人工排气充水法进行充水。

(2)连通管应平放在地面上,当通过障碍物时,应防止连通管在垂直方向出现 Ω 形而形成滞气"死角";连通管任何一段的高度都应低于蓄水罐底部,但最低不宜低于 20 cm。

(3)观测时间应选在气温最稳定的时段,观测读数应在液体完全呈静态下进行。

(4)测站上安置仪器的接触面应清洁、无灰尘杂物。仪器对中误差不应大于 2 mm,倾斜面不应大于 10′;使用固定式仪器时,应有校验安装面的装置,校验误差不应大于 ±0.05 mm。

（5）宜采用两台仪器对向观测；条件不具备时，亦可采用一台仪器往返观测；每次观测，可取 2～3 个读数的中数作为一次观测值；读数较差限值，视读数设备精度而定，一般为 0.02～0.04 mm。

10.4　水平位移观测

水平位移观测指的是建筑物平面位置随时间而发生的移动。水平位移产生的原因主要是建筑物及其基础受到水平方向的作用力影响而产生水平位移。水平位移观测可采用三角网、导线网、边角网、三边网和视准线等形式。在采用视准线时，为能发现端点是否产生位移，还应在两端分别建立检核点。

为了方便，水平位移监测网通常都采用独立坐标系统。例如大坝、桥梁等往往以它的轴线方向作为 x 轴，而 y 轴坐标的变化，即是它的侧向位移。为使各控制点的精度一致，都采用一次布网。

监测网的精度，应能满足变形点观测精度的要求。在设计监测网时，要根据变形点的观测精度，预估对监测网的精度要求，并选择适宜的观测等级和方法。水平位移监测网的等级和主要技术要求见表 10.12。

表 10.12　水平位移监测网的技术要求

等级	相邻基准点的点位中误差(mm)	平均边长(m)	测角中误差(″)	最弱边相对中误差	作 业 要 求
一等	1.5	＜300	0.7	≤1/250000	按国家一等三角要求施测
		＜150	1.0	≤1/120000	按国家二等三角要求施测
二等	3.0	＜300	1.0	≤1/120000	按国家二等三角要求施测
		＜150	1.8	≤1/70000	按国家三等三角要求施测
三等	6.0	＜350	1.8	≤1/70000	按国家三等三角要求施测
		＜200	2.5	≤1/40000	按国家四等三角要求施测
四等	12.0	＜400	2.5	≤1/40000	按国家四等三角要求施测

10.4.1　基准线法

10.4.1.1　视准线法

这种方法适用于变形方向为已知的线形建(构)筑物，是水坝、桥梁等常用的方法。如图 10.10 所示，大坝的左右两边稳固的位置作为视准线法的基准点，在视准线线路上布设一系列的变形观测点，在这些变形观测点上安置活动觇牌，觇牌上附带觇牌图案可以左右移动，移动量可在刻划上读出。当图案中心与竖轴中心重合时，其读数应为零，这一位置称为零位。

观测时在视准线的一端架设经纬仪，照准另一端的观测标志，这时的视线称为视准线。将活动觇牌安置在变形点上，左右移动觇牌的图案，直至图案中心位于视准线上，这时的读数即为变形点相对视准线的偏移量。不同周期所得偏移量的变化，即为其变形值。与此法类似的还有激光准直法，就是用激光光束代替经纬仪的视准线。

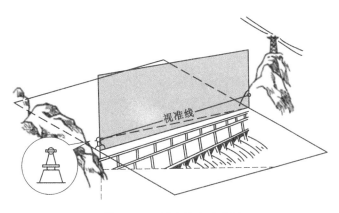

图 10.10 视准线法示意图

如图 10.11 所示，点 A、B 是视准线的两个基准点（端点），d_1、d_2、d_3 为水平位移监测点。观测时将经纬仪置于 A 点，将仪器照准 B 点，将水平制动装置制动。竖直方向转动经纬仪望远镜，分别转至 d_1、d_2、d_3 三个点附近，用测距仪器量取水平位移监测点 d_1、d_2、d_3 至 A—B 这条视准线的距离。根据前后两次量取的距离，得出这段时间内水平位移量。

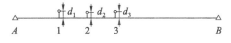

图 10.11 视准线法原理图

在视准线法观测过程中，由视准线的设置过程可知，观测误差主要包括仪器测站点仪器对中误差、视准线照准误差、读数照准误差。其中，影响最大的无疑是读数照准误差。可知，当视准线太长时，目标模糊，读数照准精度太差。且后视点与测点距离相差太远，望远镜调焦误差较大，无疑对观测成果有较大影响。另外，此方法还受到大气折光等因素的影响。故而，在每次观测过程中，必须要对相关误差加以规避，从而提高观测精度。

视准线观测方法因其原理简单、方法实用、实施简便、投资较少的特点，目前在众多的工程中得以应用。但是，对较长的视准线而言，由于视线长，使照准误差增大，甚至可能造成照准困难；精度低，不易实现自动观测，受外界条件影响较大，而且变形值（水平位移监测点的位移量）不能超出该系统的最大偏距值，否则无法进行观测。

10.4.1.2 测小角法

测小角法指的是利用精密经纬仪或者全站仪精确地测出基准线方向与站点到观测点的视线方向之间所形成的小角，从而计算出观测点相对于基准点之间的偏离值。

如图 10.12 所示，假定我们需要观测某特定方向上的水平位移 PP'，在距离监测区域一定距离以外选定工作基点 A，水平位移监测点的布设应尽量与工作基点在一条直线上。在一定远处（施工影响范围之外）选定一个控制点 B，作为零方向。在 B 点安置觇牌，用测回法观测水平角 $\angle BAP$，测定一段时间内观测点与基准点连线和零方向之间的角度变化值，根据公式计算得出水平位移量。

$$\delta = \frac{\Delta\beta \times D}{\rho''} \tag{10.7}$$

式中 δ——水平位移量；

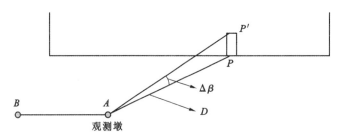

图 10.12　测小角法示意图

$\Delta\beta$——小角度变化值；

D ——观测墩到观测点的距离；

ρ''——206265。

由小角法的观测原理可知,水平位移观测精度受距离 D 和水平角 β 的观测误差的影响,由于 D 经一次观测后可作为固定值,水平位移观测精度可认为仅与测角精度有关,其观测中误差可按照公式(10.8)计算:

$$m_\delta = \frac{m_\beta \times D}{\rho''} \tag{10.8}$$

式中　m_δ——水平位移观测中误差;

　　　m_β——角度观测中误差。

水平位移观测中误差的公式表明:距离观测误差对水平位移观测误差影响甚微,一般情况下此部分误差可以忽略不计,采用钢尺等一般方法量取即可满足要求;影响水平位移观测精度的主要因素是水平角观测精度,应尽量使用高精度仪器或适当增加测回数来提高观测度;经纬仪的选用应根据建筑物的观测精度等级确定,在满足观测精度要求的前提下,可以使用精度较低的仪器,以降低观测成本。

小角法简单易行,便于实地操作,精度较高。但是对场地要求较为严格,场地必须较为开阔,基准点应该离开监测区域一定的距离之外,设在不受施工影响的地方。

10.4.1.3　引张线法

引张线法是利用一根柔性拉线(钢丝或者高强尼龙绳)在两端加以水平拉力引张后自由悬挂,则在水平面上形成的投影是直线,利用投影出的直线作为基准线测定观测点的横向偏离值。引张线法的工作原理虽然与视准线法比较类似,但要求在无风及没有干扰的条件下工作,所以在大坝廊道里进行水平位移观测采用较多。采用这种方法的两个端点应基本等高,上面要安置控制引张线位置的 V 形槽及施加拉力的设备。中间各变形点与端点基本等高,在上面与引张线垂直的方向上水平安置刻划尺,以读出引张线在刻划尺上的读数。不同周期观测时尺上读数的变化,即为变形点与引张线垂直方向上的位移值。

引张线的装置由端点、观测点、测线和测线保护管等部分组成。

(1) 引张线装置

引张线的装置由端点、观测点、测线(不锈钢丝)与测线保护管等四部分组成。

① 端点:它由墩座、夹线装置、滑轮、重锤连接装置及重锤等部件组成(见图10.13)。夹线装置是端点的关键部件,它起着固定不锈钢位置的作用。为了不损伤钢丝,夹线装置的 V 形槽底及压板底部嵌镶铜质类软金属。端点处用以拉紧钢丝的重锤,其重量视允许拉力而定,一

般在 10～50 kg 之间。

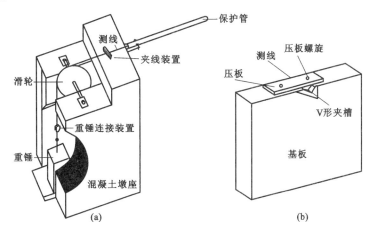

图 10.13 引张线法

② 观测点:由浮托装置、标尺、保护箱组成,如图 10.14所示。浮托装置由水箱和浮船组成。浮船置入水箱内,用以支撑钢丝。浮船的大小(或排水量)可以依据引张线各观测点间的间距和钢丝的单位长度重量来计算。一般浮船体积为排水量的 1.2～1.5 倍,而水箱体积为浮船体积的 1.5～2 倍。标尺系由不锈钢制成,其长度为 15 cm 左右。标尺上的最小分划为1 mm。它固定在槽钢面上,槽钢埋入大坝廊道内,并与之牢固结合。引张线各观测点的标尺基本位于同一高度面上,尺面应水平,并垂直于引张线,尺面刻划线平行于引张线。保护箱用于保护观测点装置,同时也可以防风,以提高观测精度。

③ 测线:测线一般采用直径为 0.6～1.2 mm 的不锈钢丝(碳素钢丝),在两端重锤作用下引张为一直线。

④ 测线保护管:保护管保护测线不受损坏,同时起防风作用。保护管可以用直径大于10 cm 的塑料管,以保证测线在管内有足够的活动空间。

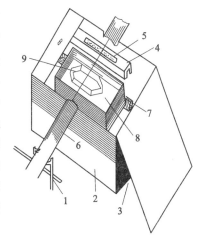

图 10.14 引张线法读数

1—保护管支架;2—保护箱;3—钢筋;
4—槽钢;5—标尺;6—测线保护管;
7—角钢;8—水箱;9—浮船

(2) 引张线读数

引张线法中假定钢丝两端点固定不动,引张线是固定的基准线,由于各观测点上的标尺是与坝体固连的,所以对于不同的观测周期,钢丝在标尺上的读数变化值就直接表示该观测点的位移值。

读数显微镜法是利用由刻有测微分划线的读数显微镜进行读数的,测微分划线最小刻划为0.1 mm,可估读到 0.01 mm。由于通过显微镜后钢丝与标尺分划线的像都变得很粗大,所以采用测微分划线读数时,应采用读两个读数取平均值的方法。

通常观测是从靠近端点的第一个观测点开始读数,依次观测到测线的另一端点,此为一个测回,每次需要观测三个测回。各测回之间应轻微拨动中间观测点上的浮船,使整条引张线浮动,待其静止后,再进行下一个测回的观测工作。各测回之间观测值互差的限差为 0.2 mm。

为了使标尺分划线与钢丝的像能在读数显微镜内同样清晰,观测前加水时,应调节浮船高度到使钢丝距标尺面 0.3~0.5 mm 左右。根据生产单位对引张线大量观测资料进行统计分析的结果,三测回观测平均值的中误差约为 0.03 mm。可见,引张线测定水平位移的精度是较高的。

10.4.2　导线法

应用于变形观测中的导线,是两段不测定向角的导线。可以在建筑物的适当位置(如建筑物的水平廊道内)布设,其边长根据现场的实际情况确定,导线端点的位移,可与其他基准点联测确定其位置,定期进行观测以验证其稳定性。

10.4.3　前方交会法

当变形点上不方便架设仪器,或者变形点有危险时,多采用前方交会法进行观测。

10.4.4　后方交会法

如果变形点上可以架设仪器,且与三个平面基准点通视时,可采用后方交会法。

10.4.5　极坐标法

在光电测距仪出现以后,这种方法用得比较广泛,只要在变形点上可以安置反光镜,且与基准点通视即可。

10.5　裂缝及倾斜观测

10.5.1　裂缝观测

当建筑物受差异沉降或其他因素的影响,其墙、柱、梁、板等部位,可能会产生裂缝,测定建筑物上裂缝发展情况的观测工作叫裂缝观测。大部分裂缝都会影响建筑物的整体性和稳定性,为了保证建筑物的安全,应对裂缝进行变形观测。

目前建筑物的裂缝观测主要有石膏板标志和白铁皮标志两种模式。石膏板标志指的是用厚 10 mm,宽约 50~80 mm 的石膏板(长度视裂缝大小而定),固定在裂缝的两侧。当裂缝继续发展时,石膏板也随着裂缝的开裂而裂开,只要观测石膏板的裂缝大小就能观察到建筑物的裂缝发展状况。白铁皮标志指的是用两块白铁皮,第一块白铁皮做成 150 mm×150 mm 大小固定在裂缝的一侧,另外一块白铁皮做成 50 mm×200 mm 的矩形,固定在裂缝的另一侧,同时使两块白铁皮的边缘相互平行,而且其中一部分重叠。给两块白铁皮外面裸露的表面涂上红色油漆。当裂缝继续发展时,两块白铁皮相互拉开,使得白铁皮之间的重叠出现未刷红色油漆的部分,即为开裂增大的宽度。具体见图 10.15 所示。

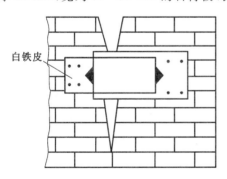

图 10.15　建筑物的裂缝观测

10.5.2　倾斜观测

测量建筑物、构筑物倾斜率随时间而变化的工作叫倾斜观测。一般在建筑物立面上设置上下两个观测标志，上标志通常为建筑物、构筑物中心线或其墙、柱等的顶部点，下标志为与上标志相应的底部点，它们的高差为 h，测出上标志与下标志间的水平距离 ΔD，则两标志的倾斜率 i 为：

$$i = \frac{h}{\Delta D} \tag{10.9}$$

式中　h ——上标志与下标志的高差；

　　　ΔD ——上标志与下标志间的水平距离；

　　　i ——两标志的倾斜率。

测定建筑物倾斜度的方法有两类，一类是通过测定建筑物基础的相对沉降确定其倾斜度；另一类是直接测定法。测定建筑物基础沉降来确定建筑物倾斜的方法很简单，其主要是运用水准测量的方法测出基础上每个变形点的高度变形值，进而计算出点与点之间的相对沉降 Δh。相对沉降与两点之间距离之比可换算成倾斜角 $\varepsilon = \Delta h / D = \tan\delta$；两点之间的高差与两点之间距离之比为倾斜度 $i = \frac{h_{AB}}{D_{BA}}$。其具体限差见表 10.13 和表 10.14。

表 10.13　多层和高层建筑物基础倾斜容许值

建筑物高度（m）	≤24	24～60	60～100	＞100
倾斜容许值（mm）	4	3	2	1.5

表 10.14　高耸结构基础的倾斜容许值

建筑物高度（m）	≤20	20～50	50～100	100～150	150～200	200～250
倾斜容许值（mm）	8	6	5	4	3	2

10.5.2.1　房屋的倾斜观测

（1）投影法

如图 10.16 所示，$ABCD$ 为房屋的底部四角，$A'B'C'D'$ 为房屋顶部四角，假设 A' 向外侧倾斜。观测步骤如下：

① 在屋顶设置明显的标志 A'，并用钢尺丈量房屋的高度 h。

② 在 BA 的延长线上且距 A 约 $1.5h$ 的地方设置测站 M，在 DA 的延长线上且距 A 约 $1.5h$ 的地方设置测站 N，同时在 M、N 两测站安置仪器并瞄准 A'，用盘左、盘右分中法分别将 A' 投影到地面，并确定最后位置 A''。

③ 丈量倾斜量 k，并用支距法丈量纵、横向位移量 Δx、$\Delta y (k = \sqrt{\Delta x^2 + \Delta y^2})$，则

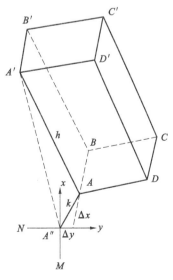

图 10.16　投影法倾斜观测

$$
\left.\begin{aligned}
\text{倾斜方向} \quad & \alpha = \arctan \frac{\Delta y}{\Delta x} \\
\text{倾斜度} \quad & i = \frac{k}{h}
\end{aligned}\right\} \tag{10.10}
$$

式中　h——建筑物高度。

（2）解析法

如图 10.16 所示，若欲对房屋的四个角点分别进行倾斜观测，有的房角可能内倾，例如 C' 点，此时投影法便不适用，需用解析法。

① 在底部 A、B、C、D 及顶部 A'、B'、C'、D' 均设置明显的固定标志。

② 围绕房屋布设监控点。监控点距房屋的距离约为房屋高度的 1.5～2 倍。监控点应联结成网并进行精度设计。如要进行长期观测，则监控点应埋设观测墩并安置强制对中装置。

③ 房屋的高度可以用间接测定法测定。

④ 以一个房角为例，用前方交会法及间接测高法测得 A 角上、下两点的坐标和高程为 x_A、y_A、H_A 及 x'_A、y'_A、H'_A，则

$$
\left.\begin{aligned}
\text{纵向位移} \quad & \Delta x = x'_A - x_A \\
\text{横向位移} \quad & \Delta y = y'_A - y_A \\
\text{房屋高度} \quad & h = H'_A - H_A \\
\text{倾斜量} \quad & k = \sqrt{\Delta x^2 + \Delta y^2}
\end{aligned}\right\} \tag{10.11}
$$

再按式（10.10）计算倾斜方向和倾斜度。

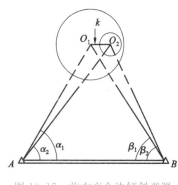

图 10.17　前方交会法倾斜观测

10.5.2.2　烟囱等圆形构筑物的倾斜观测

如图 10.17 所示，O_1 为烟囱底部中心，O_2 为烟囱顶部中心，A、B 为变形监控点，此情形可用前方交会法进行观测，也可用投影法进行观测。

（1）前方交会法

① 安置经纬仪于 A，后视 B 点，量取仪器高 i，用十字丝中心照准烟囱底部一侧之切点，读取方向值和天顶距；固定望远镜，旋转照准部，瞄准另一侧之切点，读取方向值。取两个方向值的中数作为底部中心的方向值，从而获得观测角 α_1 及 z_1，再取两个方向值之差而得两切线的夹角 φ_1。

② 仍在 A 站，用同样的方法观测烟囱顶部，进而得到顶部的数值 α_2、z_2 和 φ_2。

③ 迁站于 B，后视 A，重复上述方法而得 β_1 和 β_2，但须注意在 B 站上所切的切点应与 A 站上所切的切点同高。

④ 按前方交会余切公式分别计算烟囱底部中心坐标 (x_1, y_1) 和顶部中心坐标 (x_2, y_2)。

⑤ 按下式计算烟囱高度

$$
\begin{aligned}
h = & \cos \frac{1}{2} \varphi_2 \cdot \cot z_2 \sqrt{(x_2 - x_A)^2 + (y_2 - y_A)^2} \\
& - \cos \frac{1}{2} \varphi_1 \cdot \cot z_1 \sqrt{(x_1 - x_A)^2 + (y_1 - y_A)^2}
\end{aligned} \tag{10.12}
$$

⑥ 计算下列各项

$$
\left.
\begin{array}{ll}
\text{纵向位移} & \Delta x = x_2 - x_1 \\
\text{横向位移} & \Delta y = y_2 - y_1 \\
\text{倾斜量} & k = \sqrt{\Delta x^2 + \Delta y^2}
\end{array}
\right\}
\tag{10.13}
$$

再按(10.10)式计算倾斜方向和倾斜度。

(2) 投影法

如图 10.18(a)所示,在烟囱底部横放一根水准尺,然后在水准尺的中垂线上安置经纬仪。经纬仪距烟囱的距离约为烟囱高度的 1.5 倍。用望远镜将烟囱顶部边缘两点 A、A' 及底部边缘两点 B、B' 分别投影到水准尺上,得读数为 y_1、y_1' 及 y_2、y_2',如图 10.18(b)所示。烟囱顶部中心 O 对底部中心 O' 在 y 方向上的偏心距为:

$$
\Delta y = \frac{y_1 + y_1'}{2} - \frac{y_2 + y_2'}{2}
\tag{10.14}
$$

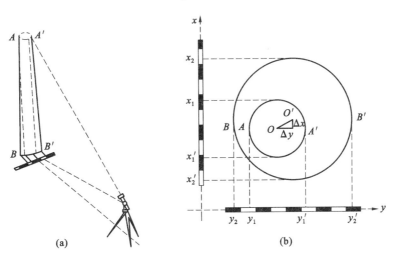

图 10.18 投影法倾斜观测

(a) 侧视图;(b) 俯视平面图

同法可测得在 x 方向上烟囱顶部中心点 O 相对于底部中心点 O' 的偏心距为:

$$
\Delta x = \frac{x_1 + x_1'}{2} - \frac{x_2 + x_2'}{2}
\tag{10.15}
$$

顶部中心相对于底部中心的总偏心距(即倾斜量)用 $k = \sqrt{\Delta x^2 + \Delta y^2}$ 计算;倾斜方向和倾斜度用公式(10.10)计算。

10.6   变形观测的成果整理

为了能够最大化地利用变形观测的成果,同时,也为了保证建筑物安全运营,我们必须对所获取的变形观测数据进行整理分析。观测资料整理分析主要包括两个方面的内容:一是观测资料的整理;二是观测资料的分析。

10.6.1　观测资料的整编

所谓观测资料的整编就是对观测资料进行计算检查、计算成果,对结果进行整理、编排,使之以系统化、图表化的形式反映出来。通过观测资料的整编,能够提供第一手观测资料,使得甲方在以后的施工过程中做到有的放矢。

我们以垂直位移为例来学习观察资料的整编。对于观测资料的记录主要有以下要求:

(1)采用专用记录手簿逐步检查:主要检查原始观测数据的正确性、准确性和完整性,及时发现是否有漏测、误读等,同时根据实际情况进行补测或更正。

(2)每次观测当日计算成果,分析成果。及时完成当日成果的计算,同时根据计算结果,简单判断垂直位移的走向趋势。

(3)及时上报沉降结果:及时将结果编制成表,作为原始资料进行统一管理,归纳。

(4)绘制垂直位移曲线图:通过每次观测完成后将数据归入到曲线图中,利用曲线图反映垂直位移的简单走向趋势。

将各次观测成果依时间先后列表,如表 10.15 所示的例子。表中列出了每次观测各点的高程 H,与上一期相比较的沉降量 S,累计的沉降量 $\sum S$,荷载情况,平均沉降量及平均沉降速度等。在作变形分析时,对这些信息可以一目了然。同时可利用作图来反映变形过程,如图 10.19 所示。

表 10.15　垂直位移观测成果表

工程名称:××××综合楼　　　　　　　　　　　　　　　　　　　　　　　　　编号:

观测日期	No.1			No.2			No.3			No.4		
	高程(m)	本次沉降(mm)	累计沉降(mm)	高程(m)	本次沉降(mm)	累计沉降(mm)	高程(m)	本次沉降(mm)	累计沉降(mm)	高程(m)	本次沉降(mm)	累计沉降(mm)
1997.11.6	9.5798	±0	0	9.5804	±0	0	9.5777	±0	0	9.5698	±0	0
1997.11.19	9.5786	−1.2	−1.2	9.5794	−1.0	−1.0	9.5765	−1.2	−1.2	9.5692	−0.6	−0.6
1997.11.29	9.5766	−2.0	−3.2	9.5782	−1.2	−2.2	9.5757	−0.8	−0.8	9.5676	−1.6	−2.2
1997.12.12	9.5757	−0.9	−4.1	9.5775	−0.7	−2.9	9.5746	−1.1	−1.1	9.5667	−0.9	−3.1
1997.12.23	9.5741	−1.6	−5.7	9.5761	−1.4	−4.3	9.5729	−1.7	−1.7	9.5648	−1.9	−5.0
1997.12.30	9.5720	−2.1	−7.8	9.5741	−2.0	−6.3	9.5714	−1.5	−1.5	9.5629	−1.9	−6.9
1998.1.7	9.5701	−1.9	−9.7	9.5730	−1.1	−7.4	9.5687	−2.7	−2.7	9.5615	−1.4	−8.3
1998.3.2	9.5674	−2.7	−12.4	9.5702	−2.8	−10.3	9.5668	−1.9	−1.9	9.5600	−1.5	−9.8
1998.5.4	9.5663	−1.1	−13.5	9.5689	−1.3	−11.5	9.5653	−1.5	−1.5	9.5592	−0.8	−10.6
1998.7.10	9.5658	−0.5	−14.0	9.5682	−0.7	−12.2	9.5649	−0.4	−0.4	9.5590	−0.2	−10.8

10.6.2　观测资料的分析

观测资料的分析指的是分析归纳建筑物变形过程、变形规律、变形幅度。分析变形的原因,变形值与引起变形因素之间的关系,找出它们之间的函数关系;进而判断建筑物的工作情况是否正常。在积累了大量观测数据后,又可以进一步找出建筑物变形的内在原因和规律,从

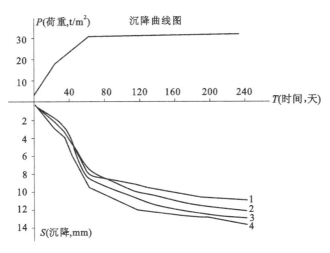

图 10.19   沉降曲线图

而修正设计的理论以及所采用的经验系数。变形分析主要包括两方面内容：一是对建筑物变形进行几何分析，即描述变形体的空间及时间特性；二是对建筑物进行物理解释，即分析变形与变形原因之间的关系，用于预报变形，理解变形的机理。这一阶段的工作可分为：

10.6.2.1   成因分析（定性分析）

成因分析是对结构本身（内因）与作用在结构物上的荷载（外因）以及观测本身，加以分析、考虑，确定变形值变化的原因和规律性。例如，大坝的变形原因主要由静水压力、坝体的温度变化、时效变化引起。

静水压力引起的变形，有四种可能的情况：

（1）在静水压力作用下，由于坝体不同高度处不同的水平推力的作用，使坝体产生挠曲变形。

（2）由于水库水压及坝底压力的作用，使坝体产生向下游转动而引起的变形。

（3）由于水库水体的重力作用使库底变形，引起坝基向上游转动而引起的变形。

（4）由于剪应力对坝底接触带的作用，在静水压力作用下产生的滑动。对重力坝来说，滑动是绝对不允许产生的，因为滑动就意味着坝体失去稳定，有毁坏的危险。

坝体的温度变化：坝体上、下游混凝土温度变化是不同的，例如在夏季，坝下游面混凝土由于烈日的曝晒，其温度高于气温，但在坝的上游面，大部分混凝土浸在水库水面之下，其温度将低于气温。在冬季，情况恰好相反。这种现象可以使坝体产生季节性摆动。

时效变化是由于建筑材料的变形以及基础岩层在荷载作用下引起的变化所产生的。特点是施工期与运营初期的变化比较大，随着时间的推移而日趋稳定。

10.6.2.2   统计分析

根据成因分析，对实测数据进行统计分析，从中寻找规律，并导出变形值与引起变形的有关因素之间的函数关系。

10.6.2.3   变形预报和安全判断

在成因分析和统计分析的基础上，可根据求得的变形值与引起变形因素之间的函数关系，预报未来变形值的范围和判断建筑物的安全程度。

每项变形观测结束后，应提交下述综合成果资料：

(1) 变形观测技术设计书及施测方案;

(2) 变形观测控制网及控制点平面布置图;

(3) 观测点埋设位置图;

(4) 仪器的检校资料;

(5) 原始观测记录;

(6) 变形观测成果表;

(7) 各种变形关系曲线图;

(8) 编写变形观测分析报告及质量评定资料。

10.7　高速铁路工程变形测量

高速铁路线路长,路基、桥梁、涵洞、隧道工程量大,沿线复杂地质条件对工程建设影响大,线下构筑物变形是无砟轨道铁路的重要参数,一直贯穿于设计、施工、运营养护、维修各阶段,为使这一重要参数所获取的数据科学、可靠并连续,因此在工程设计阶段,应对变形测量进行规划、设计。变形监测工作精度要求高,受施工干扰大,因此在变形监测工作开展以前由监测单位制定详细的监测方案,确保变形监测工作的顺利实施。

高速铁路无砟轨道对线下工程的工后沉降要求十分严格,轨道板施工完后只有通过扣件进行调整,扣件调整范围为 $-4 \sim +26$ mm。因此要求高速铁路无砟轨道施工前应对线下构筑物沉降、变形进行系统观测与分析评估,符合设计要求后方可施工。本任务有关路基、桥涵、隧道变形测量的相关规定主要针对高速铁路无砟轨道对线下工程施工变形监测及工后沉降评估而制定。运营期间的变形监测可参照相关条款执行。

初始状态的观测数据,是指监测体未受任何变形影响因子作用或变形影响因子没有发生变化的原始状态的观测值。该状态是首次变形观测的理想时机,但实际作业时,由于受各种条件的限制较难把握,因此,首次观测的时间,选择尽量达到或接近监测体的初始状态,以便获取监测体变形全过程的数据。

变形监测网与施工控制网联测的目的是为了掌握监测点变形与工程设计位置的偏差。

10.7.1　高速铁路变形监测点的分类

变形监测点的分类是按照变形监测精度要求高的特点以及标志的作用和要求不同确定的,将其分为三种:

(1)基准点是变形监测的基准,点位要具有更高的稳定性,且须建立在变形区以外的稳定区域。其平面控制点位,一般要有强制归心装置。

(2)工作基点是作为高程和坐标的传递点使用,在观测期间要求稳定不变。其平面控制点位,也要具有强制归心装置。

(3)变形观测点,直接埋设在能反映监测体变形特征的部位或监测断面两侧。要求结构合理、设置牢固、外形美观、观测方便且不影响监测体的外观和使用。

10.7.2　变形监测的等级划分及精度要求

(1)变形监测的精度等级,是按变形观测点的水平位移点位中误差、垂直位移的高程中误差或相邻变形观测点的高差中误差的大小来划分的。它是根据我国变形监测的经验，并参考国外规范有关变形监测的内容确定的。其中，相邻点高差中误差指标，是为了适合一些只要求相对沉降量的监测项目而规定的。

（2）变形监测分为四个精度等级，一等适用于高精度变形监测项目，二、三等适用于中等精度变形监测项目，四等适用于低精度的变形监测项目。变形监测的精度指标值，是综合了设计和相关施工规范已确定了的允许变形量的 1 /20 作为测量精度值，这样，在允许变形范围之内，可确保建（构）筑物安全使用，且每个周期的观测值能反映监测体的变形情况。

10.7.3　水平位移监测基准网测量的主要技术要求

（1）相邻基准点的点位中误差，是制定相关技术指标的依据。但变形观测点的点位中误差，是指相对于邻近基准点而言；而基准点的点位中误差，是相对相邻基准点而言。理论上，监测基准网的精度采用高于或等于监测网的精度，但如果提高监测基准网点的精度，无疑会给高精度观测带来困难，加大工程成本，故采用相同的点位中误差系列数值。换句话说，监测基准网的点位精度和监测点的点位精度要求是相同的。

（2）水平位移变形监测基准网的规格。为了让变形监测的精度等级（水平位移）一、二、三、四等和工程控制网的精度等级系列一、二、三、四等相匹配或相一致，仍然取 $0.7''$、$1.0''$、$1.8''$ 和 $2.5''$ 作为相应等级的测角精度序列，取 $l/300000$、$1/200000$、$1/100000$ 和 $1/80000$ 作为相应等级的测边相对中误差精度序列，取 12、9、6、4 测回作为相应等级的测回数序列，取 1.5 mm、3.0 mm、6 mm 和 12 mm 作为相应等级的点位中误差的精度序列。要说明的是，相应等级监测网的平均边长是保证点位中误差的一个基本指标。布网时，监测网的平均边长可以缩短，但不能超过该指标，否则点位中误差将无法满足。平均边长指标也可以理解为相应等级监测网平均边长的限值。以四等网为例，其平均边长最多可以放长至 600 m，反之点位中误差将达不到 12.0 mm 的监测精度要求。

（3）水平角观测测回数。对于测角中误差为 $1.8''$ 和 $2.5''$ 的水平位移监测基准网的测回数，采用相应等级工程控制网的传统要求。对于测角中误差为 $0.5''$ 和 $1.0''$ 的水平位移监测基准网的测回数，分别规定为：$1''$ 级仪器 12 测回和 9 测回，$0.5''$ 级仪器 9 测回和 6 测回。由于变形监测网边长较短，目标成像清晰，加之采用强制对中装置，根据理论分析并结合工程测量部门长期的变形监测基准网的观测经验，参照《工程测量规范》制定出相应等级的测回数。

10.7.4　关于垂直位移监测网的主要技术要求

（1）相邻基准点的高差中误差，是制定相关技术指标的依据。但变形观测点的高程中误差，是指相对于邻近基准点而言，它与相邻基准点的高差中误差概念不同。

（2）取水准观测的往返较差或环线闭合差为每站高差中误差的 $2\sqrt{n}$ 倍，取检测已测高差较差为每站高差中误差的 $2\sqrt{(2n)}$ 倍，作为各自的限值，其中 n 为站数。

区域地面沉降监测是高速铁路建设和运营期间的一项重要工作。结合京沪高速铁路区域地表沉降监测的实际工作经验及铁道部相关科研项目的初步研究成果，可采用传统的水准测量、现代遥感技术（InSAR）、分层桩等多种技术进行监测，监测成果可以相互补充和检核，以得到准确的区域地表沉降信息，并对区域沉降发展趋势进行预测，评估其对高速铁路建设和安全运营维护的影响。

10.8 地铁工程变形监测

随着城市建设的飞速发展和城市人口的急剧增加,城市交通已经不能单纯依靠地面道路,地下铁路已经在各大城市中广泛引入,有效地缓解了城市交通拥挤堵塞的状况。对地铁工程进行变形监测非常重要,地铁监测的项目和方法很多,下面作简单介绍。

10.8.1 地铁工程变形监测概述

地铁施工主要采用明挖回填法、盖挖逆筑法、喷锚暗挖法、盾构掘进法等施工方法,明挖回填法通常会严重影响地面交通,所以较少使用。现代城市地铁施工中主要施工方法是盾构掘进法。地铁工程主要包括基坑工程和隧道工程。本章重点介绍盾构法施工时需要进行的变形监测工作。

10.8.1.1 地铁隧道施工的几种方法

(1)明挖回填法

明挖回填法是指先将隧道部位的岩(土)体全部挖除,然后修建洞身、洞门,再进行回填的施工方法。明挖回填法具有施工简单、快捷、经济、安全的优点,城市地下隧道式工程发展初期都把它作为首选的开挖技术。其缺点是对周围环境的影响较大。明挖回填法的关键工序是:降低地下水位,边坡支护,土方开挖,结构施工及防水工程等。其中边坡支护是确保安全施工的关键技术。

(2)盖挖逆筑法

盖挖逆筑法是先建造地下工程的柱、梁和顶板,然后上部恢复地面交通,下部自上而下进行土体开挖及地下主体工程施工的一种方法。盖挖逆筑法施工大致分为两个阶段:第一阶段为地面施工阶段,包括围护墙、中间支承桩、顶板土方及结构施工;第二阶段为洞内施工阶段,包括土方开挖、结构、装修施工和设备安装。

(3)喷锚暗挖法

喷锚暗挖法是在隧道开挖过程中,隧道已经开挖成型后,将一定数量、一定长度的锚杆,按一定的间距垂直锚入岩(土)体,在锚杆外露端挂钢筋网,再在隧道表面喷射混凝土,使混凝土、钢筋网、锚杆组成一个防护体系。当埋深较浅时一般会增加超前小导管或长管棚的设计,此时又叫作浅埋暗挖法。

(4)盾构掘进法

盾构掘进法是隧道工程施工中运用的一项新型施工技术,它是将隧道的掘进、运输、衬砌、安装等各工作综合为一体的施工方法,具有自动化程度高、施工精度高、不受地面交通和建筑物影响等优点,目前已广泛用于地铁、铁路、公路、市政、水电等隧道工程中。

盾构隧道掘进机是一种隧道掘进的专用工程机械,现代盾构掘进机集光、机、电、液、传感、信息技术于一体,具有开挖切削土体、输送土碴、拼装隧道衬砌、测量导向纠偏等功能。地铁盾构施工是从一个车站的预留洞推进,按设计的线路方向和纵坡进行掘进,再从另一个车站的预留洞中推出,以完成地铁隧道的掘进工作。

10.8.1.2 地铁工程变形监测的目的和意义

地铁在施工建设和运营过程中,必然会产生一定的沉降,若沉降量超过一定限度或者是产生了不均匀沉降,将会引起基坑及隧道结构的变形,严重影响安全施工和运营,甚至造成巨大的生命和财产安全事故。实际施工的工作状态往往与设计预估的工作状态存在一定的差异,有时差异程度很大,所以在地铁工程基坑开挖及支护、隧道掘进及围护施工期间须开展严密的现场监测,以保证施工的顺利进行。

地铁工程变形监测的主要目的是通过对地表变形、围护结构变形、隧道开挖后侧壁围岩内力的监测,掌握围岩与支护的动态信息并及时反馈,指导施工作业和确保施工安全。经过对监测数据的分析处理和必要的判断后,进行预测和反馈,以保证施工安全和地层及支护的稳定。对监测结果进行分析,可应用到其他类似工程中,作为指导施工的依据。

地铁工程变形监测的主要意义体现在以下几个方面:

(1) 监测基坑及隧道稳定和变形情况,验证围护结构、支护结构的设计效果,保证基坑稳定、隧道围岩稳定、支护结构稳定、地表建筑物和地下管线的安全;

(2) 通过对基坑及隧道各项监测的结果进行分析,为判断基坑、结构和周边环境的稳定性提供参考依据;

(3) 通过监控量测,验证施工方法和施工手段的科学性和合理性,以便及时调整施工方法,保证工程施工安全;

(4) 通过量测数据的分析处理,掌握基坑和隧道围岩稳定性的变化规律,修改或确认设计及施工参数,为今后类似工程的建设提供经验。

10.8.1.3　地铁隧道监测方案的编制依据和原则

地铁隧道监测方案的编制依据包括:

(1) 工程设计施工图;

(2) 工程投标文件及施工承包合同;

(3) 工程有关管理文件及有关的技术规范和要求;

(4)《地铁工程监控量测技术规程》(DB11/490—2007);

(5)《地下铁道、轻轨交通工程测量规范》(GB 50308—1999);

(6)《地下铁道工程施工及验收规范》(GB 50299—1999);

(7)《建筑变形测量规范》(JGJ 8—2016);

(8)《建筑基坑工程监测技术规范》(GB 50497—2009);

(9)《工程测量规范》(GB 50026—2007);

(10)《国家一、二等水准测量规范》(GB/T 12897—2006)。

10.8.2　地铁工程变形监测的内容

地铁在修建施工中,监测工作的内容总体上有地层沉降监测、水平位移监测、支护结构变形监测(包括支护体系的沉降、水平位移和挠曲变形)、支护结构的内力监测(包括支撑杆件的轴力监测和围护结构的弯矩监测)、地下水土压力和变形的监测(包括土压力监测和孔隙水压力监测、地下水位监测、深层土体位移监测、基坑回弹监测)、建筑物或桥梁的变形监测(沉降监测、水平位移监测、倾斜监测和裂缝监测)、地下管线变形监测、既有地铁监测等。

地铁工程主要分为基坑工程和隧道工程两部分,下面分别介绍其监测的内容。

10.8.2.1　地铁基坑工程施工监测的主要内容

地铁基坑工程施工监测的内容分为两大部分,即围护结构和相邻环境的监测。围护结构按支护形式不同又有明挖放坡、土钉墙围护、桩、连续墙围护等,同时结合横撑、腰梁、锚索等加强措施;因此,围护结构施工监测一般包括围护桩墙、支撑、腰梁和冠梁、立柱、土钉内力、锚索内力等项,环境监测包括监测相邻地层、地下管线、相邻房屋等内容。综合各类基坑,一般地铁基坑工程施工监测内容详见表 10.16。

表 10.16　地铁基坑监测项目一览表

序号	监测对象		监测项目	测试元件与仪器
1	围护结构	围护桩墙	① 墙顶水平位移与沉降	精密水准仪经纬仪
			② 桩墙深层挠屈	测斜仪
			③ 桩墙内力	钢筋应力传感器、频率仪
			④ 桩墙水平土压力	土压计、渗压计、频率仪
2		水平支撑	轴力	钢筋应力传感器、频率仪、位移计
3		冠梁和腰梁	① 内力	钢筋应力传感器、频率仪
			② 水平位移	经纬仪
4		土钉	拉力	钢筋应力传感器、频率仪
5		锚索	拉力	锚索测力传感器、频率仪
6		立柱	沉降	精密水准仪
7		基坑底	基坑底部回弹隆起	PVC 管、磁环分层沉降仪或水准仪
8	相邻环境监测	地层	① 地面水平位移与沉降	精密水准仪、经纬仪
9			② 地中水平位移	测斜管、测斜仪
10			③ 地中垂直位移	PVC 管、磁环分层沉降仪或水准仪
11			④ 土压力	电测水位计
12		地下水	① 坑内地下水位	水位管、水位计
13			② 坑外地下水位	水位管、水位计
14			③ 空隙水压力	水压计
15		建筑物	① 地下管线水平位移与沉降	精密水准仪、经纬仪
16			② 道路水平位移与沉降	精密水准仪、经纬仪
17			③ 建筑物水平位移与沉降	精密水准仪、经纬仪
18			④ 建筑物倾斜	经纬仪、垂准仪
19			⑤ 道路与建筑物裂缝	裂缝监测仪等

10.8.2.2　地铁隧道工程施工监测的注意内容

地铁隧道工程施工监测通常分为施工前和施工中两个阶段,隧道开挖前的监测主要是进行原位测试,即通过地质调查、勘探,直接剪切试验,现场实验等手段来掌握围岩的特征,包括构造、物理力学性质、初始应力状态等等。施工中监测主要是对围岩与支护的变形、应力(应变)以及相互间的作用力进行观测。一般地铁暗挖隧道工程施工监测内容详见表 10.17。

表 10.17　地铁暗挖隧道监测项目一览表

序号	监测项目	方法和工具
1	地质和支护状况观察	地层土性及地下水情况,地层松散坍塌情况及支护裂缝观察或描述
2	洞内水平收敛	各种类型收敛计,全站仪非接触量测系统
3	拱顶下沉拱底隆起	水平仪、水准尺、挂钩钢尺、全站仪非接触量测系统
4	地表沉降	水平仪、水准尺、全站仪
5	地中位移(地表钻孔)	PVC管、磁环、分层沉降仪、测斜仪及水准仪
6	围岩内部位移(洞内设点)	洞内钻孔安装单点、多点杆或钢丝式位移计
7	围岩压力与两层支护间	各种类型压力盒
8	衬砌混凝土应力	钢筋应力传感器、应变计、频率仪
9	钢拱架内力	钢筋应力传感器、频率仪
10	二衬混凝土内钢筋内力	钢筋应力传感器、频率仪
11	锚杆轴力及拉拔力	钢筋应力传感器、应变片、应变计、频率仪
12	地下水位	水位管、水位计
13	孔隙水压力	水压计、频率仪
14	前方岩体性态	弹性波、地质雷达
15	爆破震动	测震仪
16	周围建筑物安全监测	水平仪、经纬仪、垂准仪

10.8.2.3　地铁盾构隧道补充施工监测的主要内容

地铁盾构隧道监测的对象主要是土体介质、隧道结构和周围环境,监测的部位包括地表、土体内、盾构隧道结构以及周围道路、建筑物和地下管线等,监测类型主要是地表和土体深层的沉降和水平位移、地层水土压力和水位变化、建筑物和管线及其基础等的沉降和水平位移、盾构隧道结构内力、外力和变形等,具体见表 10.18。

表 10.18　地铁盾构隧道监测项目一览表

序号	监测对象	监测类型	监测项目	测试元件与仪器
1	隧道结构	结构变形	① 隧道结构内部收敛	收敛计、伸长杆尺
			② 隧道、衬砌环沉降	水准仪
			③ 管片接缝张开度	测微计
			④ 隧道洞室三维位移	全站仪
		结构外力	① 隧道外侧水土压力	孔隙水压计、频率计
			② 轴向力、弯矩	钢筋应力传感器、环向应变仪、频率计
		结构内力	① 螺栓锚固力	钢筋应力传感器、频率计、锚杆轴力计
			② 管片接缝法向接触力	钢筋应力传感器、频率计、锚杆轴力计

续表 10.18

序号	监测对象	监测类型	监测项目	测试元件与仪器
2	地层	沉降	① 地表沉降	水准仪
			② 土体沉降	分层沉降仪、频率计
			③ 盾构底部土体回弹	深层回弹桩、水准仪
		水平位移	① 地表水平位移	经纬仪
			② 土体深层水平位移	测斜管、测斜仪
		水土压力	① 水土压力(侧、前面)	土压力盒、频率仪
			② 地下水位	水位管、水位计
			③ 孔隙水压	渗压计、频率计
3	相邻环境、周围建(构)筑物、地下管线、铁道、道路		① 沉降	水准仪
			② 水平位移	经纬仪
			③ 倾斜	经纬仪
			④ 裂缝	裂缝计

10.8.3 地铁工程监测点布置要求及监测频率

10.8.3.1 地铁工程监测点的布设要求

根据地铁工程的安全等级以及相关规范、设计的要求,并结合施工现场实际情况,测点布置应按以下要求进行:

(1)监测点应布置在预测变形和内力的最大部位、影响工程安全的关键部位、工程结构变形缝、伸缩缝及设计特殊要求布点的地方。

(2)围护桩(墙)体内力测点布设原则:一般在支撑的跨中部位、基坑的长短边中点、水土压力或地面超载较大的部位布设测点,基坑深度变化处以及基坑的拐角处宜增加测点。立面上,宜选择在支撑处或上下两道支撑的中间部位。

(3)支撑轴力测点布设原则:支撑轴力采用轴力计进行监测,测点一般布置在支撑的端部或中部,当支撑长度较大时也可安设在1/4点处。受力较大的斜撑和基坑深度变化处宜增设测点。对监测轴力的重要支撑,宜同时监测其两端和中部的沉降和位移。

(4)围护桩(墙)体水平位移监测断面及测点布设原则:基坑安全等级为一级时监测断面不宜大于30 m,测点竖向间距0.5 m 或1.0 m。

(5)围护桩(墙)体前后侧土压力测点布设原则:根据围护桩(墙)体的长度和钢支撑的位置进行布设,测点一般布置在基坑长短边中点。

(6)桩顶位移测点布设原则:基坑长短边中点,基坑每边测点数不宜少于3个。

(7)基坑周围地表沉降测点布设原则:基坑周边距坑边10m范围内沿坑边设2排沉降测点,测点布置范围为基坑周围二倍开挖深度。

10.8.3.2 地铁喷锚暗挖法施工监测频率

根据地下《铁道工程施工及验收规范》(GB 50299—1999),地下铁道采用喷锚暗挖法施工时变形监测项目和频率如表 10.19 所示。

表 10.19 地铁喷锚暗挖法施工变形监测项目和频率

类别	量测项目	测点布置	监测频率
应测项目	围岩及支护状态	每一开挖环	开挖后立即进行
	地表、地面建筑、地下管线及构筑物变化	每 10～50 m 一个断面，每断面 7～11 个测点	开挖面距量测断面前后＜2B 时，1～2 次/ d；开挖面距量测断面前后＜5B 时，1 次/2 d；开挖面距量测断面前后＞5B 时，1 次/周
	拱顶下沉	每 5～30 m 一个断面，每断面 1～3 个测点	开挖面距量测断面前后＜2B 时，1～2 次/ d；开挖面距量测断面前后＜5B 时，1 次/2 d；开挖面距量测断面前后＞5B 时，1 次/周
	周边净空收敛位移	每 5～100 m 一个断面，每断面 2～3 个测点	开挖面距量测断面前后＜2B 时，1～2 次/ d；开挖面距量测断面前后＜5B 时，1 次/2 d；开挖面距量测断面前后＞5B 时，1 次/周
	岩体爆破地面质点振动速度和噪声	质点振动速度根据结构要求设点，噪声根据规定的测距设置	随爆破及时进行
选测项目	围岩内部位移	取代表性地段设一断面，每断面 2～3 孔	开挖面距量测断面前后＜2B 时，1～2 次/ d；开挖面距量测断面前后＜5B 时，1 次/2 d；开挖面距量测断面前后＞5B 时，1 次/周
	围岩压力及支护间应力	每代表性地段设一断面，每断面 15～20 个测点	开挖面距量测断面前后＜2B 时，1～2 次/ d；开挖面距量测断面前后＜5B 时，1 次/2 d；开挖面距量测断面前后＞5B 时，1 次/周
	钢筋格栅拱架内力及外力	每 10～30 榀钢拱架设一对测力计	开挖面距量测断面前后＜2B 时，1～2 次/d；开挖面距量测断面前后＜5B 时，1 次/2 d；开挖面距量测断面前后＞5B 时，1 次/周
	初期支护、二衬内应力及表面应力	每代表性地段设一断面，每断面 11 个测点	开挖面距量测断面前后＜2B 时，1～2 次/d；开挖面距量测断面前后＜5B 时，1 次/2 d；开挖面距量测断面前后＞5B 时，1 次/周
	锚杆内力、抗拔力及表面应力	必要时进行	开挖面距量测断面前后＜2B 时，1～2 次/ d；开挖面距量测断面前后＜5B 时，1 次/2 d；开挖面距量测断面前后＞5B 时，1 次/周

注：①B 为隧道开挖跨度；②地质描述包括工程地质和水文地质。

监测项目的选择还要根据围岩类别、开挖断面所处地面环境条件等确定应测或选测，必要时可适当调整。

10.8.3.3 地铁盾构掘进法施工监测频率

盾构掘进施工中，地层除了受到盾尾卸载的扰动外，还受到盾构对前方土体的挤压（或卸载），因此，周围地层出现不同程度应力变动，特别是地质条件差时，更会引起地面甚至衬砌环结构本身的隆起或沉陷，不仅造成结构渗漏水，甚至危及地面建筑物的安全。根据《地下铁道工程施工及验收规范》(GB 50299—1999)，地下铁道采用盾构掘进法施工时变形监测项目和频率如表 10.20 所示。

表 10.20　地铁盾构掘进法施工监测项目和频率

类别	量测项目	测点布置	量测频率
必测项目	地表隆陷	每 30 m 设一断面,必要时需加密	开挖面距量测断面前后<20 m 时,1～2 次/d;开挖面距量测断面前后<50 m 时,1 次/2 d;开挖面距量测断面前后>50 m 时,1 次/周
	隧道隆陷	每 5～10 m 设一个断面	开挖面距量测断面前后<20 m 时,1～2 次/d;开挖面距量测断面前后<50 m 时,1 次/2 d;开挖面距量测断面前后>50 m 时,1 次/周
选测项目	土体内部位移(垂直和水平)	每 30 m 设一断面	开挖面距量测断面前后<20 m 时,1～2 次/d;开挖面距量测断面前后<50 m 时,1 次/2d;开挖面距量测断面前后>50 m 时,1 次/周
	衬砌环内力和变形	每 50～100 m 设一断面	开挖面距量测断面前后<20m 时,1～2 次/d;开挖面距量测断面前后<50 m 时,1 次/2 d;开挖面距量测断面前后>50 m 时,1 次/周
	土层压应力	每一代表性地段设一断面	开挖面距量测断面前后<20 m 时,1～2 次/d;开挖面距量测断面前后<50m 时,1 次/2 d;开挖面距量测断面前后>50 m 时,1 次/周

10.8.4　地铁工程变形监测的方法

10.8.4.1　基坑围护监测

1) 围护桩(墙)顶沉降及水平位移监测

(1) 测点埋设。监测点通常布设在基坑周围冠梁顶部,植入顶部带中心标记的凸形监测标志,露出冠梁混凝土面 2 cm,并用红漆标注,作为监测点,供沉降和水平位移监测共用,两者也可分别布设。

(2) 监测方法。桩顶沉降监测主要采用二等精密水准测量。基准点根据地质情况及维护结构不同设置的位置也稍有不同,一般要设在距基坑开挖深度 5 倍距离以外的稳定地方。

桩顶水平位移监测通常使用测角精度高于 1s 的全站仪,常用的主要有坐标法、视准线法、控制线偏离法、测小角法及前方交会法等,目的是通过监测点位置坐标的变化来确定某测点的位移量。

如控制线偏离法是在基坑围护结构的直角位置上布设监测基准点,在两基准点的连线方向上布置监测点。在垂直于连线方向上测量并计算出各点与连线方向的偏差值,向外为正,向内为负,作为初始值。监测开展后各期的实测值与初始值比较,即可得出冠梁上各监测点的实际水平位移。

2) 基坑围护桩(墙)挠曲监测

(1) 监测目的。其主要目的是通过测量围护桩(墙)的深层挠曲来判断围护结构的侧向变形情况。基坑围护桩(墙)挠曲变形的主要原因是基坑开挖后,基坑内外的水土压力要依靠围护桩(墙)和支撑体系来重新平衡,围护桩(墙)在基坑外侧水土压力作用下将产生变形。

(2) 监测仪器。基坑围护桩(墙)挠曲监测的主要仪器是测斜装置,测斜装置包括测斜仪、测斜管和数字式测读仪。

（3）监测方法。沿基坑围护结构主体长边方向每 20～30 m、短边中部的围护桩桩身内埋设与测斜仪配套的测斜管，测斜管内有两对互成 90°的导向滑槽。测斜管拼装时应注意导槽对接，埋设时将测斜管两端封闭并牢固绑扎在钢筋笼背土面一侧，同钢筋笼一同放入成孔内，灌注混凝土。测斜管长应为桩长加冠梁高并露出冠梁 10 cm。注意在钢筋笼放入孔内混凝土浇筑前一定要调整好测斜管的方向，测斜管下部和上部保护盖要封好，以防止异物进入。

将测斜仪的导向轮放入测斜管导槽中，沿导槽缓慢下滑至管底时开始测读，按 0.5 m 或 1 m 的间隔（导线上标有刻度）测读一次，缓慢提升测斜仪，直至测斜管顶，测定测斜仪与垂直线之间的倾角变化，即可得出不同深度部位的水平位移。观测时使用带导轮的测斜探头，将测斜管分成 n 个测段，每个测段长 L_i，在某一深度位置上测得两对导轮之间的倾角 θ_i，通过计算可得到这一区段的变化 Δ_i，计算公式为：

$$\Delta_i = L_i \sin\theta_i \tag{10.16}$$

某一深度的水平变位值 δ_i 可通过区段变位 Δ_i 累计得出。设初次测量的变位结果为 $\delta_i^{(0)}$，则在进行第 j 次测量时，所得的某一深度上相对前一次测量时的位移值 Δx_i 为：

$$\Delta x_i = \delta_i^{(j)} - \delta_i^{(j-1)} \tag{10.17}$$

相对初次测量时总的位移值 s 为：

$$s = \delta_i^{(j)} - \delta_i^{(0)} \tag{10.18}$$

3）围护桩（墙）内力监测

（1）监测目的。围护桩（墙）内力监测的目的是通过监测基坑围护桩（墙）内受力钢筋的应力或应变，从而计算基坑围护桩（墙）的内部应力。

（2）监测仪器。钢筋应力一般通过钢筋应力传感器（简称钢筋计）予以测定。目前工程上应用较多的钢筋计有钢弦式和电阻应变式两种，接收仪器分别使用频率仪和电阻应变仪。

（3）监测方法。采用钢筋混凝土材料砌筑的围护结构，其围护桩内力监测方法通常是埋设钢筋计。钢弦式钢筋计通常与构件受力主筋轴心串联焊接，由频率计算的是钢筋的应力值。电阻应变式钢筋计是与主筋平行绑扎或点焊在箍筋上，应变仪测得的是混凝土内部该点的应变。

钢筋计在安装时应注意尽可能使其处于不受力的状态，特别是不应使其处于受弯状态下。然后将导线逐段捆扎在邻近的钢筋上，并引到地面的测试盒中。支护结构浇筑混凝土后，检查电路电阻值和绝缘情况，做好引出线和测试盒中的保护措施。

钢筋计应在钢筋笼的迎土面和背土面对称安置，高度通常应在第二道钢支撑的位置。钢筋应变仪尽可能和测斜管埋设在同一个桩上。在开挖基坑前应有 2～3 次应力传感器的稳定测量值，作为计算应力变化的初始值，然后依照设计的监测频率进行数据采集、处理、备案并进行汇总分析。

4）钢支撑结构水平轴力监测

（1）监测目的。钢支撑结构水平轴力监测的目的是为了监测钢支撑结构的水平轴向压力，掌握其设计轴力与实际受力情况的差异，防止围护体的失稳破坏。

（2）监测仪器。钢支撑结构水平轴力监测常用仪器有轴力计和表面应变计。钢支撑结构目前常用的是钢管支撑和 H 型钢支撑结构。

（3）监测方法。钢支撑结构水平轴力监测通常采用轴力计在端部直接量测支撑轴力，或采用表面应变计间接测量和计算支撑轴力。根据钢支撑的设计预加力选择轴力计的型号,安装前要记录轴力计的编号和相对应的初始值,轴力计安放在钢支撑端部活接头与钢围檩之间,安装时注意轴力计与活接头的接触面要垂直密贴,在加载到设计预加力后马上记录轴力计的数值,依照设计要求进行监测。

5)锚索(杆)轴力及拉拔力监测

(1)监测目的。其监测目的是掌握锚索(杆)实际工作状态,监测锚索(杆)预应力的形成和变化,掌握锚杆的施工质量是否达到了设计的要求。同时了解锚索(杆)轴力及其分布状态,再配合以岩体内位移的量测结果就可以较为准确地设计锚杆长度和根数,还可以掌握岩体内应力重新分布的过程。

(2)监测仪器。主要监测仪器包括锚杆拉拔仪和锚杆测力计。锚杆测力计主要有机械式、应力式和电阻应变式等几种形式。

(3)监测方法。锚杆拉拔力监测是破坏性检测,是采用锚杆拉拔仪拉拔待测锚杆,通过测力计监测拉力。具体过程如下:

① 观测锚杆张拉前将测力计安装在孔口垫板上,使用带专用传力板的传力计,先将传力板装在孔口垫板上,使测力计或传力板与孔轴垂直,偏斜应小于 0.5°、偏心应不大于 5 mm。

② 安装张拉机具和锚具,同时对测力计的位置进行校验,合格后开始预紧和张拉。

③ 观测锚杆应在与其有影响的其他工作位置进行张拉加载,张拉程序一般应与工作锚杆的张拉程序相同。有特殊需要时,可另行设计张拉程序。

④ 测力计安装就位后,加载张拉前,应准确测得应力初始值和环境温度。反复测读,三次数据差小于 1%(F.s),取其平均值作为观测初始值。

⑤ 初始值确定之后,分级加载张拉观测,一般每次加载测读一次,最后一级荷载进行稳定观测,以 5 min 测一次,连续三次,读数差小于 1%(F.s)为稳定。张拉荷载稳定后,应及时测读锁定荷载。张拉结束之后根据荷载变化速率确定观测时间间隔,进行锁定之后的稳定观测。

10.8.4.2 土体介质监测

1)地表沉降监测

(1)监测目的。地表沉降监测主要目的是监测基坑及隧道施工引起的地表沉降情况。

(2)监测仪器。地表沉降监测使用的仪器主要是精密水准仪、精密水准尺等。

(3)监测方法。根据监测对象性质、允许沉降值、沉降速率、仪器设备等因素综合分析,确定监测精度,目前主要使用二等精密水准测量方法。根据基准点的高程,按照监测方案规定的监测频率,用精密水准仪测量并计算每次观测的监测点高程。水准路线通常选择闭合水准路线,对高差闭合差应进行平差处理。目前大部分使用精密电子水准仪,仪器自带的软件可进行观测结果的数据提取和平差计算。

(4)基准点埋设要求。在远离地表沉降区域沿地铁隧道方向布设沉降监测基准点,通常要求不少于 3 个,基准点应在沉降监测开始前埋设,待其稳定后开始首期联测,在整个沉降观测过程中要求定期联测,检查其是否有沉降,以保证沉降监测结果的正确性。水准基点的埋设要求受外界影响小、不受扰动或震动影响、通视良好。

(5)监测点埋设要求。对地表沉降的监测需布设纵剖面监测点和横剖面监测点。纵剖面(即掘进轴线方向)监测点的布设通常需要保证盾构顶部始终有监测点在监测,所以点间距应小于盾构长度,通常为 3~5 m。横剖面(即垂直于掘进轴线方向)监测点从中心向两侧按 2~

5 m间距布设,布设范围为盾构外径的 2～3 倍。横断面间距为 20～30 m。横断面监测点主要用来监测盾构施工引起的横向沉降槽的变化。

地表沉降监测点如图 10.20 所示,通常用钻机在地表打入监测点,使钢筋与土体结为整体。为避免车辆对测点的破坏,打入的钢筋要低于路面 5～10 cm,并于测点外侧设置保护管,且上面覆盖盖板保护测点,如图 10.21 所示。

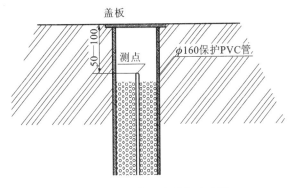

图 10.20　地表沉降测点示意图　　　　　　　　图 10.21　地表沉降监测标志

2）基底回弹监测

(1)监测目的。基坑回弹监测也叫基坑底部隆起监测,其目的是通过监测基坑底部土体隆起回弹情况,判断基坑内外土体压力差和基坑稳定性。

(2)监测仪器。基底回弹监测常用的仪器包括回弹监测标和深层沉降标。深层沉降标监测装置分两部分:一是埋入地下的部分,由沉降导管、底盖、沉降磁环组成,通过钻孔埋设在土层中。二是地面接收仪即钢尺沉降仪,由探头、测量电缆、接收系统和绕线盘等组成。

(3)监测方法。首先钻孔至基底设计标高以下 200 mm,钻孔时将回弹监测标旋入钻杆下端的螺旋,并将回弹标底部压入孔底土中,然后旋开钻杆使其与回弹标脱离,提升钻杆后放入辅助测杆,再使用精密水准仪测定露于地表外的辅助钻杆顶部标高,然后取出辅助测杆,向空中填入 500 mm 的白灰,然后用素土回弹,等基坑开挖至设计标高后再进行观测,以确定基底回弹量,通常在浇筑基础筏板之前再观测一次。

3）土体分层沉降及水平位移监测

(1)监测目的。土体分层沉降及水平位移监测的目的是监测基坑围护结构周围不同深度处土层内监测点的沉降和水平位移情况,从而判断基坑周边土体稳定性。

(1)监测仪器。土体分层沉降及水平位移监测的仪器包括分层沉降仪、测斜仪及杆式多点位移计。

(2)监测方法。土体分层沉降监测装置包括导管、磁环和分层沉降仪,首先钻孔并埋设导管,钻孔深度应大于基坑底的标高。在整个导管内按固定间距(1～2 m)布设磁环,然后测定导管不同深度处磁环的初始标高值,初始值为基坑开挖之前连续三次测量无明显差异读数的平均值。监测过程中将每次测定各磁环的标高与初始值比较即可确定各个位置的沉降量。

土体深层水平位移监测装置包括测斜管、测斜仪等。首先钻孔并将测斜管封好底盖后逐节组装放入钻孔内,直到放到预定的标高为止,测斜管必须与周围土体紧密相连。然后将测斜管与钻孔之间空隙回填,然后测量测斜管导槽方位、管口坐标及高程并记录。监测过程中将每次测定的位移值与初始值比较即可确定位移量。

4)土压力监测

(1)监测目的。土压力监测是为了监测围护结构、底板及周围土体界面上的受力情况,同时判断基坑的稳定性。

(2)监测仪器。土压力监测通常采用土压力传感器(即土压力盒),常用的土压力盒有电阻式和钢弦式两种。

(3)监测方法。土压力盒埋设方式有挂布法、弹入法及钻孔法等几种。土压力盒的工作原理是:土压力使钢弦应力发生变化,钢弦振动频率的平方与钢弦应力成正比,因而钢弦的自振频率发生变化,利用钢弦频率仪中的激励装置使钢弦起振并接收其振动频率,根据受力前后钢弦振动频率的变化,并通过预先标定的传感器压力与振动频率的标定曲线,就可换算出所测定的土压力值。车站明挖段土压力盒安装在初期支护外侧,土体开挖后利用钢筋支架将土压力盒贴壁固定在待测位置,直接喷射支护层混凝土即可。

5)孔隙水压力监测

(1)监测目的。孔隙水压力监测的目的是通过监测饱和软黏土受载后产生的孔隙水压力的增高或降低,从而判断基坑周边的土体运动状态。

(2)监测仪器。孔隙水压力监测的设备是孔隙水压力计及相应的接收仪。孔隙水压力计分为钢弦式、电阻式和气动式三种类型。钢弦式、电阻式孔隙水压力计与同类型土压力盒的工作原理类似,只是金属壳体外部有透水石,测得的只有孔隙水压力,而把土颗粒的压力挡在透水石之外。气动式孔隙水压力计探头工作原理是加大探头内的气压使之与土层孔隙水压力平衡,通过监测所需平衡气压的大小来确定上层孔隙水压力的量值。

(3)监测方法。孔隙水压力计的埋设方法有钻孔埋设法和压入法两种。孔隙水压力探头通常采用钻孔埋设,钻孔后先在孔底填入部分干净的砂,然后将探头放入,再在探头周围填砂,最后采用膨胀性黏土或干燥黏土将钻孔上部封好,使得探头测得的是该标高土层的孔隙水压力。埋设孔隙水压力探头的技术关键首先是保证探头周围填砂渗水顺畅,其次是阻止钻孔上部水向下渗流。

10.8.4.3　周围环境监测

1)邻近建筑物变形监测

地铁施工邻近建筑物变形监测主要包括建筑物沉降监测、倾斜监测和裂缝监测等,具体方法在前面有详细叙述,在此不再详述。

(1)邻近建筑物沉降监测

建筑物的沉降监测采用精密水准仪按二等水准的精度进行量测。沉降监测时应充分考虑施工的影响,避免在空压机、搅拌机等振动影响范围之内设站观测。观测时标尺成像清晰,避免视线穿过玻璃、烟雾和热源上空。建筑物沉降测点应布置在墙角、柱身上(特别是代表独立基础及条形基础差异沉降的柱身),测点间距的确定要尽可能反映建筑物各部分的不均匀沉降。如图 10.22 和 10.23 所示,沉降观测点的埋设,若建筑物是砌体或钢筋混凝土结构,可布设墙(柱)上沉降监测点。若建筑物是钢结构,直接将测点标志焊接在建筑物的相应位置即可。

(2)邻近建筑物倾斜监测

测定建筑物倾斜的方法有两类,一类是直接测定建筑物的倾斜,另一类是间接地通过测量建筑物基础的相对沉降来换算建筑物的倾斜,后者是把整个建筑物当成一个刚体来看待的。

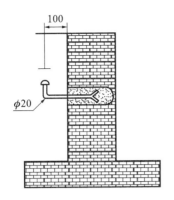

图 10.22 混凝土建筑物墙上
沉降监测标志示意图

图 10.23 钢结构建筑物墙上
沉降监测标志

（3）邻近建筑物裂缝监测

首先了解建筑物的设计、施工、使用情况及沉降观测资料，以及工程施工对建筑物可能造成的影响；记录建筑物已有裂缝的分布位置和数量，测定其走向、长度、宽度及深度；分析裂缝的形成原因，判别裂缝的发展趋势，选择主要裂缝作为观测对象。

2）地下水位监测

（1）监测目的。地下水位监测是为了预报由于地铁基坑及隧道施工引起地下水位不正常下降而导致的地层沉陷，以避免安全事故的发生。

（2）监测仪器。地下水位监测的主要仪器为电测水位计、PVC 塑料管。

（3）监测方法。首先是水位观测孔的埋设，包括钻机成孔、井管加工、井管放置、回填砾料、洗井等内容。电测水位计的工作原理是：水为导体，当测头接触到地下水时，报警器发出报警信号，此时读取与测头连接的标尺刻度，此读数为水位与固定测点的垂直距离，再通过固定测点的标高及与地面的相对位置换算成从地面算起的水位标高。

3）地下管线监测

（1）监测目的。地下管线监测主要是掌握地铁施工对沿线地下管线的影响情况。

（2）监测仪器。地下管线的监测内容包括垂直沉降和水平位移两部分。

（3）监测方法。首先应对管线状况进行充分调查，包括管线埋置深度和埋设年代、管线种类、电压、管线接头型式、管线走向及与基坑的相对位置、管线的基础形式、地基处理情况、管线所处场地的工程地质情况、管线所在道路的地面交通状况。然后采用如下几种监测方法：管线位移采用全站仪极坐标测量的方法，量测管线测点的水平位移；管线沉降采用精密水准仪按二等水准测量的方法，测量管线测点的垂直位移；测量时，应注意使用的基点应布置在施工影响范围以外稳定的地面上；管线裂缝使用裂缝观测仪对裂缝进行观测。

管线通常都在城市道路下，不可能采用直接埋设的方式在管顶埋设测点。于是可采用在管线外露部分设直接测点，其余通过从地面钻孔，钢筋埋入至管顶的方式埋设测点。埋入管顶的钢筋与管顶接触的部分用砂浆粘合，并用钢管将钢筋套住，以使钢筋在随管线变形时不受相邻土层的影响。套筒式布点如图 10.24 所示。

10.8.4.4 隧道变形监测

为了及时了解隧道周边围岩的变化情况，在隧道施工过程中要进行隧道周边位移量的监测，主要包括断面净空收敛监测、拱顶下沉监测、底板隆起监测等。

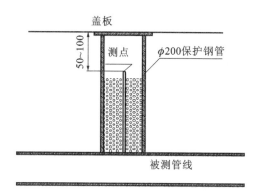

图 10.24　地下管线套筒式监测点示意图

1) 断面净空收敛监测

(1) 监测目的。断面净空收敛监测主要是为了掌握隧道施工过程中断面上的尺寸变化情况,进而掌握隧道整体变形情况。

(2) 监测仪器。断面净空收敛监测主要采用收敛计进行,收敛计如图 10.25 所示。

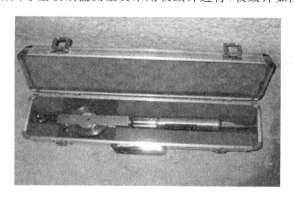

图 10.25　收敛计

(3) 监测方法。量测时在量测收敛断面上设置两个固定标点,而后把收敛计两端与之相连,即可正确地测出两标点间的距离及其变化,每次连续重复测读三次读数,取得平均值作为本次读数。收敛计的量测原理是用机械的方法监测两测点间的相对位移,将其转换为百分表的两次读数差值。用弹簧秤给钢卷尺以恒定的张力,同时也牵动与钢卷尺相连的滑动管,通过其上的量程杆,推动百分表芯杆,使百分表产生读数,不同时刻所测得的百分表读数差值,即为两点间的相对位移数据。

断面净空收敛监测点与拱顶下沉测点布置在同一断面上,每断面布设 2~3 条测线,埋设时保持水平。将圆钢弯成等边三角形,然后将一条边双面焊接于螺纹钢上,最后焊到安装好的格栅上,初喷后钩子露出混凝土面,用油漆做好标记,作为洞内收敛的监测点。如图 10.26 所示。

2) 拱顶下沉监测

(1) 监测目的。主要目的是掌握隧道顶板在上部空间土体重力作用下引起的沉降。

(2) 监测仪器。拱顶下沉监测主要采用精密水准仪和精密水准尺。

(3) 监测方法。采用精密水准仪按二等水准测量的方法,将经过校核的挂钩钢尺悬挂在拱顶测点上,测量拱顶测点的垂直位移。一般一座隧洞采用一个独立的高程系统,基准点不少

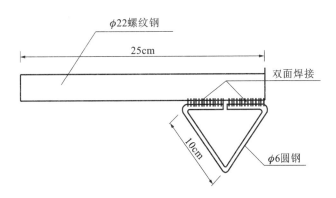

图 10.26　洞内收敛测点预埋件布设图

于两个,一个用作日常监测,一个用作不定期校核。通过对监测点相对于基点位移变化测定拱顶位移的变化量。沉降计算方法如下:

上次相对基准点差值＝上次后视－上次前视

本次相对基准点差值＝本次后视－本次前视

本次沉降值＝上次差值－本次差值

累积沉降值＝上次累积沉降＋本次沉降

3)底板隆起监测

(1)监测目的。主要目的是监测隧道开挖后在周围土压力作用下引起底板的隆起变形。

(2)监测仪器。底板隆起监测主要采用精密水准仪和精密水准尺。

(3)监测方法。底板隆起监测点通常布设在隧道轴线上,通常与拱顶下沉监测点对应布设,为了防止监测点被破坏,通常需要用护盖将点标志盖住。底板隆起监测水准基点可与拱顶下沉监测基准点共用,方法也和拱顶沉降监测类似,用精密水准测量的方法测定基准点和监测点间的高差变化,以确定隆起量。底板隆起监测通常是和断面净空收敛监测、拱顶沉降监测同时进行的,即可根据观测结果判断断面收敛情况。

4)围岩内部位移监测

(1)监测目的。围岩内部位移监测的目的是测量隧道内部监测点位移,从而分析隧道松弛范围,掌握隧道的稳定状态。

(2)监测仪器。围岩内部位移监测的仪器主要有单点位移计和多点位移计等。

(3)监测方法。将位移计的端部固定于钻孔底部的一根锚杆上,位移计安装在钻孔中,锚杆体可用钢筋制作,锚固端用楔子与钻孔壁楔紧,自由端装有测头,可自由伸缩,测头平整光滑。定位器固定于钻孔口的外壳上,测量时将测环插入定位器,测环和定位器都有刻痕,插入测量时将两者的刻痕对准,测环上安装有百分表、千分表或深度测微计以测取读数。单点位移计安装可紧跟爆破开挖面进行。

5)结构内力监测

(1)监测目的。结构内力监测是为了解隧道结构在不同阶段的实际受力状态和变化情况,主要目的是通过将实际监测值与设计计算值相比较,验证设计方案的合理性,从而达到优化设计参数、改进设计理论的目的。

(2)监测仪器。结构内力监测的仪器有钢筋计、频率计和轴力计等。

（3）监测方法。隧道结构内力监测内容包括衬砌混凝土应力、应变、钢拱架内力、二次衬砌内钢筋内力监测等内容。衬砌混凝土应力应变监测是在初期支护或二次衬砌混凝土内相关位置埋入应力计或应变计，直接测得该处混凝土内部的内力；应力计或应变计安装时应注意尽可能使其处于不受力状态，特别是不应使其处于受弯状态。

10.8.5 地铁工程变形监测资料及报告

10.8.5.1 监测资料的整理

监测资料的整理工作包括如下内容：

（1）监测资料主要包括监测方案、监测数据、监测日记、监测报表、监测报告、监测工作联系单、监测会议纪要。

（2）采用专用的表格记录数据，保留原始资料，并按要求进行签字、计算、复核。

（3）根据不同原理的仪器和不同的采集方法，采取相应的检查和鉴定手段，包括严格遵守操作规程、定期检查维护监测系统。

（4）误差产生的原因及检验方法：误差产生主要有系统误差、过失误差、偶然误差等，对量测产生的各种误差采用对比检验、统计检验等方法进行检验。

表 10.21 为某地铁监测项目地表沉降监测周报表。图 10.27 为沉降监测曲线。

表 10.22 为某地铁监测项目隧道收敛监测周报表。图 10.28 为收敛监测曲线。

表 10.21　××市地铁 1 号线盾构施工监测××站(区间)地表沉降监测周报表

监测日期:2011.5.31～2011.6.06										仪器名称:Trimble DiNi03 电子水准仪			检定日期：年 月 日	
测点编号	初始测量值(m)	上期累计变形(mm)	本期各次累计变形(mm)							本期阶段变形(mm)	本期累计变形(mm)	平均变形速率(mm/d)	沉降速率控制值(mm/d)	
			5.31	6.01	6.02	6.03	6.04	6.05	6.06				平均速率	最大速率
DB02-01	10.63517	2.17	2.17	2.14	2.14	2.05	2.05	2.25	2.25	0.08	2.25	0.01	1	3
DB02-02	10.63541	−8.55	−8.55	−8.68	−8.68	−8.87	−8.87	−8.66	−8.66	−0.11	−8.66	−0.02	1	3
DB02-03	10.58147	2.02	2.02	2.02	2.02	2.02	2.02	2.02	2.02	0.00	2.02	0.00	1	3
DB02-04	10.61789	0.84	0.84	0.84	0.84	0.84	0.84	0.84	0.84	0.00	0.84	0.00	1	3
DB02-05	10.64013	1.00	1.00	1.00	1.00	1.00	1.00	1.00	1.00	0.00	1.00	0.00	1	3
DB02-06	10.76866	−9.21	−9.21	−9.21	−9.21	−9.21	−9.21	−9.21	−9.21	0.00	−9.21	0.00	1	3
DB02-07	11.06154	−0.96	−0.99	−1.06	−1.06	−0.98	−0.98	−1.27	−1.27	0.00	−0.96	0.00	1	3
DB03-01	11.00324	0.08	0.08	−0.07	−0.07	−0.36	−0.36	−0.09	−0.09	−0.17	−0.09	−0.02	1	3
DB03-02	10.90341	−9.98	−9.98	−10.14	−10.14	−10.54	−10.54	−10.13	−10.13	−0.15	−10.13	−0.02	1	3
DB03-03	10.86748	−4.16	−4.38	−4.45	−4.27	−4.55	−4.80	−4.80	−4.80	−0.64	−4.80	−0.09	1	3

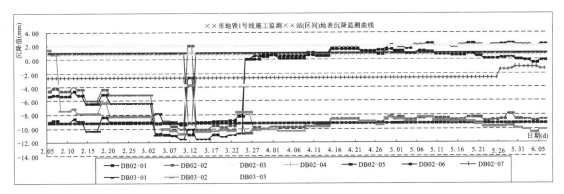

图 10.27　××市地铁 1 号线施工监测××站（区间）地表沉降监测曲线

表 10.22　××市地铁 1 号线施工监测××区间隧道收敛监测周报表

监测日期:2011.5.31～2011.6.06		仪器名称:Trimble DiNi03 电子水准仪							检定日期:		
测点编号	初始测量值（m）	上期累计变形（mm）	本期各次累计变形(mm)							本期阶段变形（mm）	本期累计变形（mm）	平均变形速率（mm/d）
			5.31	6.01	6.02	6.03	6.04	6.05	6.06			
Ⅶ-1	3.88309	4.54	4.54	4.54	4.54	4.54	4.54	4.54	4.54	0.00	4.54	0.00
Ⅷ-1	3.90117	−3.07	−2.67	−2.67	−2.67	−2.67	−2.67	−2.67	−2.67	0.41	−2.67	0.06
Ⅸ-1	3.90782	−72.62	−71.67	−71.67	−71.67	−71.67	−71.67	−71.67	−71.67	0.95	−71.67	0.14
Ⅹ	3.95358	−30.49	−31.07	−31.02	−31.09	−31.09	−31.09	−31.09	−31.09	−0.61	−31.09	−0.09
Ⅺ	3.90989	−13.10	−13.47	−13.52	−13.34	−13.34	−13.10	−13.10	−13.10	0.00	−13.10	0.00
Ⅻ-1	3.94080	−0.78	−1.36	−1.08	−0.78	−0.78	−1.36	−1.36	−1.36	−0.58	−1.36	−0.08
KJK14C	3.79285	−53.62	−54.81	−54.72	−53.79	−53.79	−54.52	−54.11	−54.11	−0.49	−54.11	−0.07
KJK15C	3.70416	−10.05	−12.18	−11.65	−11.65	−11.65	−11.65	−11.65	−11.65	−1.60	−11.65	−0.23
ⅩⅢ	3.98711	−28.92	−57.14	−52.38	−49.10	−49.10	−50.53	−50.53	−50.53	−21.61	−50.53	−3.09
ⅩⅣ	3.95080	−19.23	−21.04	−19.37	−21.05	−21.05	−21.44	−21.01	−21.01	−1.78	−21.01	−0.25
KJK16C	3.69915	−2.66	−3.18	−4.17	−3.47	−3.47	−3.30	−3.83	−3.83	−1.18	−3.83	−0.17
KJK17C	3.95047	−1.22	−0.64	−0.64	−0.58	−0.58	−0.47	−1.17	−1.17	0.05	−1.17	0.01

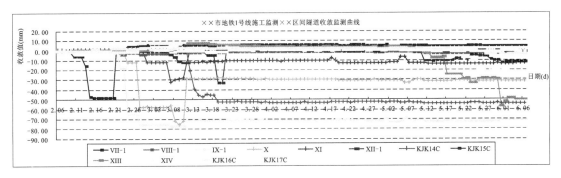

图 10.28　××市地铁 1 号线施工监测××区间隧道收敛监测曲线

10.8.5.2　监测资料的分析处理

监测资料的分析处理是指对监测数据及时进行处理和反馈，预测基坑及支护结构状态的稳定性，提出施工工序的调整意见，确保工程的顺利施工。监测工作应分阶段、分工序对量测结果进行总结和分析。

(1)数据处理：将原始的数据通过科学、合理的方法，用频率分布的形式把数据分布情况显示出来，进行数据的数值特征计算，舍掉离群数据。

(2)曲线拟合：根据各监测项选用对应的反映数据变化规律和趋势的函数表达式，进行曲线拟合，对现场量测数据及时绘制对应的位移-时间曲线或图表，当位移-时间曲线趋于平缓时，进行数据处理或回归分析，以推算最终位移量和掌握位移变化规律。

(3)通过监测数据分析，掌握围岩、结构受力的变化规律，确认和修正有关设计参数。

10.9　变形观测实际案例分析

路基沉降观测施工方案

一、工程概述

本标段为广州番禺区黄榄快速干线（西段）工程道路桥梁标，即第五标段。施工区域部分位于番禺境内，部分位于顺德境内，主线工程施工起点 K5＋960，终点 K7＋571.525，全长1611.525 m，其中路基部分长 981 m，桥梁长 604 m。

从地理位置可知，施工区域位于北回归线以南，属亚热带海洋性季风气候区，受亚热带海洋气候影响，区内雨量充沛，潮湿系数大于 1，年降雨量在 1600 mm，最大可达 2500 mm，其中每年的 4～9 月份是雨季。暴雨使地表径流强劲、早春阴雨绵绵使水分充分下渗地下，这些往往造成公路水害，常常诱发公路损毁。场区位于由珠江口大断裂、广三断裂（高要—惠来深断裂西段）、西江大断裂构筑成的珠江三角洲断陷区，它具有以沉降为主，而周边山地以抬升为主的差异性地壳活动特点。路基工程一般以低填浅挖通过采取放缓边坡、加强支挡和排水等措施加固处理；路堤松软地基采用水泥搅拌桩、高压旋喷桩、抛石挤淤等加固处理。

根据设计要求，建设单位为了确保在施工期间监测路堤的安全与稳定，严格控制填土速率以及正确预测工后沉降量，合理确定路面开始铺设时间，要求对全段路基进行沉降变形监测。为便于监测工作的有序有效进行，制定本方案作为整个监测过程的工作指南。

二、观测目的

1. 通过对沉降观测数据系统综合分析评估，为路基填筑计划的制定和执行提供定量的参考数据，保证填筑过程中路堤的安全，使路基工程达到规定的变形控制要求。

2. 通过对软基段工后沉降的观测，掌握沉降发展情况，为路面（特别是桥头路面）的施工、永久性路面铺设和异常变化地基的加固提供依据。

3. 通过对软基段工后沉降的观测，完善从软基施工到竣工验收整个过程的现场观测资料，为了解软基处理效果和完成竣工资料提供现场实测数据。

三、沉降变形监测内容

根据不同的路基高度及不同的地基条件,主要内容有:

1. 路基面的沉降变形观测;

2. 路基基底沉降观测;

3. 路堤本体的沉降观测;

4. 路堤本体水平位移观测;

5. 过渡段沉降观测。

四、观测仪器、人员及相关要求

本标段内的路基沉降观测将由中铁五局测绘公司实施监测工作,相关资质附后。

1. 观测技术指标

(1) 路堤填筑期间,沉降观测按二等水准要求测量。

(2) 观测时,前后视距尽量相等,以消除 i 角的影响。同时,视距不得超过 50 m。

(3) 视线高度要求三丝均能读数,读数取位为 0.01 mm。

(4) 视线中要特别注意水准尺的垂直,即复合水准气泡的居中。

(5) 水准点与沉降点之间一般直接观测,转点时必须用尺垫。

2. 观测仪器

(1) 地面位移观测仪器要求:测距精度±5 mm,测角精度 2″。

(2) 沉降板观测仪器要求:往返水准测量精度 1 mm/km。

(3) 水准仪视准轴与水准管轴的夹角 15″。

(4) 水准尺上的米间隔平均真长与名义长之差,不得超过 0.15 mm。

(5) 自动安平水准仪补偿误差不得超过 0.2″。

(6) 水准观测按照操作规程、仪器说明书的规定进行。

3. 观测要求

为了消除观测中的系统误差,每次观测应做到三个固定(即观测条件相同)。三个固定是:后视尺固定、仪器固定、观测人员(司仪器及持尺人员)固定。三个固定中重点是测站固定和持尺人员固定,特别是持尺人员应受过专门的训练。

水准测量主要技术指标

等级	水准仪型号	视线长度(m)	前后视距差(m)	前后视累积(m)	红、黑面(基、铺面读数较差)(mm)	红、黑面(基、高差较差)(mm)	往返较差、附合允许闭合差(mm)
二	DSZ2	≤50	≤1	≤3	≤0.5	≤0.7	±4√L

注:L 为水准路线长(以千米计)。

五、观测点布置及评定标准

1. 观测点布置原则

为及时、准确、全面地反映路基及构造物的沉降和水平位移情况,通过观测数据判定路基的稳定性,沉降观测点布设原则如下,具体见施工图纸:

（1）观测点应设在同一横断面上,这样有利于观测点的看护,便于集中观测,统一观测频率,更重要的是便于各观测数据的综合分析。

（2）沿线路方向150 m布设一个观测断面,同时每一路段应不少于3个断面。

（3）所有大、中、小桥桥头路段设置2个观测断面,锥坡坡脚外2 m布置一个边桩。

2. 观测基准桩应设置在不受垂直向和水平向变形影响的坚固的地基或永久建筑物上,以保证基准桩的准确性和测点的长期观测。

3. 观测评定标准

（1）路堤中心沉降量每昼夜不得大于10 mm,边桩位移量每昼夜不得大于5 mm。

（2）路堤铺筑完成后,连续2个月观测的沉降量每月不超过5 mm。

4. 观测断面观测点的确定

本方案依据施工图设计,确定各观测断面观测点如下表:

道路监测断面汇总表

序号	道路里程	路段特征	边桩(个)	沉降板(块)	测斜管(根)	备　　注
1	K5+967	一般路段	6	4	2	10# 箱涵涵背
2	K6+200	一般路段	6	4	2	
3	K6+334	桥头路段	6	4	2	冲涌中桥 0# 台背
4	K6+345	桥头路段	6	4	2	冲涌中桥 0# 台背
5	K6+387	桥头路段	6	4	2	冲涌中桥 3# 台背
6	K6+398	桥头路段	6	4	2	冲涌中桥 3# 台背
7	K6+510	一般路段	6	4	2	
8	K6+634	桥头路段	6	4	2	大岗沥大桥 0# 台背
9	K6+644	桥头路段	6	4	2	大岗沥大桥 0# 台背
10	K7+207	桥头路段		3		大岗沥大桥 18# 台背
11	K7+217	桥头路段		3		大岗沥大桥 18# 台背
12	K7+300	一般路段		3		大岗沥大桥五沙段挡土墙
小计			54	45	18	

六、观测项目及频率

1. 现场观测点埋设要求

（1）沉降板

路基沉降板应严格按设计要求进行埋设,沉降板位于路堤中心和路肩,其中路中两个分别设在搅拌桩顶和桩间土上。沉降板埋设位置应测量确定,埋设位置处垫5 cm砂垫层找平,放好沉降板后,回填一定厚度的垫层,再套上保护套管,保护套管略低于沉降板测杆,上口加盖封住管口,并在其周围填筑相应填料稳定套管,沉降板竖管的垂直偏位不大于2%。完成沉降板的埋设工作后,采用水准仪按国家二等精密水准测量方法测量埋设就位的沉降板测杆杆顶标高作为初始读数(如下图)。

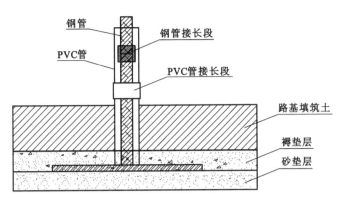

沉降板观测示意图

沉降板:由钢底板、金属测杆($\phi 40$ mm 厚壁镀锌钢管)及保护套管(直径不小于 $\phi 75$ mm、壁厚不小于 4 mm 的硬 PVC 管)组成,钢底板尺寸为 50 cm×50 cm,厚 1 cm。

路基分层填筑施工期间是不断加高的,为了确保沉降观测点自始至终都能观测到,采用接长观测点方法,即在 50 cm×50 cm 钢板上焊接镀锌钢管,使钢管能不断接长,管顶始终都露出地面,便于各沉降点的测量。每次接长高度以 1 m 为宜,接长前后测量杆顶标高变化量确定接高量。

(2)位移边桩

位移观测边桩采用 C15 混凝土方桩或圆桩(边长或直径 0.1 m),其中埋设 $\phi 16$ mm 钢筋一根锯十字丝,桩长 1 m,埋入路堤底表层以下 0.95 m;待路堤底表层级配碎石施工完成后,通过测量埋置在设计位置,桩周 0.15 m 用 C15 混凝土浇筑固定。

(3)测斜管

测斜管设在临时排水沟距路堤位移观测边桩 0.5 m 处。采用钻孔法进行测斜管的埋设,在埋设地点用 $\phi 108$ 钻机开孔,埋设深度与临近搅拌桩深度一致,钻孔的垂直误差应不大于 1%。当钻至预定深度后,必须立即进行导管埋设,第一根导管底需封死。导管埋至预定深度后,在导管与孔壁之间需用砂填充,如图所示。视该管端的水平位移为零,否则导管顶端应校正。测斜管安设后,应立即观测并记录初读数。

2. 观测频率

(1)所有测点均需在施工前准确地测定其初读数;观测必须认真、细致、准确,严格按照操作规程进行。

(2)可根据现场条件和外部环境变化情况适时调整观测次数,一旦出现异常情况立即向有关各方报告,协商处理对策。

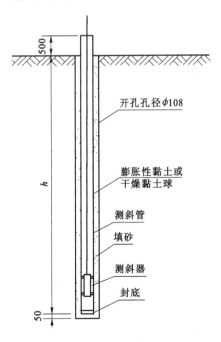

测斜管埋设示意图

路基沉降观测频次

观 测 阶 段	观 测 频 次	
填筑	一般	1 次/层
	沉降量突变	2～3 次/天
	两次填筑间隔时间较长且超过 3 天	1 次/3 天
路基施工完毕	填筑完毕后 2 个月内	1 次/2 周
	第 2～4 个月	1 次/3 周

七、监测实施方案

1. 观测前的准备工作

(1)沉降变形控制网的建立

根据设计院及局监测队提供的导线点及水准点分布情况,进行加密以满足沉降及变形监测的要求,其中水平位移监测网按《工程测量规范》二等三角网要求进行测算,沉降监测网以现有水准点为基点按二等水准的技术要求及观测限差进行测算。

沉降及水平位移监测网主要技术及限差要求如下表:

沉降观测网的主要技术要求

等级	相邻基准点高差中误差(mm)	每站高差中误差(mm)	往返较差、附合或环线闭合差(mm)	检测已测高差之差(mm)	使用仪器、观测方法及要求
二等	1.0	0.3	$0.60\sqrt{n}$	$0.80\sqrt{n}$	DS1 型水准仪二等水准要求进行观测

水平位移观测网主要技术要求

等级	相邻基准点的点位中误差(mm)	平均边长(m)	测角中误差(″)	最弱边相对中误差	作业要求
二等	3.0	<300	±1.0	≤1/120000	按《工程测量规范》二等三角要求进行观测

(2)导线点、水准点的复测:导线点、水准点由设计院提供后,须进行复测,导线起讫点应与设计单位测定结果相比较,测量精度应满足以下要求:角度闭合差(″)为 $±16\sqrt{n}$,n 是测点数;坐标相对闭合差为 $±1/10000$。水准点闭合差为 $±4\sqrt{L}$(mm),L 为水准路线长度,以 km 计;提交复测成果报告,由监理单位审批后方可使用。

2. 沉降观测

(1)观测地表沉降量及沉降过程,根据实测沉降量和速率推算残余沉降量,预测沉降趋势。

(2)沉降板(标)放置完毕后,立即测量杆顶初始高程。

(3)在路基分层填筑施工期间,将沉降标内部观测管及外部保护管逐节升高,接杆前测量一次,作为上期观测值;接杆后随即再次测量杆顶标高,作为本期观测值(初读数),按此顺序逐节升高,计算出每期观测的沉降量。

（4）有关施工人员在接长沉降管时应将接头拧紧，防止松动造成破坏，派专人保护沉降板，如发生破坏或丢失应及时恢复或补埋。

3. 边桩位移观测

（1）边桩主要观测路堤分层填筑时的边坡位置表层土的水平位移和隆起情况，确定表层地基的稳定状态；分析土体表层的侧向位移方向及变化规律。

（2）填筑加荷过程中采用全站仪测量出各观测点到测量基点连线（基线）的距离，从而推算出边桩位移量。

4. 测斜管观测

（1）钻机成孔至所需标高，然后将逐根用管箍连接至设计要求长度导管放入孔内，导管连接部分用自攻螺丝固定，各管连接时导槽要相通，而且管端封紧，并将十字槽一轴对准变形测量方向，以减小侧向位移引起的测量误差。

（2）导管埋设后，用测斜仪对其进行 2～3 次观测，直至导管位置稳定，此测读数即为初始读数。

（3）经检查仪器工作正常后，将测头导轮卡置在预埋好的测斜管的导槽中，轻轻将测头放入测斜导管中，放松电缆使测头滑至孔底，记下深度标记，当触及孔底时，应避免激烈的冲击，测头在孔底放置 5 min，使测头温度与环境温度一致。

（4）将测头拉起至最深标志处作为测读起点，根据电缆标志，顺次 500 mm 测读一次，直至导管顶端为止。沿位移正负方向各测读一遍。按照要求做好每次测试记录，记入记录表中。

（5）根据观测结果，判定软土层深处的侧向变形情况，分析地基的稳定状态。

八、人员、仪器、材料具体配备

根据管段范围内监测内容及设计监测工程量，满足仪器操作和数据分析要求，确定人员及仪器如下：

人员机构：

沉降变形观测主管工程师 1 名：主要负责沉降变形观测的组织协调，及对沉降观测数据进行整理分析；

变形观测组 2 人：技术员和测工各 1 人，进行路基边桩变形观测；

沉降板校核水平测量组 2 人：技术员和测工各 1 人，进行沉降板校核水平测量，提供沉降板沉降量对智能数码元器件沉降量进行校核；

普通工人 3 名：在技术员的带领下配合进行沉降板等的埋设。

本标段沉降观测所需材料、仪器见下表：

仪器及材料	规　格	单位	数量	备　注
全站仪	TOPCON 302n	套	1	含棱镜、三脚架等
水准仪	苏-光 DZS2	套	1	含水准尺、尺垫等
测斜仪	北京航天三十三所 CX3	套	1	
钢尺	5 m/50 m	把	2	
测斜孔钻孔机械	φ108 mm	台	1	钻孔深度＞16 m

续表

仪器及材料	规　　格	单位	数量	备　　注
钢板	50 mm×50 mm×10 mm	块	45	
镀锌铁管	ϕ40 mm,单根长 1.0 m	米	160	
PVC 管	ϕ75 mm,壁厚 4 mm	米	160	配接长套管
混凝土边桩	长 1.0 m 一端为尖的方桩	个	54	C15 混凝土预制,其中埋设 ϕ16 钢筋并锯十字丝
测斜导管	ϕ100 mm 的铁管	米	300	

九、其他

1. 在监测过程中一定要严格按照规定的技术标准及观测限差进行施测,各种原始资料记录准确可靠、整洁,时间、天气、温度、气压等各种气象参数及签名齐全。

2. 加强仪器在观测过程中的防雨防晒及防震措施,保证监测数据的可靠性。

3. 尽量在观测过程中坚持"五固定",即采用固定观测路线、使用固定观测方法、使用固定仪器、固定观测人员、在基本相同的环境和条件下工作。

4. 各作业队要配合沉降观测室做好管段内沉降监测设施的保护工作。

附件:

1. 观测单位资质;

2. 观测记录表(测斜、沉降板、位移边桩);

3. 附图《路基沉降观测设计图》。

沉降观测记录

施工单位及标段:　　　　　　　　里程范围:　　　　　　　　　编号:

工程名称		观测点布置简图				
水准点编号						
水准点所在位置						
水准点高程(m)						
	观测日期:					
自　　　年　　月　　日起 至　　　年　　月　　日止						

观测点	观测时间			实测标高 (m)	本期沉降量 (mm)	总沉降量 (mm)	说明
	月	日	时				

复核:　　　　　　　　　　计算:　　　　　　　　　　测量:

水准测量(沉降观测)记录表

施工单位及标段：　　　　　　　　　里程范围：　　　　　　编号：

立尺：　　　　观测：　　　　记录：　　　　见证：　　　　日期：

测站	测点	后视(mm)	前视(mm)	高差(mm)	高程(mm)	备注
说明						

思考题与习题

10.1 对一个实际工程,变形测量的精度等级按什么原则确定?

10.2 水准基准点布设时应注意哪些?

10.3 观测点布设应注意哪些?

10.4 沉降观测的周期和时间如何规定?

附录 CASIO 可编程计算器 fx-5800P 的使用

CASIO fx-5800P 计算器于 2006 年 10 月面市,是 CASIO 编程计算器中的一款经典机型,是 fx-4850P 的升级产品。虽然 fx-5800P 与 fx-4850P 的内存容量相同,但 fx-5800P 的功能却比 fx-4850P 强大并实用得多。

一、与 fx-4850P 相比改进之处有

(1) 显示屏采用 96 点×31 点的连续液晶矩阵显示,屏幕字、符号显示更加灵活;

(2) 数据通信功能,可使用通信线在两台 fx-5800P 计算器之间传递程序;

(3) 内置 128 个常用公式和 40 个科学常数;

(4) 程序使用类 BASIC 程序结构命令,实现条件语句、循环语句等命令的结构化,提供比以前功能更强大的程序控制命令;

(5) 可采用自然书写形式的函数输入和输出显示;

(6) 增加矩阵计算功能,可计算最高 10 阶的矩阵;

(7) 增加了数据串列,使统计计算中的样本数据便于编辑和修改;

(8) 数据存储器保护功能。

二、fx-5800P 的基本操作

1. 键盘区简介

fx-5800P 计算器的键盘主要分三个区域排列(如附图 1):

第一键盘区域:屏幕下方的六个圆形或椭圆形键分别为模式键(MODE)、设置键(SHIFT)(SETUP)、功能键(FUNCTION)、光标移动键▲ ▼ ◀ ▶,其中◀与▶键兼具重演功能。

第二键盘区域:有 4 行 6 列共 24 个键,其键面功能主要是数学函数运算。

第三键盘区域:有 4 行 5 列共 20 个键,其键面功能主要是数字 0~9 和＋、－、×、÷ 等四则运算。

每个按键一般有键面字符、键上部 1~3 个字符共 3~4 种功能,各功能在键盘及其上方用不同颜色的符号标记(如附表 1),以帮助用户方便地找到所需的按键操作。

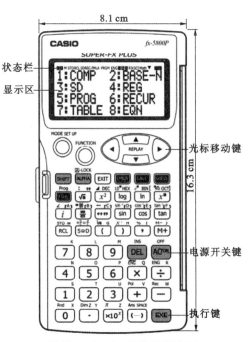

附图 1　fx-5800P 计算器键面

附表 1　fx-5800P 的按键操作方法

序	功　能	颜　色	按键及模式
①	ln	白色	[ln]
②	$e^{\blacksquare}$	橘黄色	[SHIFT] [$e^{\blacksquare}$]
③	[	红色	[ALPHA] [[]
④	BIN	绿色	[BIN]，设置 BASE-N 模式下的二进制计算

2. 屏幕状态栏

通过按键可以使计算器处于某种模式或状态下，计算器当前所处模式或状态显示于屏幕顶部的状态栏，其意义列于附表 2。

附表 2　fx-4850P 状态行显示意义

指示符	含　　义
S	按下 [SHIFT] 键后出现，表示将输入键上方橘色字符所注的功能
A	按下 [ALPHA] 键后出现，表示将输入键上方红色字符所注的字母或符号
D	选用"度"作为角度计算单位，按 [SHIFT] [SETUP] [3] 键设置
R	选用"弧度"作为角度计算单位，按 [SHIFT] [SETUP] [4] 键设置
G	选用"公制度"作为角度计算单位，按 [SHIFT] [SETUP] [5] 键设置
SD	单变量统计模式，按 [MODE] [3] 键
REG	双变量统计及回归模式，按 [MODE] [4] 键
FIX	指定显示小数位数格式有效，按 [SHIFT] [SETUP] [6] 键设置
SCI	指定显示小数位的科学显示格式有效，按 [SHIFT] [SETUP] [7] 键设置
ENG	工程显示格式有效，按 [SHIFT] [SETUP] [▽] [3] [1] 键设置
Disp	当前显示的数值为中间结果
▲ ▼	显示一列数据时出现，表示当前显示屏的上方或下方还有数据或菜单项
◀ ▶	表示数据超出了当前显示屏的左边或右边

3. ⓂⓄⒹⒺ 模式键

按 ⓂⓄⒹⒺ 键，屏幕显示附图 2 左图的一页模式菜单，按 ▼ 键显示附图 2 右图的二页模式菜单，按 ▲ 键返回附图 2 左图的一页模式菜单。

```
1:COMP   2:BASE-N│1:LINK   2:MEMORY
3:SD     4:REG   │3:SYSTEM
5:PROG   6:RECUR │
7:TABLE  8:EQN   │
```

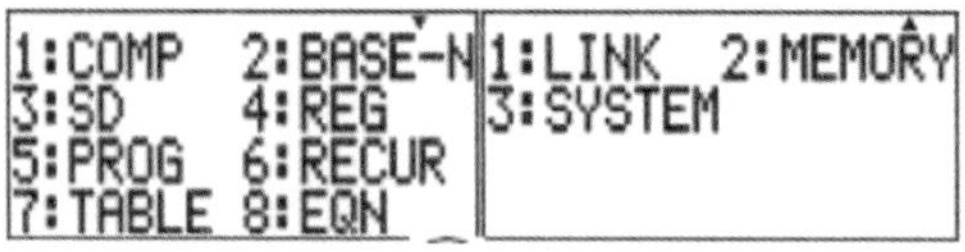

附图 2 按 ⓂⓄⒹⒺ 键的模式菜单

fx-5800P 有 11 种模式，按模式名前的数字键选择。计算器只能工作于附图 2、附表 3 所示 11 种模式的任一种模式下，按 ⓂⓄⒹⒺ 键进入模式菜单时，必须按数字键选择一种模式，按 ⒺⓍⒾⓉ 键不能退出模式菜单。

附表 3 模式菜单的意义

模式选项	按键	意　　义
COMP	1	普通四则计算和函数计算
BASE-N	2	二进制、八进制、十进制、十六进制的变换及逻辑运算
SD	3	单变量统计计算
REG	4	双变量统计计算（回归）
PROG	5	定义程序名，在程序区域中输入、编辑、删除与执行程序
RECUR	6	递归计算
TABLE	7	数表函数计算
EQN	8	计算方程的数值解
LINK	1	在两台 fx-5800P 间进行数据通信
MEMORY	2	内存管理
SYSTEM	3	显示与调整屏幕对比度，设置或系统复位

4. ⓈⒽⒾⒻⓉ ⓈⒺⓉⓊⓅ 设置键

ⓈⒽⒾⒻⓉ ⓈⒺⓉⓊⓅ ——显示一页设置菜单（附图 3 左图）；

▼ ——显示二页设置菜单（附图 3 右图）；

▲ ——一页设置菜单；

1 ～ 8 ——选择设置选项；

ⒺⓍⒾⓉ ——退出设置菜单。

设置菜单的意义见附表 4。

附图 3 按 ⓈⒽⒾⒻⓉ ⓈⒺⓉⓊⓅ 键的设置键菜单

附表 4　设置菜单的意义

功能选项	按键	意　　义
MthIO	1	数学格式显示,状态栏显示 Math
LineIO	2	线性格式显示
Deg	3	角度单位"度",状态栏显示 D
Rad	4	角度单位"弧度",状态栏显示 R
Gra	5	角度单位"公制度",状态栏显示 G
Fix	6	固定小数位格式显示,状态栏显示 FIX
Sci	7	固定小数位科学格式显示,状态栏显示 SCI
Norm	8	计算结果超过 10 位数限度时,自动切换至指数格式显示,有 Norm 1 与 Norm 2 两种显示格式
ab/c	1	有整数分数显示格式
d/c	2	无整数分数显示格式
ENG	3	需以指数格式显示时,以工程格式显示,状态栏显示 ENG,应与 Fix,Sci, Norm 1,Norm 2 格式组合使用,不能单独使用
COMPLX	4	复数计算以直角坐标格式显示或极坐标格式显示
STAT	5	Freqon 为打开频度串列,FreqOff 为关闭频度串列
BASE-N	6	BASE-N 模式为有符号与无符号计算

5. FUNCTION 功能键

在 COMP 模式下,按 FUNCTION 键调出附图 4 左图的一页功能键菜单,按 ▼ 键显示附图 4 右图的二页功能键菜单,按 ▲ 键返回附图 4 左图的一页功能键菜单,按 1 ～ 8 键选择功能键选项,按 EXIT 键为返回上一级功能键菜单或退出功能键菜单。

附图 4　按 FUNCTION 键的功能键菜单

功能键菜单的作用是输入键盘上没有的数学函数、复数函数、程序命令、科学常数、角度变换命令、清除命令、统计计算命令、矩阵符 Mat、用户自定义公式中的英文小写字母变量、希腊大小写字母变量及字母变量的下标字符等,详细列于附表 5。

附表 5　功能菜单的意义

功能选项	按键	意　　义
MATH	1	输入 $\int dX$, d/dX, d^2/DX^2, $\sum$(, X!, Ran#, nPr, nCr, Abs, Int, Frac, Intg, Pol(, Rec(, logab, RanInt, sinh, cosh, tanh, sinh^{-1}, cosh^{-1}, tanh^{-1} 等数学函数符
COMPLX	2	输入 Abs, Arg, Conjg, ReP, ImP 等复数函数符

续附表 5

功能选项	按键	意　　义
PROG	3	输入程序命令符
CONST	4	输入 mp,mn,me,mμ,a$_0$,h,μN,μB 等 40 个科学常数
ANGLE	5	输入角度变换函数
CLR	6	输入各类清除命令 ClrStat,ClrMemory,ClrMat,ClrVar
STAT	7	输入统计计算串列数据、统计变量与分布符
MATRIX	8	定义矩阵维数、输入矩阵数据、输入矩阵符 Mat、行列式符 det、转置符 Trn
ALPHA	1	输入小写英文字母变量、大小写希腊字母变量及数字、英文大小写字母下标字符

6. 基本操作

(1) 计算表达式的值

下面的计算操作是在 COMP 模式下进行,按 MODE 1 键进入 COMP 模式。

【例 1】　计算表达式 $2(5.2^2+4)\div(4+3)$ 的值。

【解】　按 2 (5.2 x^2 + 4) $\div$ (4 + 3) EXE 键,屏幕显示结果为 8.868571429。

【例 2】　计算表达式 $2\pi\sin30°\div\cos10°\div\sin20°$ 的值。

【解】　先按 SHIFT SETUP 3 键设置角度单位为 Deg,状态行显示 D,按
2 SHIFT π sin 30) $\div$ cos 10) $\div$ sin 20) EXE 键,屏幕显示结果为 9.327102062。

(2) A 型函数和 B 型函数

fx-5800P 将数学函数分为 A 型函数与 B 型函数。

A 型函数是指 x^2、x^{-1}、$°$　$′$　$″$ 等,其输入方法是先输入数值,后按函数键。

键面上的 B 型函数有 $\sqrt{\blacksquare}$、$\sqrt[3]{\blacksquare}$、log、ln、$e^{\blacksquare}$、$10^{\blacksquare}$、sin、cos、tan、$\sin^{-1}$、$\cos^{-1}$、$\tan^{-1}$ 等。

还有一些 B 型函数放置在功能键菜单的 MATH 选项下。按 FUNCTION 1 键,屏幕显示附图 5 所示的函数一页菜单,共有四页菜单,按 ▲ 键向下翻页,按 ▼ 键向上翻页,按 1 ~ 8 数字键选择函数,完成函数符的选择后自动退出功能键菜单,如不选择函数符可按 EXIT 键退出功能键菜单。

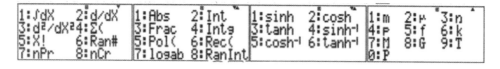

附图 5　按 FUNCTION 1 键调出数学函数菜单

附图 5 最右图选项为输入工程格式指数单位字符,其意义列于附表 6。例如,按 5.06 ▼ ▼ ▼ 6 FUNCTION 1 键,输入表达式 5.06k,按 EXE 键计算出的结果为 5060。

附表 6　工程格式显示指数的意义

字母	指数意义	字母	指数意义
m(mill)	$\times 10^{-3}$	k(kilo)	$\times 10^{3}$
μ(micro)	$\times 10^{-6}$	M(Mega)	$\times 10^{6}$
n(nano)	$\times 10^{-9}$	G(Giga)	$\times 10^{9}$
p(pico)	$\times 10^{-12}$	T(Tera)	$\times 10^{12}$
f(femto)	$\times 10^{-15}$	P(Peta)	$\times 10^{15}$

三、fx-5800P 路线施工测量程序介绍

在路线施工测量中,任意缓和曲线(含匝道曲线)、圆曲线与直线的分段坐标正反算程序是使用率最高的程序。因为路线施工时,设计图纸已经给出了缓和曲线、圆曲线与直线三种线元的完整数据,如起终点桩号、坐标、走向方位角、曲线长、缓和曲线参数及圆曲线半径,没有必要再用交点法重新计算,而且匝道与互通立交桥也很难用交点法计算。从事高速铁路施工的有关人员也希望推导能满足我国高铁≤±1 mm 轨道放样精度要求的精密缓和曲线切线支距坐标公式及坐标正反算程序。

由卡西欧(上海)贸易有限公司资助,上海同济大学出版社 2009 年 1 月出版的新书给出了附表 7 所示的 9 个最新程序,卡西欧(上海)贸易有限公司已将这些程序全部传输到大礼包的 fx-5800P 中,免去了用户重复输入的烦恼。

附表 7　主程序与子程序列表

序	主程序	子程序	功能说明
1	CAS58-4-1		复数形式计算边长与方位角程序
2	CAS58-4-2		复数形式高斯平面坐标线性变换参数计算及批量坐标变换程序
3	CAS58-4-3		复数形式建筑坐标与测量坐标相互变换程序
4	CAS58-5-1	SUBC5-11,SUBC5-12,SUBC5-13, SUBC5-14,SUBC5-15, SUBC5-16	任意缓和曲线段坐标正反算程序
5	CAS58-5-2	SUBC5-21, SUBC5-13	圆曲线段坐标正反算程序
6	CAS58-5-3	SUBC5-13	直线段坐标正反算程序
7	CAS58-5-4		无定向导线近似平差程序
8	CAS58-5-5		方格网法土方量计算程序
9	CAS58-5-6		四等水准测量记录计算程序

其中 CAS58-5-1、CAS58-5-2、CAS58-5-3 分别为任意缓和曲线、圆曲线、直线段坐标正反算程序,它们严格按路线设计文件提供的设计数据为程序输入的已知数据精心编写而成,缓和曲线切线支距坐标公式采用了重新推导的含三角级数展开前七项(旧公式只含前三项)的精密公式,精密公式的计算误差<±0.01 mm,因此,用本章程序计算出的任意路线或匝道曲线逐桩点的正反算坐标误差≤±0.01 mm,完全可以满足我国目前在建高速铁路放样误差<±1 mm 的精度要求,且功能更加切合路线施工测量实际。

匝道曲线坐标正反算计算案例

附表 8 为广州东(联)新(沙)高速公路沙河互通立交线某右转反向匝道设计要素表,用程序 CAS58-5-1 对其进行坐标正反算的操作过程如下:

附表 8

参数 A (m)	起点 半径 (m)	终点 半径 (m)	长度 (m)	起点				终点			
				右转 (° ′ ″)	桩号	坐标(m)		走向 方位角 (° ′ ″)	桩号	坐标(m)		走向 方位角 (° ′ ″)
						x_S	y_S			x_E	y_E	
80	60	297.25	85.14	48 51 16.3	470.763	2511.299	4993.857	186 52 29.8	555.899	2445.212	4944.460	235 43 46.2

① 正算　按 **MODE** **4** 键进入 REG 模式,在 1~2 行统计串列分别输入起、终点的桩号与坐标,结果见附图 6(a)所示。

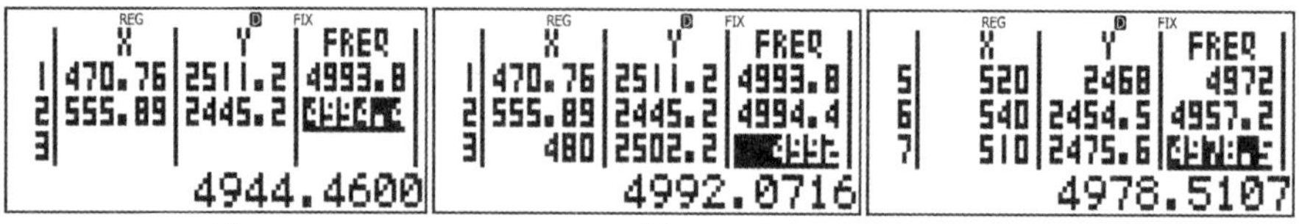

附图 6　执行程序 CAS58-5-1 正算前后统计串列数据的变化

按 **MODE** **1** 键进入 COMP 模式,按 **FILE** 键,移动光标到 CAS58-5-1 程序行按 **EXE** 键,屏幕提示与用户操作过程如下:

屏幕提示	按　键	说　明
ANY SPIRAL+COM,−COM	**EXE**	显示程序功能标题
SPIRALA(m),+R,−L=?	80 **EXE**	输缓和曲线参数,正值为右转
START R(m)=?	60 **EXE**	输起点半径
END R(m)=?	297.25 **EXE**	输终点半径
START BEAR(Deg)=?	186 **°′″** 52 **°′″** 29.8 **°′″** **EXE**	输起点走向方位角
END BEAR(Deg)=?	235 **°′″** 43 **°′″** 46.2 **°′″** **EXE**	输终点走向方位角
PEG→X,Y(0);X,Y→PEG(Else)=?	0 **EXE**	输 0 选择正算
INT DIST(m)=?	20 **EXE**	输入整桩间距
ONLY CALC+PEG(1)=?	0 **EXE**	输 0 先计算逐桩点再计算加桩点
WL(m),0NO=?	14 **EXE**	输左边距
ANGLE→L(m),>0=?	90 **EXE**	输左偏角
XiL(m)=2509.6232	**EXE**	显示起点的左边桩坐标
YiL(m)=5007.7563	**EXE**	
WR(m),0NO=?	14 **EXE**	输右边距
ANGLE→R(m),>0=?	90 **EXE**	输右偏角

续表

屏幕提示	按　键	说　　明
XiR(m)=2512.9748	EXE	显示起点的右边桩坐标
YiR(m)=4979.9577	EXE	
WL(m),0NO=? 14	EXE	使用当前值作终点的左边距
ANGLE→L(m),>0=? 90	EXE	使用当前值作左偏角
XiL(m)=2433.6426	EXE	显示终点的左边桩坐标
YiL(m)=4952.3434	EXE	
WR(m),0NO=? 14	EXE	使用当前值作终点的右边距
ANGLE→R(m),>0=? 90	EXE	使用当前值作右偏角
XiR(m)=2456.7814	EXE	显示终点的右边桩坐标
YiR(m)=4936.5766	EXE	
PEGi(m)=480	EXE	显示起点开始的第 1 个整桩号
BEARi(DMS)=195°18′49.34″	EXE	显示逐桩点走向方位角
Xi(m)=2502.2446	EXE	显示逐桩点中桩坐标
Yi(m)=4992.0716	EXE	
WL(m),0NO=? 14	EXE	使用当前值作左边距
ANGLE→L(m),>0=? 90	EXE	使用当前值作左偏角
XiL(m)=2498.5472	EXE	显示逐桩点的左边桩坐标
YiL(m)=5005.5745	EXE	
WR(m),0NO=? 14	EXE	使用当前值作右边距
ANGLE→R(m),>0=? 90	EXE	使用当前值作右偏角
XiR(m)=2505.9421	EXE	显示逐桩点的右边桩坐标
YiR(m)=4978.5687	EXE	
……	……	……
PEGi(m)=540	EXE	显示起点开始的第 4 个整桩号
BEARi(DMS)=231°32′0.34″	EXE	显示逐桩点走向方位角
Xi(m)=2454.5954	EXE	显示逐桩点中桩坐标
Yi(m)=4957.2903	EXE	
WL(m),0NO=? 14	EXE	使用当前值作左边距
ANGLE→L(m),>0=? 90	EXE	使用当前值作左偏角
XiL(m)=2443.6338	EXE	显示逐桩点的左边桩坐标
YiL(m)=4965.9991	EXE	

续表

屏幕提示	按　键	说　明
WR(m),0NO=? 14	EXE	使用当前值作右边距
ANGLE→R(m),>0=? 90	EXE	使用当前值作右偏角
XiR(m)=2465.5570	EXE	显示逐桩点的右边桩坐标
YiR(m)=4948.5815	EXE	
+PEG(m),<0⇒END=?	510 EXE	输入加桩号
BEARi(DMS)=217°27′7.84″	EXE	显示加桩点走向方位角
Xi(m)=2475.6940	EXE	显示加桩点中桩坐标
Yi(m)=4978.5107	EXE	
WL(m),0NO=? 14	EXE	使用当前值作左边距
ANGLE→L(m),>0=? 90	EXE	使用当前值作左偏角
XiL(m)=2467.1806	EXE	显示加桩点的左边桩坐标
YiL(m)=4989.6247	EXE	
WR(m),0NO=? 14	EXE	使用当前值作右边距
ANGLE→R(m),>0=? 90	EXE	使用当前值作右偏角
XiR(m)=2484.2074	EXE	显示加桩点的右边桩坐标
YiR(m)=4967.3966	EXE	
+PEG(m),<0⇒END=?	−2 EXE	输入任意负数结束正算
CAS58-5-1⇒END		

完成上述正算后,按 MODE 4 键进入 REG 模式查看存储在统计串列的全部逐桩点的中桩坐标,结果见附图 6(b)~(c)所示。比较附图 6(a)与附图 6(b)可知,正算完成后,没有破坏 1~2 行的已知数据。全部逐桩点中边桩坐标的详细结果列于附表 9 上部。

附表 9　右转反向非匝道曲线(完整缓和曲线)坐标正反算案例(左、右边距均为 14 m)

				正　算　结　果				
序	桩号	x(m)	y(m)	x_L(m)	y_L(m)	y_R(m)	y_R(m)	走向方位角
1	485.258	已知数据	已知数据	2509.6232	5007.7563	2512.9748	4979.9577	已知数据
2	585.258	已知数据	已知数据	2433.6426	4952.3434	2456.7814	4936.5766	已知数据
3	480	2505.2446	4992.0716	2498.5472	5005.5745	2505.9421	4978.5687	195°18′49.34″
4	500	2483.9521	4984.1407	2476.7483	4996.1451	2491.1559	4972.1363	210°58′4.56″
5	520	2468.0728	4972.0425	2458.5174	4982.2746	2477.6281	4961.8104	223°2′28.23″
6	540	2454.5954	4957.2903	2443.6338	4965.9991	2465.5570	4948.5815	231°32′0.34″
7	510	2475.6940	4978.5107	2467.1806	4989.6247	2484.2074	4967.3966	217°27′7.84″

续附表 9

<td colspan="10" align="center">反　算　结　果</td>
序	已知边点坐标		桩号 Z_p(m)	垂足点坐标		垂距 d_{jp}(m)	方程检核 $f(l_p)$	迭代时间	
	x_j(m)	y_j(m)		x_p(m)	y_p(m)				
1	2482.488	4969.664	509.9820	2475.7093	4978.5224	11.1544	0.0042	1′15.74″	
2	2447.377	4977.547	529.8734	2461.1471	4965.0112	18.6215	0.0025	1′15.86″	
3	2423.412	4943.007	555.8964	2445.2142	4944.4632	21.8508	21.9393	1′15.05″	

② 反算　重复执行程序 CAS58-5-1,屏幕提示与用户操作过程如下:

屏 幕 提 示	按　键	说　明
ANY SPIRAL+COM,−COM	EXE	显示程序功能标题
SPIRAL A(m),+R,−L=? 80	EXE	使用当前值
START R(m)=? 60	EXE	使用当前值
END R(m)=? 297.25	EXE	使用当前值
START BEAR(Deg)=? 186°52′29.8″	EXE	使用当前值
END BEAR(Deg)=? 235°43′46.2″	EXE	使用当前值
PEG→X,Y(0):X,Y→PEG(Else)=?	3 EXE	输任意非 0 值选择反算
XJ(m),<0⇒END=?	2482.488 EXE	输入边点 1 的坐标,输负数结束程序
YJ(m)=?	4969.664 EXE	
p PEG(m)=509.9820	EXE	显示垂足点 p 的桩号
Xp(m)=2475.7093	EXE	显示垂足点 p 的坐标
Yp(m)=4978.5224	EXE	
J→p DIST(m)=11.1544	EXE	显示垂距 j_p 的值
f(Lp)=0.0042	EXE	显示方程式(5-36)的检核结果
XJ(m),<0⇒END=?	2447.377 EXE	输入边点 2 的坐标,输负数结束程序
YJ(m)=?	4977.547 EXE	
p PEG(m)=529.8734	EXE	显示垂足点 p 的桩号
Xp(m)=2461.1471	EXE	显示垂足点 p 的坐标
Yp(m)=4965.0112	EXE	
J→p DIST(m)=18.6215	EXE	显示垂距 j_p 的值
f(Lp)=0.0025	EXE	显示方程式(5-36)的检核结果
XJ(m),<0⇒END=?	2423.412 EXE	输入边点 3 的坐标,输负数结束程序
YJ(m)=?	4943.007 EXE	
p PEG(m)=555.8964	EXE	显示垂足点 p 的桩号

屏幕提示	按　键	说　明
Xp(m)＝2445.2142	EXE	显示垂足点 p 的坐标
Yp(m)＝4944.4632	EXE	
J→p DIST(m)＝21.8508	EXE	显示垂距 j_p 的值
f(Lp)＝21.9393	EXE	显示方程式(5-36)的检核结果
XJ(m),＜0⇒END＝?	－2 EXE	输任意负数结束程序
CAS58-5-1⇒END		

　　计算上述 3 个边点的反算结果列于附表 9 下部,反算结果表明,1、2 点的 $f(l_p)$ 值较小,接近于 0,因此,其垂足点位于缓和曲线段内,而 3 点的 $f(l_p)＝21.9393$,绝对值比较大,因此,其垂足点桩号等于缓和曲线终点的桩号,因此推断,垂足点位于终点后的其余曲线段内。

参 考 文 献

[1]　张国良．矿山测量学[M].徐州:中国矿业大学出版社,2001.

[2]　张正禄.工程测量学[M].武汉:武汉大学出版社,2005.

[3]　陈久强.土木工程测量[M].北京:北京大学出版社,2006.

[4]　李青岳,陈永奇．工程测量学[M].北京:测绘出版社,2008.

[5]　周建郑.工程测量(测绘类)[M].郑州:黄河水利出版社,2006.

[6]　覃辉.建筑工程测量[M].北京:中国建筑工业出版社.2007.

[7]　赵志缙,赵帆.建筑工程测量[M].北京:中国建筑工业出版社,2005.

[8]　唐杰军,赵欣.道路工程测量[M].北京:人民交通出版社,2010.

[9]　唐云岩.送电线路测量[M].北京:中国电力出版社,2004.

[10]　邵旭东.桥梁工程:2版[M].北京:人民交通出版社,2007.

[11]　李朝奎,李爱国.工程测量学[M].长沙:中南大学出版社,2009.

[12]　赵吉先,吴良才,周世健．地下工程测量[M].北京:测绘出版社,2005.

[13]　王刚领.公路工程测量与施工放线一本通[M].北京:中国建材工业出版社,2009.

[14]　《工程测量标准》(GB 50026—2020),中华人民共和国国家标准.

[15]　《高海拔污秽地区悬式绝缘子串片数选用导则》(DL/T 562—1995),中华人民共和国电力行业标准.

[16]　《330 kV～750 kV架空输电线路勘测规范》(GB 50548—2010),中华人民共和国国家标准.

[17]　《水利水电工程测量规范(规划设计阶段)》(SL197—2013),中华人民共和国水利行业标准.

[18]　《水电水利工程施工测量规范》(DL/T 5173—2012),中华人民共和国电力行业标准.